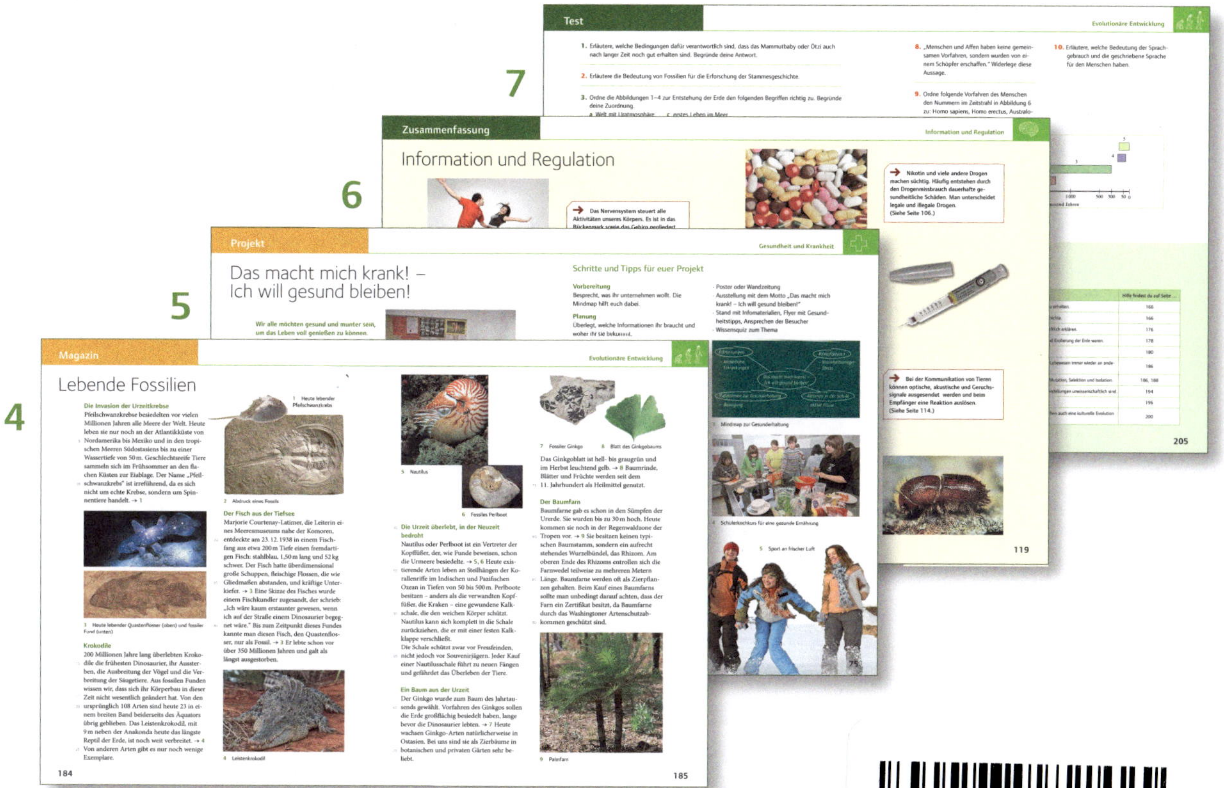

Basistextseite

① Einstiegskasten

Hier wird dir gezeigt, mit welchem Inhalt sich diese Seite beschäftigt.

② Lernwörterbox

Die wichtigsten Begriffe werden hier für dich gesammelt. Viele von ihnen findest du außerdem im Lexikon.

③ Merk dir!

Die wichtigsten Inhalte werden am Ende der Seite für dich zusammengefasst.

④ Arbeitsaufträge

Leichte (grün) und schwierigere (rot) Arbeitsaufträge unterstützen dich beim selbstständigen Lernen und helfen dir, Wissen anzueignen und anzuwenden.

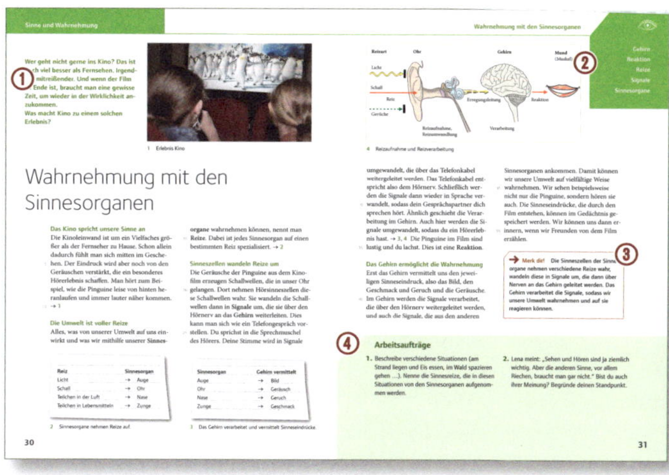

Natur und Technik

Biologie

Differenzierende Ausgabe
Niedersachsen

9|10

Cornelsen

Natur und Technik

Biologie

Autorinnen und Autoren: Julia Budde, Meerbusch; Michael Jütte, Dortmund; Anja Jütz, Köln; Sabine Kampmann, Großenkneten; Dr. Walter Kleesattel, Schwäbisch Gmünd; Dr. Ursula Pälchen, Berlin; Cornelia Pätzelt, Borgholzhausen; Dr. Jutta Rach, Münster; Prof. Dr. Julia Schwanewedel, Kiel; Karl-Heinz Werner, Klein Nordende

Bearbeiterinnen und Bearbeiter: Michael Jütte, Cornelia Pätzelt, Dr. Jutta Rach

Auf Basis der Herausgeberschaft von Prof. Dr. Corinna Hößle beim Vorgängerband.

Redaktion: Christine Amling, Ulrike Reinold

Beraterinnen und Berater: Elfriede Schöning, Hans Tüllmann, Franz Walz

Bildrecherche: Kathrin Kretschmer, Berlin

Illustration und Grafik: diGraph, Lahr; Peter Hesse, Berlin; Kurt Krischke, Marbach; Jörg Mair, München; Karin Mall, Berlin; Heike Möller, Rödental; Lutz-Erich Müller, Leipzig; Hans Wunderlich, Berlin

Designberatung: Ellen Meister

Umschlaggestaltung: SOFAROBOTNIK, Augsburg und München
Layoutkonzept: Rosendahl Grafikdesign, Berlin
Technische Umsetzung: Rosendahl Grafikdesign, Berlin; zweiband.media, Berlin

www.cornelsen.de

1. Auflage, 1. Druck 2013

Alle Drucke dieser Auflage sind inhaltlich unverändert und können im Unterricht nebeneinander verwendet werden.

Druck: Stürtz GmbH, Würzburg

ISBN 978-3-06-014638-3

Inhalt gedruckt auf säurefreiem Papier aus nachhaltiger Forstwirtschaft.

Inhalt

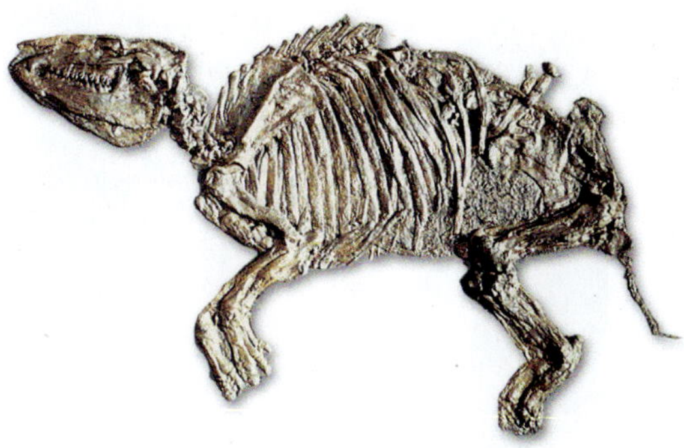

Stationen eines Lebens

Die Geschichte eines Lebens beginnt mit der Befruchtung einer Eizelle durch eine Spermienzelle. Meistens geschieht die Befruchtung auf natürlichem Wege beim Geschlechtsverkehr. Ein Kind kann jedoch auch durch künstliche Befruchtung entstehen. Das Wachstum des mit der Befruchtung entstandenen Embryos beginnt mit der Zellteilung. Durch eine Veränderung der Zellen entwickelt sich ein vollständiger Mensch, der mit jedem Tag seines Lebens altert.

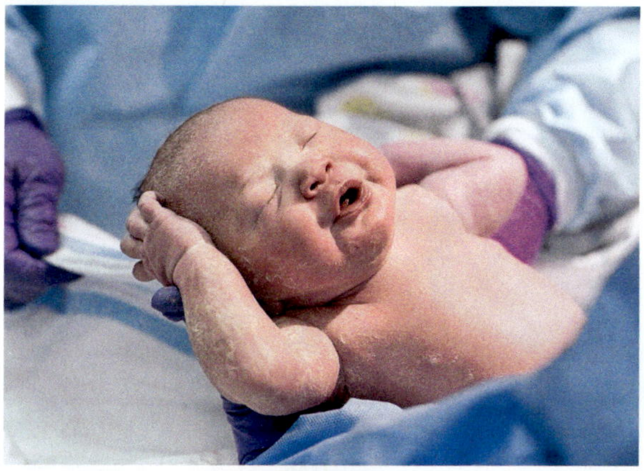

1 Ein Baby wird geboren. Wie kann es sich aus einer befruchteten Eizelle entwickeln? (Siehe Seite 10.)

2 Jede unserer Zellen enthält die Erbanlagen aus Eizelle und Spermienzelle. Wie kommen die Erbanlagen in jede einzelne Zelle unseres Körpers? (Siehe Seite 12.)

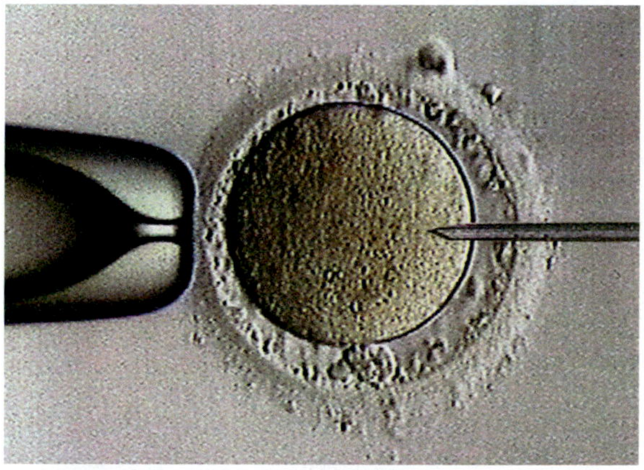

3 Was ist unter künstlicher Befruchtung zu verstehen und welche Methoden gibt es? (Siehe Seite 14.)

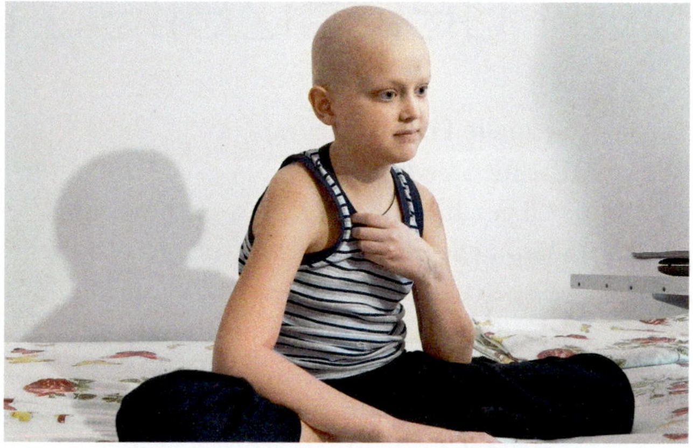

4 Eine Stammzelltherapie kann vielleicht helfen. Was sind Stammzellen und wie gewinnt man sie? (Siehe Seite 16.)

5 Ein Embryo im Achtzellstadium. Beginnt hier schon menschliches Leben? (Siehe Seite 18.)

6 Unser Körper altert mit jedem Tag des Lebens. Was verändert sich beim Altern? (Siehe Seite 22.)

Die meisten Lebewesen bestehen aus unzähligen Zellen, die unterschiedliche Aufgaben übernehmen. Wie kommt es dazu, dass ein Lebewesen aus einer einzigen Zelle entsteht und sich zu einem komplexen Organismus mit verschiedenen Organen entwickelt? Wie wird eine befruchtete Eizelle zum Fetus?

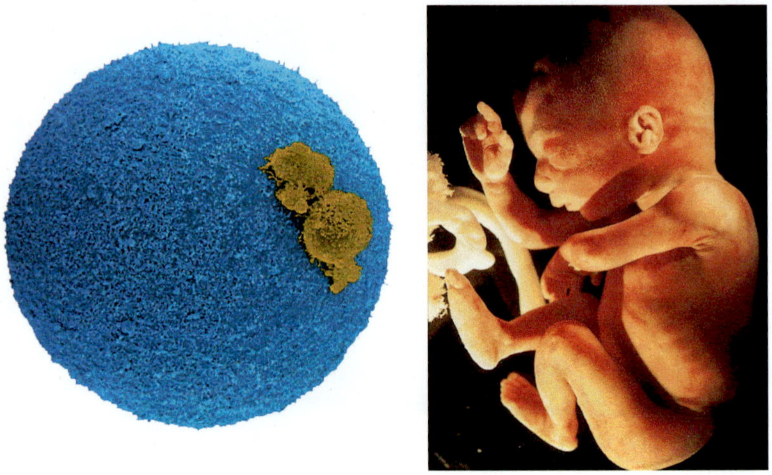

1 Von der befruchteten Eizelle zum Fetus

Von der Eizelle zum Fetus

Sexuelle Fortpflanzung

Die meisten höheren Lebewesen vermehren sich geschlechtlich. Dabei verschmelzen männliche und weibliche Geschlechtszellen zur befruchteten Eizelle, der **Zygote**. Sie trägt **Erbanlagen** des Vaters und der Mutter.

Durch Zellteilung zum Embryo

Sobald die Erbanlagen der väterlichen Spermienzelle und der mütterlichen Eizelle miteinander verschmolzen sind, beginnt sich die Zygote zu teilen und wird damit zum **Embryo**. → 1 Aus einer Zelle werden zwei, aus diesen zwei Zellen werden vier, aus diesen vier Zellen werden acht Zellen und so fort. Bei diesem Vorgang entwickelt sich der **Blasenkeim**, der einer Hohlkugel ähnelt. → 2

Einnistung des Blasenkeims

Der Blasenkeim wandert während der Zellteilungen durch den Eileiter in die Gebärmutter. Dort nistet er sich nach etwa 6 Tagen in der Schleimhaut ein – die Schwangerschaft beginnt. → 4 Die äußere Hülle des Blasenkeims wird gemeinsam mit der Gebärmutterschleimhaut zum **Mutterkuchen**, der den Embryo versorgt.

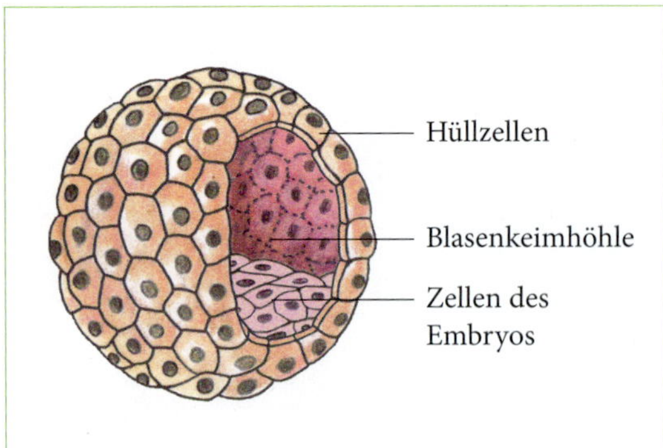

2 Blasenkeim

3 Eineiige Zwillinge

Blasenkeim
eineiige Zwillinge
Embryo
Erbanlagen
Mutterkuchen
Zygote

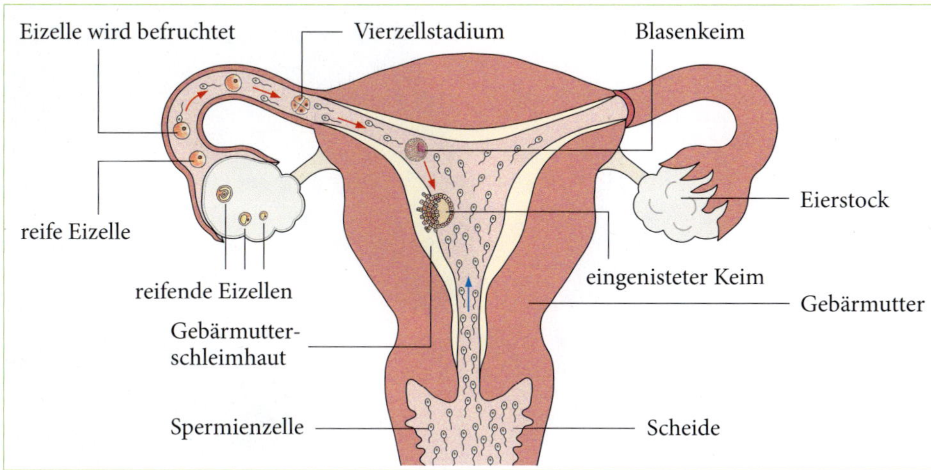

4 Einnistung eines Blasenkeims

Welche Zelle erhält welche Aufgabe?

Alle embryonalen Zellen besitzen ein Programm, das ihnen vorgibt, zu welcher Zelle sie sich entwickeln müssen. Nur bis zum Achtzellstadium kann sich noch aus jeder Zelle des Embryos ein gesundes Lebewesen entwickeln. Dies ist wichtig bei der Entwicklung **eineiiger Zwillinge**. → 3 Hier teilt sich drei Tage nach der Befruchtung der Blasenkeim und zwei Embryonen, die jeweils einen Mutterkuchen besitzen, entstehen. Sie besitzen identische Erbanlagen.

Der Bauplan des Körpers entsteht

Nach einer weiteren Teilung der Zellen wird bestimmt, welche Aufgabe die Zellen später erfüllen müssen. Der Blasenkeim verändert seine Form: Er faltet sich und stülpt sich ein. Er enthält verschiedene Bereiche, aus denen sich später Zellen zu Geweben differenzieren. Aus einem Teil entwickelt sich zum Beispiel die innere Auskleidung von Magen, Darm und Lunge. Aus anderen Zellen werden Gewebe für die Organe, Blutgefäße, Knochen und Muskeln gebildet. Ein weiterer Teil der Zellen ist Ursprung für die Zellen des Nervensystems, für Haut und Haare. Der menschliche Embryo wird ab der 9. Schwangerschaftswoche **Fetus** genannt. Er benötigt durchschnittlich 38 Wochen, um sich vollständig zu entwickeln.

→ Merk dir! Ein Blasenkeim ist das Stadium des Embryos, welches sich in der Gebärmutter einnistet. Die zukünftigen Aufgaben der Zellen des Embryos sind vorprogrammiert.

Arbeitsaufträge

1. Beschreibe die Entwicklung der Eizelle zum Fetus in eigenen Worten.

2. Es gibt eineiige und zweieiige Zwillinge.

a Erkläre, warum eineiige Zwillinge immer das gleiche Geschlecht besitzen.

b Finde heraus, wie es zur Bildung zweieiiger Zwillinge kommt. Nenne die Unterschiede zwischen eineiigen und zweieiigen Zwillingen.

Sicherlich hast du dir schon einmal in den Finger geschnitten oder dir das Knie geschrammt. Du kannst beobachten, dass die entstandene Wunde nach einigen Tagen oder Wochen wieder verheilt. Es haben sich neue Hautzellen gebildet und die Wunde verschwindet.
Doch wie kommt es zur Bildung neuer Hautzellen?

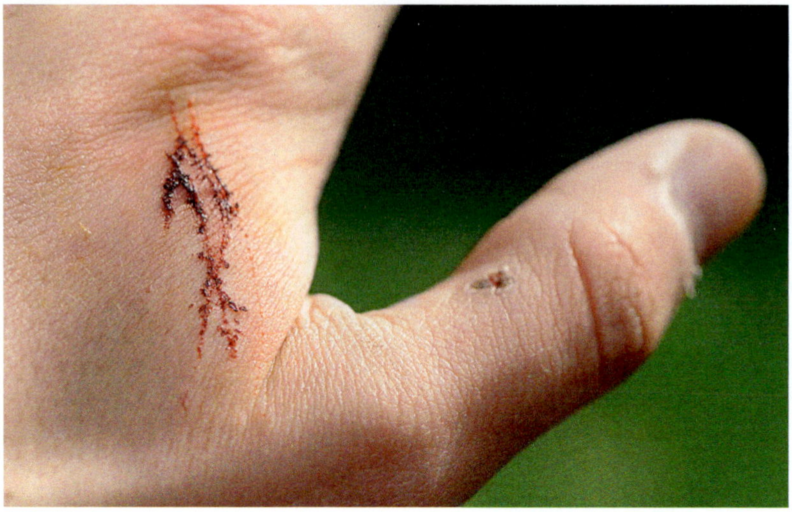

1 Bei der Wundheilung werden neue Hautzellen gebildet.

Kernteilung und Zellverdopplung

Aus eins werden zwei

Alle Lebewesen bestehen aus Zellen. Damit neue Zellen wie Hautzellen entstehen und eine Wunde verheilen kann, müssen sich die vorhandenen Zellen vermehren. → 1 Dies ist für das Wachstum aller Lebewesen wichtig. Zellen vermehren sich, indem sie sich teilen.

Im Zellkern liegen die Erbinformationen

Die Erbanlagen enthalten wichtige Informationen für alle Lebensvorgänge des Organismus. Diese Informationen sind auf den Chromosomen gespeichert. → 3 Stell dir die Erbinformationen wie einen Text vor, der regelmäßig abgelesen werden muss, damit die Zellen ihre Aufgaben wie Wachstum oder Teilung erfüllen können. Damit jede neue Zelle genau dieselben Informationen enthält, werden vor der Zellteilung die Erbanlagen verdoppelt und später auf die neuen Zellen verteilt.

Die Chromosomen werden sichtbar

Im mikroskopischen Bild besteht der Zellkern vor seiner Teilung aus einer einheitlichen Masse. → 2 Mit Beginn der Kernteilung erkennt man plötzlich fädige Strukturen, die Chromosomen. → 3 Sie liegen vor der Kernteilung als **Zwei-Chromatid-Chromosomen** vor. → 3, 5 Die beiden Chromatiden tragen identische Erbinformationen. Während die **Kernteilung** beginnt, wird die Zellkernhülle abgebaut.

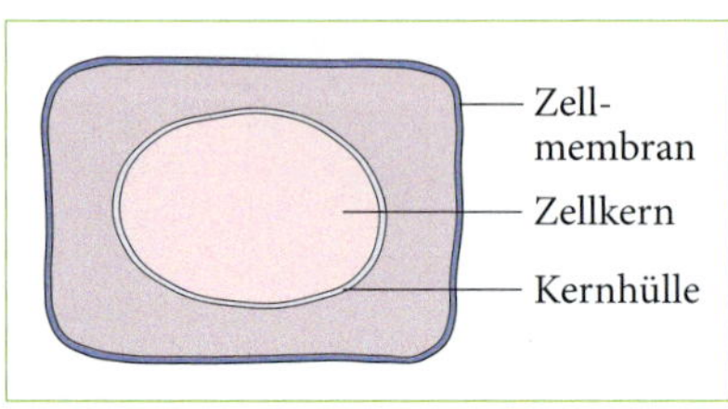

2 Zellen mit Zellkern

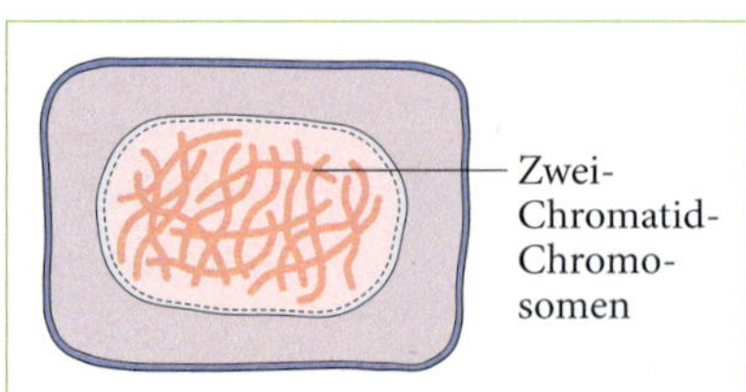

3 Sichtbarwerden der Chromosomen

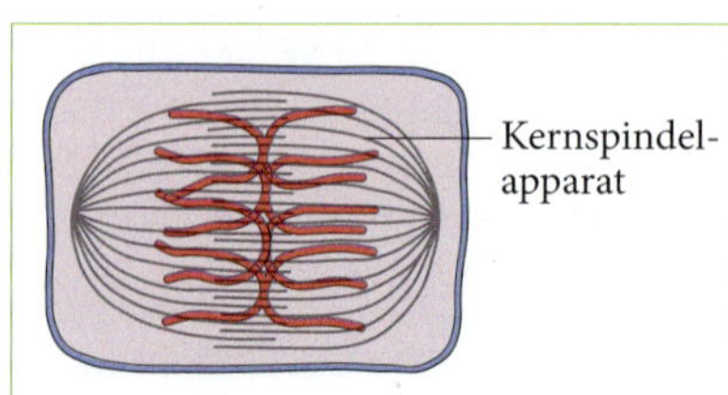

4 Anordnung der Chromosomen

Ein-Chromatid-Chromosom

Kernteilung

Mitose

Zwei-Chromatid-Chromosom

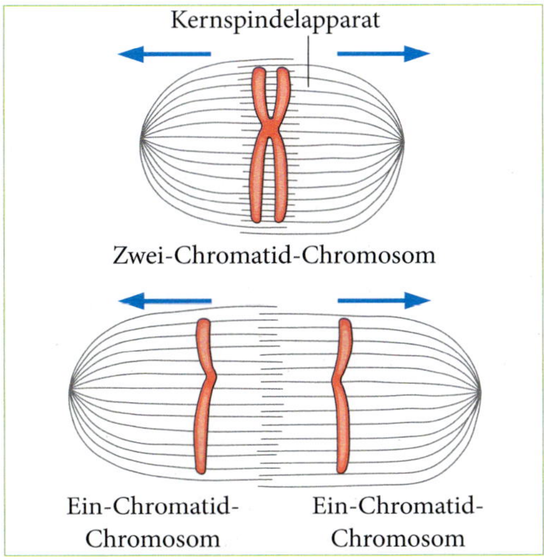

5 Trennung der Zwei-Chromatid-Chromosomen

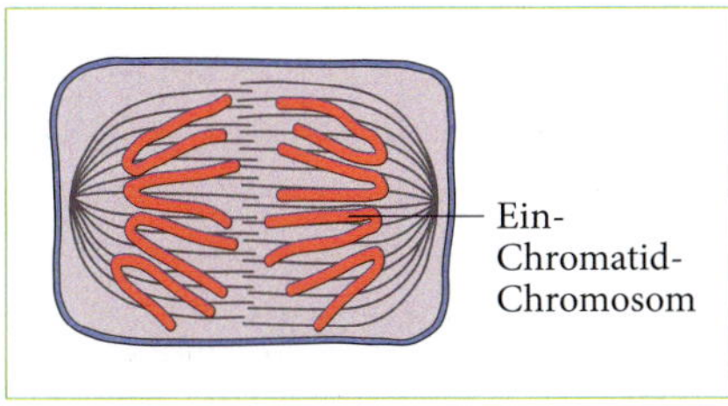

6 Teilung der Chromosomen

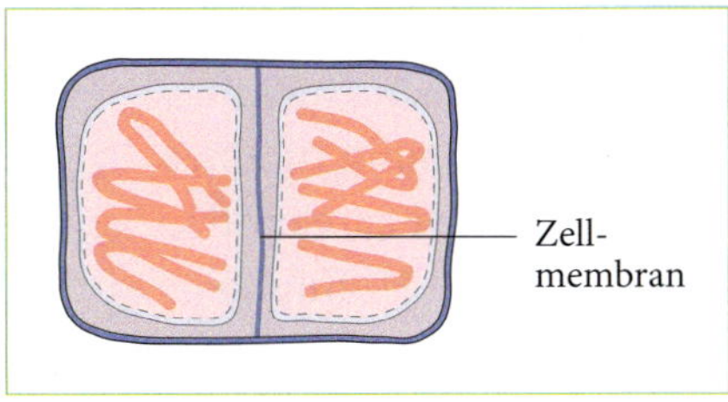

7 Teilung der Zelle

Anordnung in der Zellmitte

Die Zwei-Chromatid-Chromosomen ordnen sich in der Zellmitte an. Gleichzeitig entsteht der Kernspindelapparat. Er zieht sich als fädiges Gebilde von einer Zellseite zur gegenüberliegenden Seite. → **4, 5**

Gleichmäßige Aufteilung

Die Zwei-Chromatid-Chromosomen werden längs getrennt und die identischen Chromatiden werden entlang des Kernspindelapparats zu den Zellenden gezogen. → **5, 6**
An jedem Zellende befindet sich nun die gleiche Anzahl von **Ein-Chromatid-Chromosomen**. Sie werden jeweils von neuen Kernhüllen umgeben.
Jeder der beiden neu entstandenen Zellkerne enthält nun die identische Erbinformation.

Der gesamte Vorgang, bei dem sich die Zellkerne teilen, wird **Mitose** genannt.

Teilung der Zelle

Erst jetzt findet die Teilung der Zelle statt. → **7** Die Zellen werden durch Membranen vollständig getrennt. Die neuen Zellen sind kleiner und vergrößern sich nach der Zellteilung durch Wachstum. Wenn du eine Wunde hast, bilden sich durch Mitose also neue Hautzellen. Das gesamte Wachstum eines Lebewesens ist auf Mitose zurückzuführen.

> → **Merk dir!** Bei der Mitose teilen sich die Zellkerne. Die beiden neu entstandenen Zellen enthalten die gleiche Anzahl an Chromosomen wie die ursprüngliche Zelle.

Arbeitsaufträge

1. Schildere den Vorgang der Mitose mit deinen eigenen Worten.

2. Erkläre, warum die Erbinformation verdoppelt werden muss, damit die Zellteilung erfolgreich ablaufen kann.

3. Beim Skaten hast du dir dein Knie aufgeschrammt. Erkläre, wie es zur Wundheilung kommt.

Künstliche Befruchtung

Unerfüllter Kinderwunsch

Liebe, Partnerschaft und dann das erste Kind: Dieser Wunsch erfüllt sich nicht für alle Paare. → 1 Etwa 15 Prozent aller in Deutschland lebenden Paare bleiben kinderlos, weil zumindest ein Partner unfruchtbar ist. Die Kinderlosigkeit wird häufig zu einer seelischen Belastung. Für viele Paare eröffnet die künstliche Befruchtung Hoffnung auf ein Baby.

1 Unerfüllter Kinderwunsch?

Unfruchtbarkeit und ihre Ursachen

Wenn ein Paar ein Jahr lang regelmäßig Geschlechtsverkehr hat, keine Verhütungsmittel benutzt und sich dennoch keine Schwangerschaft ergibt, spricht man von Unfruchtbarkeit. Liegt die Ursache beim Mann, spricht man von Zeugungsunfähigkeit. Hier sind die Spermienzellen entweder in zu geringer Anzahl vorhanden oder ihre Qualität ist herabgesetzt. Die Spermienzellen sind zum Beispiel unbeweglich. Die Unfähigkeit zur Empfängnis bei der Frau kann viele Gründe haben – hormonelle Störungen oder die Verklebung der Eileiter sind nur einige Ursachen. Bei Mann und Frau können Drogenkonsum, Stress oder seelische Probleme Auslöser für die Unfruchtbarkeit sein.

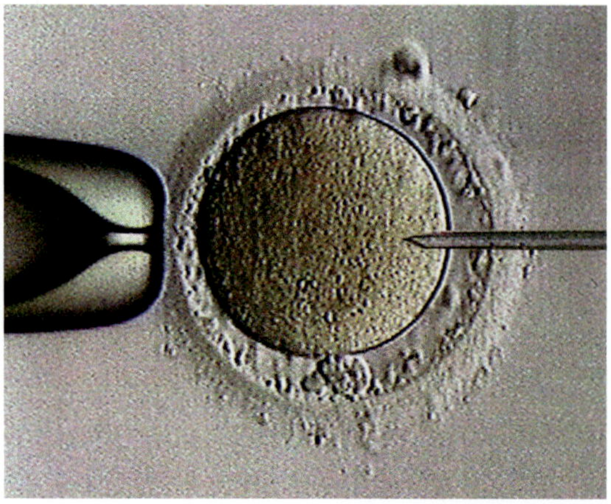

2 Eine Spermienzelle wird in die Eizelle injiziert.

Methoden der künstlichen Befruchtung

Seit Ende der 1970er-Jahre kann Paaren, die kinderlos bleiben, mithilfe der künstlichen Befruchtung geholfen werden. Häufig wird dazu die In-vitro-Fertilisation (IVF) angewendet. „In vitro" heißt „im Glas" und Fertilisation ist der Fachbegriff für Befruchtung. Bei der klassischen IVF werden die Spermienzellen des Mannes mit mehreren Eizellen der Frau im Reagenzglas zusammengebracht – dort soll es zu einer normalen Befruchtung kommen. In einem anderen Verfahren (ICSI) wird eine Spermienzelle mit einer feinen Kanüle in die Eizelle injiziert. → 2

Keimzellgewinnung und Einnistung

Bei beiden Methoden erfolgt die Befruchtung außerhalb des Körpers der Frau. Die Spermienzellen des Mannes werden entweder durch Masturbation gewonnen oder werden in einem kleinen operativen Eingriff dem Hoden entnommen. Die Gewinnung der Eizellen ist schwieriger und für die Frauen mit einer gesundheitlichen und oftmals psychischen Belastung verbunden. Damit mehrere reife Eizellen zur künstlichen Befruchtung zur Verfügung stehen, muss die Frau über längere Zeit hormonell behandelt

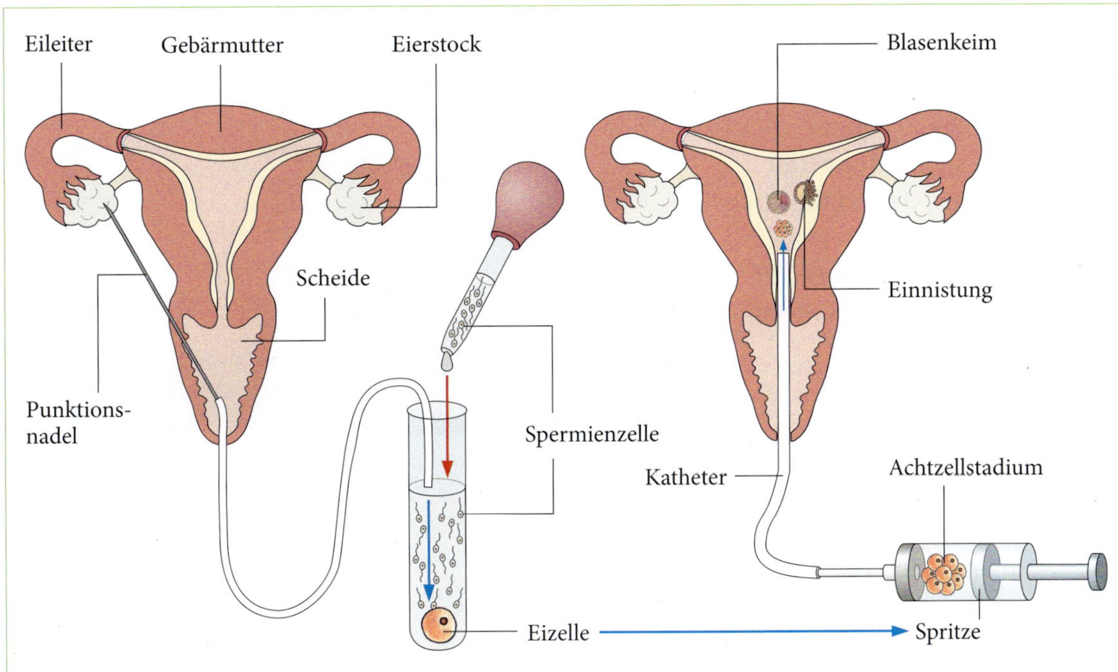

3 Methode der In-vitro-Fertilisation (IVF)

werden. Mithilfe einer speziellen Methode werden der Frau unter Narkose die Eizellen entnommen. → 3 War die Befruchtung erfolgreich, werden meistens zwei Embryonen ab dem Achtzellstadium in die Gebärmutter der Frau eingebracht. Danach muss die Einnistung des Embryos in die Gebärmutterschleimhaut von selbst erfolgen.

Rechtliche und ethische Aspekte

Paare, bei denen der Mann nicht zeugungsfähig ist, können auf Spermienzellen von Samenspendern zurückgreifen. Dagegen ist eine Eizellspende in Deutschland nicht erlaubt. Das Embryonenschutzgesetz verbietet dies genauso wie eine Leihmutterschaft. Bei der Leihmutterschaft trägt eine Frau den durch künstliche Befruchtung erzeugten Embryo bis zur Geburt aus. Homosexuelle Paare oder Frauen, die zum Beispiel krankheitsbedingt kein Kind austragen können, hätten so dennoch die Chance, Eltern zu werden. → 4 Andererseits ist nicht abzuschätzen, welche seelischen Probleme auf die Leihmutter zukommen, die das Kind im eigenen Körper ausgetragen hat. Auch besteht die Gefahr, dass sich Frauen aus finanzieller Not als Leihmütter anbieten.
Ein großes Problem der künstlichen Befruchtung ist, dass häufig mehrere Embryonen erzeugt werden. Diese dürfen nach dem Embryonenschutzgesetz nicht vernichtet werden. Überführt man jedoch alle Embryonen in die Gebärmutter, erhöht sich die Wahrscheinlichkeit auf eine Mehrlingsgeburt.

4 Homosexuelles Paar mit Adoptivkind

„Da kann jetzt nur noch eine Stammzelltherapie helfen", liest Alex in einer Schlagzeile. Daneben sieht er das Bild eines kranken Mädchens, das an Blutkrebs leidet.
Aber was sind Stammzellen eigentlich? Besitzt jeder Stammzellen? Und wie können sie bei Krankheiten helfen?

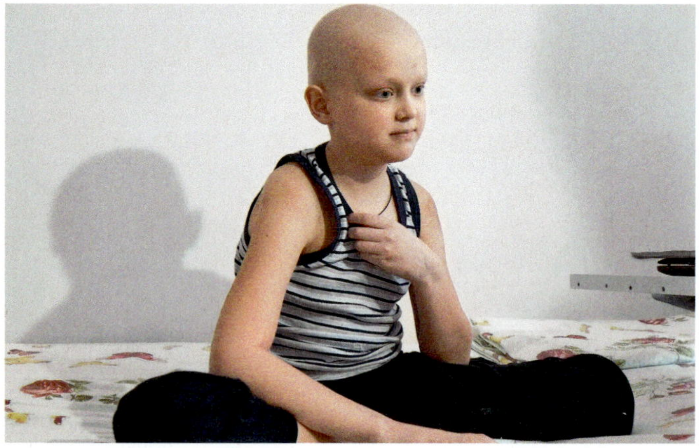

1 Letzte Hoffnung: Stammzelltherapie?

Stammzellen und ihre Vermehrung

Stammzellen sind vielseitig

Unser Körper ist aus den Zellen des Embryos entstanden. Die ersten Zellen des Blasenkeims konnten sich in alle Körperzellen differenzieren, sie waren Alleskönner. Erst ab einem bestimmten Stadium des Embryos wird festgelegt, zu welchem Zelltyp eine Zelle wird. Die Alleskönner des Embryos werden **embryonale Stammzellen** genannt. Auch wenn unser Körper ausgewachsen ist, muss er an vielen Stellen Zellen erneuern. Blutzellen müssen beispielsweise stets neu im Knochenmark gebildet werden. Damit dies geschehen kann, besitzt auch der erwachsene Organismus noch Stammzellen. Man nennt sie **adulte Stammzellen** (engl. adult = erwachsen). Sie sind keine Alleskönner mehr, können sich aber zu einem bestimmten Zelltyp entwickeln.

Hilfe durch Stammzellen?

Die Ärzte haben die Hoffnung, dass sie zukünftig vielen Menschen, die an einer bislang unheilbaren Krankheit leiden, mit einer **Stammzelltherapie** helfen können. → 1 Bestimmte Blutkrebsarten werden schon heute mit adulten Stammzellen aus dem Knochenmark eines gesunden Knochenmarkspenders bekämpft. Die kranken Stammzellen werden bei der **Knochenmarktransplantation** durch gesunde blutbildende Stammzellen ersetzt. → 2 Da die adulten Stammzellen keine Alleskönner sind, setzen viele Forscher Hoffnung auf die embryonalen Stammzellen.

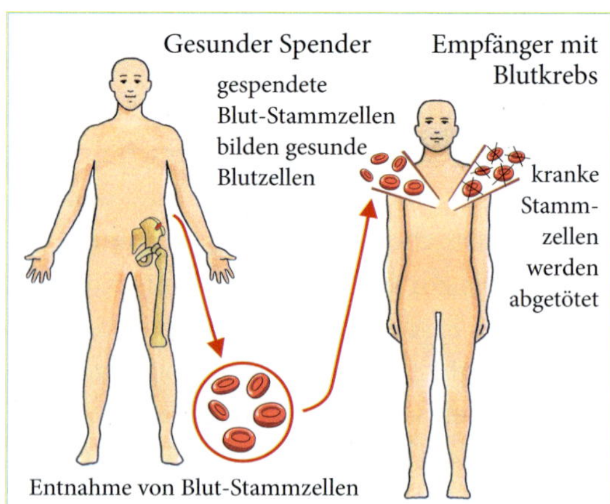

2 Knochenmarktransplantation

adulte Stammzellen

embryonale Stammzellen

Knochenmarktransplantation

Stammzelltherapie

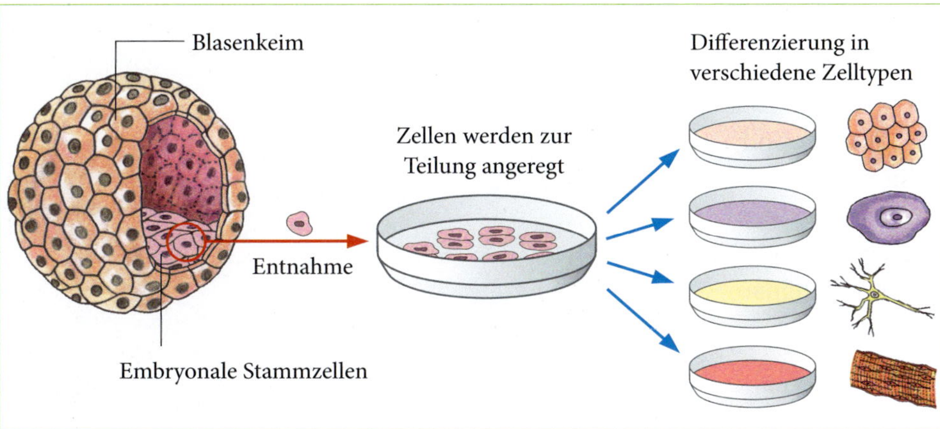

3 Gewinnung embryonaler Stammzellen

Vermehrung von Stammzellen

Für eine Stammzelltherapie benötigt man sehr viele Stammzellen. Zur Vermehrung von adulten Stammzellen wird Gewebe des Knochenmarks entnommen. Die Stammzellen können über ein spezielles Verfahren zur Teilung angeregt und so vermehrt werden. Zur Gewinnung und Vermehrung embryonaler Stammzellen benötigt man einen Embryo. Dieser muss durch künstliche Befruchtung erzeugt werden. Hat der Embryo das Achtzellstadium erreicht, werden die Zellen voneinander getrennt und über ein bestimmtes Verfahren zur Teilung und zur Differenzierung angeregt. → **3** Dieses Verfahren ist in Deutschland gesetzlich verboten, da der ursprüngliche Embryo dabei zerstört wird. Forscher dürfen jedoch zur Erforschung von Krankheiten mit Zellen von Embryonen arbeiten, die vor dem Jahr 2007 erzeugt wurden. Zur Therapie werden diese Zellen jedoch nicht eingesetzt.

Stammzellen – heiß diskutiert

Bei der Stammzelltherapie sind noch viele Fragen offen. Viele Menschen sind aus ethischen Gründen gegen die Forschung mit embryonalen Stammzellen. Daher suchen die Forscher aktuell nach Methoden, um adulte Stammzellen ebenfalls zu Alleskönnern zu machen. Sie hoffen, dass dadurch in Zukunft auf die Nutzung embryonaler Stammzellen verzichtet werden kann.

> → **Merk dir!** **Stammzellen können sich zu anderen Zelltypen differenzieren. Die Gewinnung und Nutzung embryonaler Stammzellen ist mit ethischen Problemen verbunden.**

Arbeitsaufträge

1. Beschreibe die Abläufe in Abbildung 3 in einem Text.

2. Sucht im Internet und in Zeitungen nach Artikeln, die mit Stammzellen zu tun haben.

a Ordnet die Artikel danach, ob sie fachliche Informationen zum Thema Stammzellen geben oder ob sie die Meinung des Lesers beeinflussen sollen.

b Notiert, welche Probleme mit der Stammzelltherapie verbunden sind.

Forscher hoffen, dass zukünftig mithilfe von embryonalen Stammzellen schwere Krankheiten geheilt werden können. „Das ist doch gut", meint Jakob. „Warum sind so viele Menschen gegen die Stammzellforschung?" „Vor unserem Gesetz ist der Embryo ab der Befruchtung ein Mensch. Überleg mal, was es bedeutet, wenn man ihn für die Forschung einsetzt", meint Lena.

1 Nur Zellen oder schon ein Mensch?

Embryonenschutz

Wann wird man zum Menschen?

Ab wann würdest du den menschlichen Embryo als Menschen bezeichnen? → 1 Diese Frage wird in verschiedenen Ländern unterschiedlich beantwortet. Die Einstellung zur Menschwerdung hängt zu einem großen Teil von der religiösen und ethischen Grundeinstellung ab. In christlich beeinflussten Ländern wird der Embryo sehr früh als Mensch angesehen: Ein Mensch entsteht dann, wenn der Kern der Eizelle mit dem Kern der Spermienzelle verschmilzt. Diese Grundhaltung findet sich auch in den deutschen Gesetzen wieder. → 2

Das **Embryonenschutzgesetz** folgt dabei unserem höchsten Gesetz, dem Grundgesetz. In Artikel 1 des Grundgesetzes steht, dass die Würde des Menschen unantastbar ist und dass jedem Menschen die Bewahrung der Menschenrechte zusteht. Erkennt man die befruchtete Eizelle bereits als einen Menschen an, muss sie den gleichen Schutz wie ein ausgewachsener Mensch erhalten.

Überzählige Embryonen

Bei der künstlichen Befruchtung werden mehrere Eizellen befruchtet. Nicht alle Embryonen können in die Gebärmutter über-

Gesetz zum Schutz von Embryonen (Embryonenschutzgesetz – ESchG) Ausfertigungsdatum: 13. 12. 1990

§ 2 Mißbräuchliche Verwendung menschlicher Embryonen

(1) Wer einen extrakorporal[1] erzeugten oder einer Frau vor Abschluß seiner Einnistung in der Gebärmutter entnommenen menschlichen Embryo veräußert oder zu einem nicht seiner Erhaltung dienenden Zweck abgibt, erwirbt oder verwendet, wird mit Freiheitsstrafe bis zu drei Jahren oder mit Geldstrafe bestraft.

§ 3 Verbotene Geschlechtswahl

Wer es unternimmt, eine menschliche Eizelle mit einer Samenzelle künstlich zu befruchten, die nach dem in ihr enthaltenen Geschlechtschromosom ausgewählt worden ist, wird mit Freiheitsstrafe bis zu einem Jahr oder mit Geldstrafe bestraft.

§ 8 Begriffsbestimmung

(1) Als Embryo im Sinne dieses Gesetzes gilt bereits die befruchtete, entwicklungsfähige menschliche Eizelle vom Zeitpunkt der Kernverschmelzung an, ferner jede einem Embryo entnommene totipotente Zelle[2], die sich bei Vorliegen der dafür erforderlichen weiteren Voraussetzungen zu teilen und zu einem Individuum zu entwickeln vermag.

2 Auszüge aus dem Embryonenschutzgesetz; [1](= außerhalb des Mutterleibs) [2](= Alleskönner-Zelle)

Embryonenschutzgesetz

ethische Debatte

Präimplantationsdiagnostik (PID)

3 Kind nach Wunschvorstellungen?

tragen werden. Die überzähligen Embryonen werden in einigen anderen Ländern verworfen oder zur Forschung verwendet. In Deutschland ist dies verboten.

Recht auf ein gesundes Kind?

Bei der künstlichen Befruchtung können mit der **Präimplantationsdiagnostik (PID)** Schäden in der Erbanlage des Embryos festgestellt werden, bevor er in die Gebärmutter eingebracht wird. Damit können die Eltern sicherer sein, dass ihr Kind an keiner Erbkrankheit leiden wird. Bislang wurde in Deutschland aus dem Embryonenschutzgesetz abgeleitet, dass die PID zur „missbräuchlichen Verwendung menschlicher Embryonen" gehört, weil damit Embryonen ausgewählt und andere verworfen werden. Befürworter der PID sagen jedoch, dass jedes Paar, das Kinder haben möchte, das Recht auf gesunde Kinder haben sollte. Gegner argumentieren unter anderem damit, dass mit der PID die Möglichkeit eröffnet wird, sich ein perfektes Kind mit Wunschmerkmalen auszusuchen. → **3** Zum Thema PID wird in vielen Ländern eine **ethische Debatte** geführt, bei der die Argumente der Befürworter und Gegner abgewogen werden.

Schwangerschaftsabbruch

Wenn eine Frau Zweifel hat, ob sie das Kind tatsächlich haben möchte, muss sie sich in einer Beratungsstelle fachkundig beraten lassen. Erst danach kann sie einen Schwangerschaftsabbruch in den ersten drei Monaten vornehmen lassen. Gilt hier das Embryonenschutzgesetz nicht mehr? An dieser Stelle wird das Recht auf Selbstbestimmung der Frau höher angesehen als die Unversehrtheit des nicht geborenen Embryos.

> → **Merk dir!** Bei Verschmelzung der Kerne von Eizelle und Spermienzelle entsteht nach deutschem Recht menschliches Leben. Es wird nach dem Embryonenschutzgesetz geschützt.

Arbeitsaufträge

1. Erstellt in der Klasse ein Mindmap zum Thema Embryonenschutz.

2. Sucht in der Klasse nach Argumenten zum Für und Wider der Präimplantationsdiagnostik (PID). Listet die Argumente in einer Tabelle auf.

Diskussion Embryonenschutz

1. Wann beginnt menschliches Leben?

Es gibt unterschiedliche Meinungen dazu, wann menschliches Leben beginnt. Ab wann ist das neu entstandene Leben schutzwürdig? Auch dazu sind die Meinungen unterschiedlich. → 1

> **Christentum:** *Der Mensch entsteht mit der Verschmelzung der Kerne von Ei- und Spermienzelle.*
>
> **Islam:** *Der Fetus erlangt mit der „Beseelung" am 40. Tag einen moralischen Status als Mensch.*
>
> **Judentum:** *Der Fetus wird mit dem 40. Tag „beseelt", besitzt jedoch im Mutterleib schon davor einen schützenswerten Status. Außerhalb des Uterus, also bei einer IVF, kommt ihm kein moralischer Status als Mensch zu.*

1 Positionen dreier großer Weltreligionen

Ihr braucht: Plakatpapier.

Startet an der Schule eine Umfrage zu den Fragen:
Wann beginnt für dich menschliches Leben?
Die Würde des Menschen ist unantastbar – gilt das auch schon für einen Embryo?

a Ordnet die Antworten auf Plakatpapier und vergleicht sie mit Meinungen, die ihr im Internet findet (www.zellux.net).

Diskutiert in eurer Klasse die Aussagen in Abbildung 2.

> *Auch wenn der Embryo noch ein Zellhaufen ist, so kann er doch ein Mensch werden. Dem Embryo steht die gleiche Wertschätzung wie einem Menschen zu.*
>
> *Selbst als ich nur aus zwei Zellen bestand, war ich es. Aber: Wie wäre es, wenn ich einen eineiigen Zwillingsbruder hätte?*

2 Welchen Wert besitzt ein Embryo?

b Findet heraus, wie die Gesetze zum Embryonenschutz in anderen Ländern (z. B. USA, Israel) sind. Nutzt wieder Plakatpapier.

c Entscheidet, ob es eine eindeutige Antwort auf die Frage zum Beginn menschlichen Lebens gibt.

Macht eine Ausstellung in der Schule zum Thema „Wann beginnt menschliches Leben?".

2. Sollte man Forschung mit embryonalen Stammzellen erlauben?

Lies das folgende Fallbeispiel:

> Alexandra ist 15 Jahre alt. Vor einem Jahr hatte sie einen schweren Unfall beim Mountainbiking und ist seitdem querschnittgelähmt. → 4 Die einzige Hoffnung von Alexandra, wieder laufen zu können, ist die Therapie mit embryonalen Stammzellen. Die Ärzte hoffen, dass mit dieser Therapie Menschen mit Querschnittlähmung wieder laufen können. Für die Stammzelltherapie werden jedoch Embryonen „verbraucht". Man könnte hier überzählige Embryonen aus der künstlichen Befruchtung verwenden. In Deutschland ist es jedoch verboten, diese Embryonen zur Gewinnung von embryonalen Stammzellen zu nutzen. Alexandras Eltern wollen für eine Lockerung dieser Gesetzgebung kämpfen, damit die Forschung an embryonalen Stammzellen in Deutschland nicht behindert wird.

3 Fallbeispiel

Stimmt in der Klasse ab, wer für oder gegen die Forschung mit embryonalen Stammzellen ist.

a Nenne die Entscheidungsmöglichkeiten in dem Fall „Alexandra". Notiere, welche Folgen die jeweiligen Entscheidungen hätten.

Bildet Vierergruppen. Zwei Schüler spielen Alexandras Eltern. Die beiden anderen Schüler argumentieren gegen die Stammzellforschung.

Beendet das Rollenspiel nach 10 Minuten. Tauscht euch über eure Rollen aus: Wie leicht ist dir deine Rolle gefallen? Entsprach deine Rolle deiner Haltung zur Stammzelltherapie mit embryonalen Stammzellen?

b Begründe deine Haltung.

4 Alexandra ist querschnittgelähmt.

3. Wie stehst du zur PID?

Bei der PID treffen Argumente zum absoluten Embryonenschutz und zur Ermöglichung eines bestmöglichen Starts in ein gesundes Leben aufeinander.

Ihr braucht: Plakatpapier.

Bildet Gruppen von drei bis fünf Schülern.

a Haltet schriftlich fest, was ihr über PID wisst. Schreibt offene Fragen auf. Informiert euch über die genaue Durchführung der PID.

Diskutiert in der Gruppe eine der vier Aussagen zur PID. → 5 Zwei Aussagen befürworten die PID, zwei Aussagen lehnen die PID ab. Diskutiert 20 Minuten in eurer Gruppe über die Aussage.

b Haltet die Argumente aus eurer Diskussion auf dem Plakat fest und heftet es an die Wand.

Lest das Plakat einer Gruppe, die eine andere Haltung zur PID vertritt.

c Diskutiert über die Argumente und ergänzt sie eventuell.

d Begründe, welche persönliche Haltung du zur PID hast.

PID verhindert Leid.	PID ist für alle Beteiligten besser als eine vorgeburtliche Untersuchung.
Mit PID steht man einem behinderten Kind kein Lebensrecht zu.	Mit PID besteht die Gefahr, dass sich Eltern in Zukunft ein Wunschkind aussuchen.

5 Aussagen zur PID

Die Werbung verspricht ewige Jugend. Kosmetische Produkte verdecken die äußeren Spuren, Vitaminkapseln und andere Präparate sollen Gehirn, Gelenke und Herz fit halten. Aber wirklich aufhalten lässt sich das Altern nicht. Warum altern wir?

1 Altern ist ein natürlicher Prozess

Was passiert beim Altern?

Wie alt werden wir?

Die Menschen werden immer älter. Die **Lebenserwartung** ist deutlich gestiegen. → 2 Um 1750 wurde ein Mensch etwa 30 Jahre alt, heute sind 80 Jahre keine Seltenheit. Hochwertige Nahrung, eine gute medizinische Versorgung und Hygiene ermöglichen uns heute eine längere Lebensdauer. Das führt aber auch zu neuen Krankheiten und Alterserscheinungen, die man früher nicht kannte.

Jahr	Lebenserwartung
1750	30
1859	37
1900	45
1950	65
1975	72
1997	72 (Männer)
	79 (Frauen)
2006	77 (Männer)
	82 (Frauen)

2 Mittlere Lebenserwartung des Menschen ab Geburt

Warum wir altern

Die Altersforschung untersucht verschiedene Aspekte des Alterns. Sogenannte **freie Radikale**, das sind negativ geladene Sauerstoffmoleküle, die im Körper bei allen Stoffwechselvorgängen entstehen, schädigen die Zellen. Man weiß heute auch, dass Zellen sich nicht unbegrenzt teilen können. Fehler, die bei der Umsetzung der Erbinformation und im Zellaufbau entstehen, können durch körpereigene Reparaturgene korrigiert werden. Altern diese Gene, so nimmt die Zahl der Zellen zu, die ihre Aufgaben nicht mehr fehlerfrei erfüllen können. Die Anhäufung solcher Fehler kann als Altern bezeichnet werden.

Wechseljahre

Frauen spüren das Altern sehr deutlich. Um das 47. Lebensjahr beginnen die **Wechseljahre.** → 3 Die Produktion des Hormons Östrogen lässt nach. Die noch vorhandenen Eizellen reifen nicht mehr heran. Der bis dahin monatliche Eisprung und damit auch die Regelblutung finden zunächst nur unregelmäßig statt, bis sie ganz aufhören. Man

Arterienverkalkung
Arthrose
freie Radikale
Lebenserwartung
Menopause
Todesursachen
Wechseljahre

3 Die Wechseljahre bedeuten Veränderungen.

4 Im Alter ist die Beweglichkeit oft eingeschränkt.

spricht von der **Menopause**. Die fruchtbare Phase im Leben einer Frau ist beendet. Das fehlende Östrogen hat Folgen für den ganzen Körper. So wird manchmal die Knochensubstanz abgebaut, der Knochen wird brüchig. Neben dieser sogenannten Osteoporose sind auch psychische Symptome nicht selten. Auch bei Männern verringert sich die Hormonproduktion. Sie spüren dies aber nicht so deutlich.

Anzeichen des Alterns

Mit zunehmendem Alter nimmt die körperliche Leistungsfähigkeit ab. → 4 Durch den Verschleiß der Gelenke sinkt die Beweglichkeit (**Arthrose**), die Alterungsprozesse in den Gefäßen führen zu Kreislaufbeschwerden und Herzerkrankungen (**Arterienverkalkung**) und das Nachlassen der Elastizität der Linse bewirkt die typische Altersweitsichtigkeit.

Am Ende steht der Tod

Sind die Schädigungen von Zellen und Organen zu groß geworden, stirbt der Mensch. Oft gehen verschiedene Erkrankungen dem Tod voran. Früher starben die meisten Menschen an Infektionen. In Deutschland stehen Herz-Kreislauf-Erkrankungen, gefolgt von Krebserkrankungen, ganz oben auf der Liste der **Todesursachen**. In vielen Ländern sind nach wie vor die Infektionskrankheiten Todesursache Nummer eins.

→ **Merk dir!** Die Lebenserwartung eines Menschen ist im Laufe der letzten Jahrhunderte stark gestiegen. Die körperliche Leistungsfähigkeit sinkt mit zunehmendem Alter, lässt sich aber durch konsequentes Training länger erhalten. Das Altern hat verschiedene Ursachen. Bei zu vielen Schädigungen tritt der Tod ein.

Arbeitsaufträge

1. Informiere dich über die Lebensbedingungen und die Lebenserwartung in früheren Jahrhunderten.
2. Beschreibe, was während der Wechseljahre im Körper einer Frau passiert.
3. Informiere dich über verschiedene Todesursachen und deren Häufigkeit.

Stationen eines Lebens

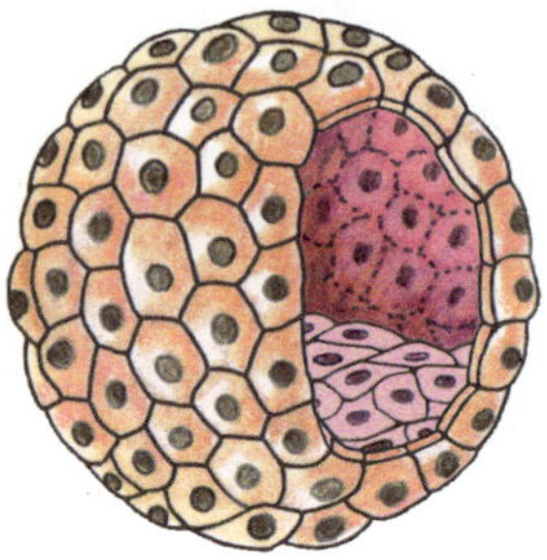

Ein Blasenkeim ist das Stadium des Embryos, welches sich in der Gebärmutter einnistet. Die zukünftigen Aufgaben der Zellen des Embryos sind vorprogrammiert.
(Siehe Seite 10.)

Bei der Mitose trennen sich die Zwei-Chromatid-Chromosomen voneinander. Die bei der Zellteilung neu entstandenen Zellen enthalten die gleiche Anzahl an Chromosomen wie die ursprüngliche Zelle.
(Siehe Seite 13.)

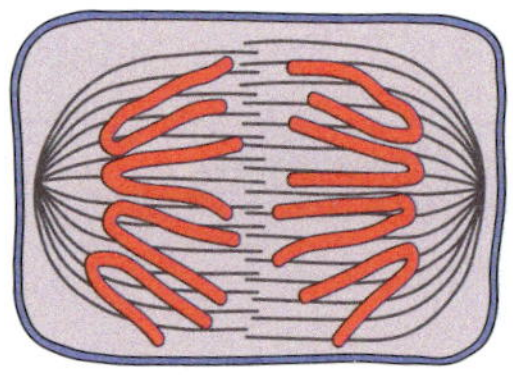

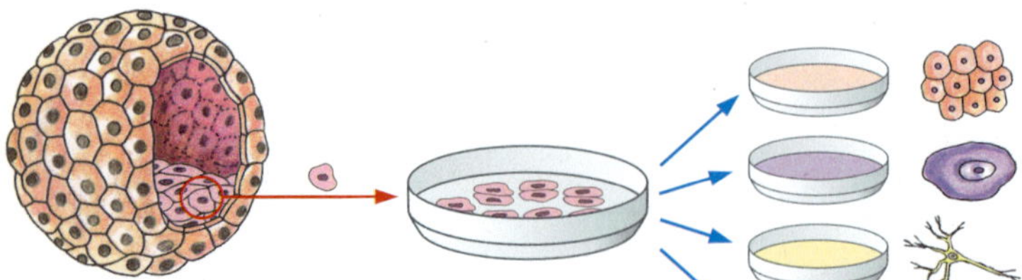

Es gibt adulte und embryonale Stammzellen. Die adulten Stammzellen werden bei der Stammzelltherapie eingesetzt.
(Siehe Seite 16.)

→ Nach Verschmelzung der Kerne von Eizelle und Spermienzelle entsteht nach deutschem Recht menschliches Leben. Es wird durch das Embryonenschutzgesetz geschützt. (Siehe Seite 18.)

→ Stammzellforschung, PID und künstliche Befruchtung sind Themen, zu denen es unterschiedliche Meinungen gibt. Im Mittelpunkt der ethischen Debatte steht der Embryonenschutz. (Siehe Seite 20.)

→ Unsere Lebenserwartung ist in den letzten Jahrhunderten deutlich gestiegen. Mit geeignetem Training kann man gegen einige Alterserscheinungen etwas tun. Der Mensch stirbt, wenn Teile des Körpers durch Erkrankungen oder Alterungsprozesse zu stark geschädigt sind und ihre Funktion nicht mehr aufrechterhalten werden kann. (Siehe Seite 22.)

1. Der Blasenkeim nistet sich bei der Schwangerschaft einer Frau etwa am dritten Tag nach der Befruchtung in der Gebärmutterschleimhaut ein.
   a Beschrifte den Blasenkeim. → 1 Trage dazu die Ziffern in dein Heft.
   b Aus den mit Ziffer 1 benannten Zellen entwickelt sich ein spezielles Gewebe. Nenne seinen Namen und seine Aufgabe während der Schwangerschaft.

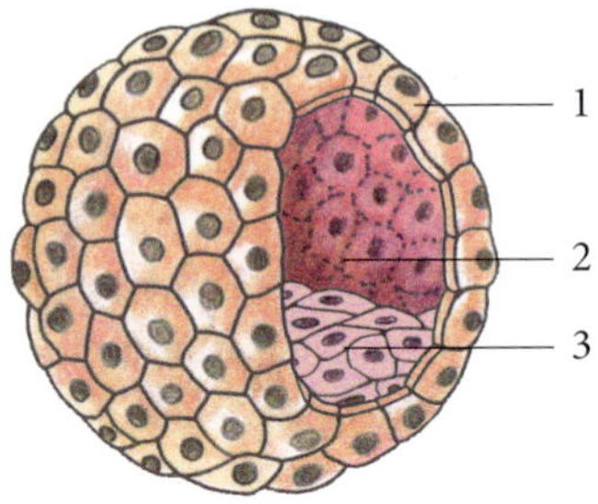

1 Blasenkeim

2. Bei der Mitose entstehen aus einer Zelle zwei neue Zellen.
   a Erkläre, was vor der Zellteilung ablaufen muss, damit sich jede neue Zelle erneut teilen kann.
   b Begründe, ob es bei Pflanzen ebenfalls den Vorgang der Mitose gibt.

3. Stammzellen sind vielseitig.
   a Vergleiche in einer Tabelle embryonale mit adulten Stammzellen zu den Aspekten: Ort der Entstehung, Vielseitigkeit, Gewinnung, Therapiemöglichkeiten, ethische Probleme.
   b Beschreibe, wie eine Knochenmarktransplantation durchgeführt wird. → 2

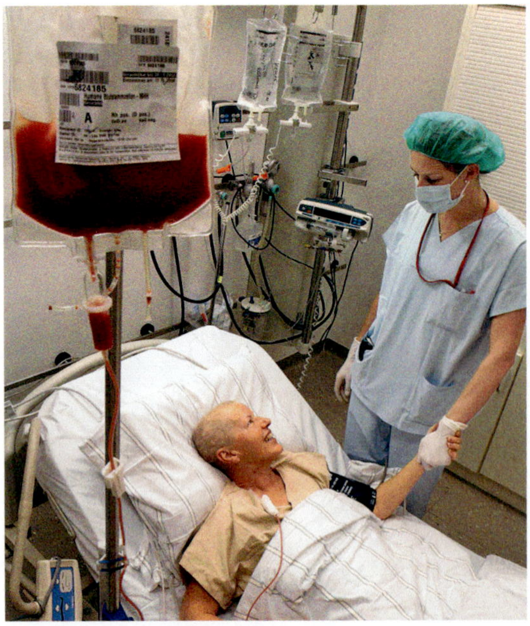

2 Patient erhält Stammzellen

4. Der Embryo im Mutterleib hat Anspruch auf Unversehrtheit.
   a Nenne das Gesetz, das in Deutschland die Unversehrtheit des Embryos regelt.
   b Nenne den Zeitpunkt, ab dem nach deutschem Recht menschliches Leben beginnt.
   c Ein Wissenschaftler, der mit embryonalen Stammzellen forschen möchte, muss mit Schwierigkeiten rechnen. → 3 Nenne das Hauptproblem und erläutere seine Ursachen.

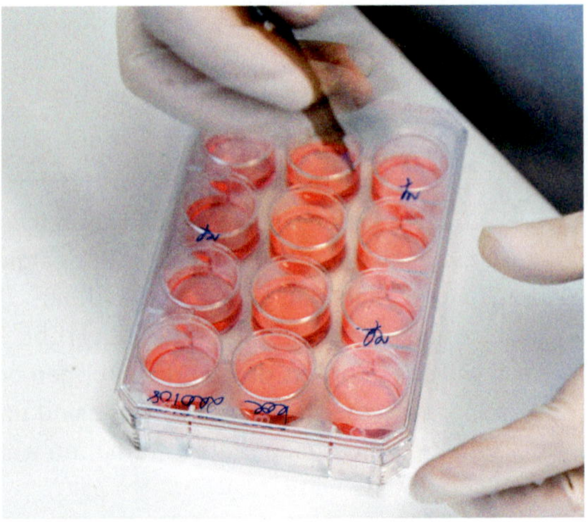

3 Forschung an embryonalen Stammzellen

5. Nenne die wichtigsten Ursachen für die seit 1750 gestiegene Lebenserwartung. → **4**

Jahr	Lebenserwartung
1750	30
1859	37
1900	45
1950	65
1975	72
1997	72 (Männer)
	79 (Frauen)
2006	77 (Männer)
	82 (Frauen)

4 Mittlere Lebenserwartung des Menschen ab Geburt

6. Beschreibe die körperlichen Veränderungen, mit denen viele ältere Menschen zu kämpfen haben. → **5**

5 Im Alter ist die Beweglichkeit oft eingeschränkt.

Ordne deiner Lösung im Heft ein Smiley zu:

☺ Ich habe die Aufgabe richtig lösen können.

😐 Ich habe die Aufgabe nicht komplett lösen können.

☹ Ich habe die Aufgabe nicht lösen können.

Aufgabe	Fähigkeit	Hilfe findest du auf Seite …
1	Ich kenne den Aufbau des Blasenkeims und seine Entwicklung während der Schwangerschaft.	10
2	Ich kann den Vorgang der Mitose beschreiben und weiß, dass er eine wichtige Aufgabe beim Wachstum von Lebewesen hat.	12
3	Ich kenne den Unterschied zwischen adulten und embryonalen Stammzellen und kann die Knochenmarktransplantation beschreiben.	16
4	Ich kenne die rechtliche Lage zum Embryonenschutz in Deutschland und kann ethische Probleme nennen.	18, 20
5	Ich kann erklären, welche Ursachen der gestiegenen Lebenserwartung zugrunde liegen.	22
6	Ich kann die Anzeichen des Alterns benennen.	23

Sinne und Wahrnehmung

Mit unseren Sinnen nehmen wir die Welt wahr. Im Kino sinken wir in die gemütlichen Sessel und tauchen ein in die Welt des Films. Mit den Augen verfolgen wir die Bilder auf der Kinoleinwand. Mit den Ohren nehmen wir die Geräusche aus den Lautsprechern wahr. Das macht das Erlebnis Kino perfekt.
Es ist uns gar nicht bewusst, was unsere Sinnesorgane täglich leisten. Erst wenn ein Sinnesorgan beeinträchtigt wird, merken wir, wie wichtig unsere Sinne eigentlich sind.

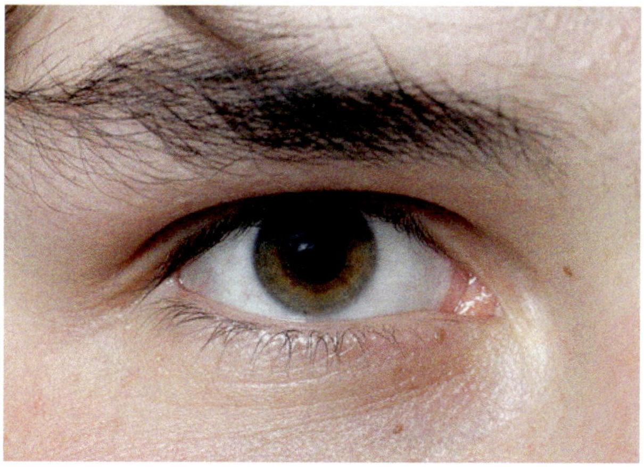

1 Wie sehen wir? (Siehe Seite 34.)

2 Welche Sinne haben die Tiere uns voraus? (Siehe Seite 42.)

3 Wie kommt die Musik in unser Ohr? (Siehe Seite 38.)

Wer geht nicht gerne ins Kino? Das ist doch viel besser als Fernsehen. Irgendwie mitreißender. Und wenn der Film zu Ende ist, braucht man eine gewisse Zeit, um wieder in der Wirklichkeit anzukommen.
Was macht Kino zu einem solchen Erlebnis?

1 Erlebnis Kino

Wahrnehmung mit den Sinnesorganen

Das Kino spricht unsere Sinne an

Die Kinoleinwand ist um ein Vielfaches größer als der Fernseher zu Hause. Schon allein dadurch fühlt man sich mitten im Geschehen. Der Eindruck wird aber noch von den Geräuschen verstärkt, die ein besonderes Hörerlebnis schaffen. Man hört zum Beispiel, wie die Pinguine leise von hinten heranlaufen und immer lauter näher kommen. → 1

Die Umwelt ist voller Reize

Alles, was von unserer Umwelt auf uns einwirkt und was wir mithilfe unserer **Sinnesorgane** wahrnehmen können, nennt man **Reize**. Dabei ist jedes Sinnesorgan auf einen bestimmten Reiz spezialisiert. → 2

Sinneszellen wandeln Reize um

Die Geräusche der Pinguine aus dem Kinofilm erzeugen Schallwellen, die in unser Ohr gelangen. Dort nehmen Hörsinneszellen diese Schallwellen wahr. Sie wandeln die Schallwellen dann in **Signale** um, die sie über den Hörnerv an das **Gehirn** weiterleiten. Dies kann man sich wie ein Telefongespräch vorstellen. Du sprichst in die Sprechmuschel des Hörers. Deine Stimme wird in Signale

Reiz		Sinnesorgan
Licht	→	Auge
Schall	→	Ohr
Teilchen in der Luft	→	Nase
Teilchen in Lebensmitteln	→	Zunge

2 Sinnesorgane nehmen Reize auf.

Sinnesorgan		Gehirn vermittelt
Auge	→	Bild
Ohr	→	Geräusch
Nase	→	Geruch
Zunge	→	Geschmack

3 Das Gehirn verarbeitet und vermittelt Sinneseindrücke.

Gehirn
Reaktion
Reize
Signale
Sinnesorgane

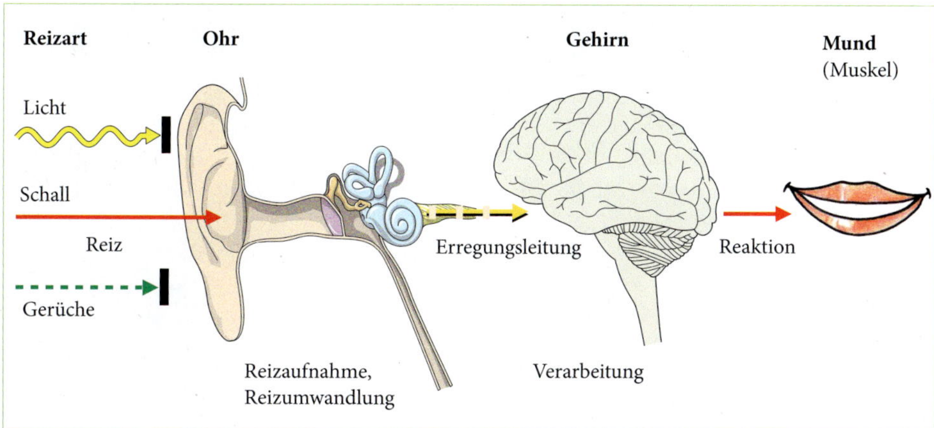

4 Reizaufnahme und Reizverarbeitung

umgewandelt, die über das Telefonkabel weitergeleitet werden. Das Telefonkabel entspricht also dem Hörnerv. Schließlich werden die Signale dann wieder in Sprache verwandelt, sodass dein Gesprächspartner dich sprechen hört. Ähnlich geschieht die Verarbeitung im Gehirn. Auch hier werden die Signale umgewandelt, sodass du ein Hörerlebnis hast. → 3, 4 Die Pinguine im Film sind lustig und du lachst. Dies ist eine **Reaktion**.

Das Gehirn ermöglicht die Wahrnehmung

Erst das Gehirn vermittelt uns den jeweiligen Sinneseindruck, also das Bild, den Geschmack und Geruch und die Geräusche. Im Gehirn werden die Signale verarbeitet, die über den Hörnerv weitergeleitet werden, und auch die Signale, die aus den anderen Sinnesorganen ankommen. Damit können wir unsere Umwelt auf vielfältige Weise wahrnehmen. Wir sehen beispielsweise nicht nur die Pinguine, sondern hören sie auch. Die Sinneseindrücke, die durch den Film entstehen, können im Gedächtnis gespeichert werden. Wir können uns dann erinnern, wenn wir Freunden von dem Film erzählen.

→ Merk dir! **Die Sinneszellen der Sinnesorgane nehmen verschiedene Reize wahr, wandeln diese in Signale um, die dann über Nerven an das Gehirn geleitet werden. Das Gehirn verarbeitet die Signale, sodass wir unsere Umwelt wahrnehmen und auf sie reagieren können.**

Arbeitsaufträge

1. Beschreibe verschiedene Situationen (am Strand liegen und Eis essen, im Wald spazieren gehen …). Nenne die Sinnesreize, die in diesen Situationen von den Sinnesorganen aufgenommen werden.

2. Lena meint: „Sehen und Hören sind ja ziemlich wichtig. Aber die anderen Sinne, vor allem Riechen, braucht man gar nicht.“ Bist du auch ihrer Meinung? Begründe deinen Standpunkt.

Anna steht morgens im Bad und betrachtet ihre Augen eingehend im Spiegel. Sie blickt auf ihre Augenbrauen und ihre Augenlider mit den Wimpern. Das Auge selbst ist außen weiß und hat ein dunkles Zentrum. Dazwischen befindet sich eine blaue Schicht mit grünen und braunen Flecken.
Wie sind unsere Augen aufgebaut? Was leisten sie?

1 Anna betrachtet ihre Augen im Spiegel.

Schau mir in die Augen

Augenblick mal

Wenn Anna ihr Auge so genau betrachtet, fällt ihr allerhand auf: Der weiße **Augapfel** ist von feinen Äderchen durchzogen. Die **Iris** ist nicht einfarbig, sondern mit verschiedenen Farben gesprenkelt. → 2 Die schwarze **Pupille** wird blitzschnell kleiner, als Annas Mutter plötzlich das Licht über dem Spiegel anknipst und sie ermahnt: „Anna! Beeil dich! Oder du kommst zu spät in die Schule!“

Schutz der Augen

Unsere Augen reagieren sehr empfindlich, beispielsweise wenn man etwas ins Auge bekommt. Daher dienen einige Teile des Auges

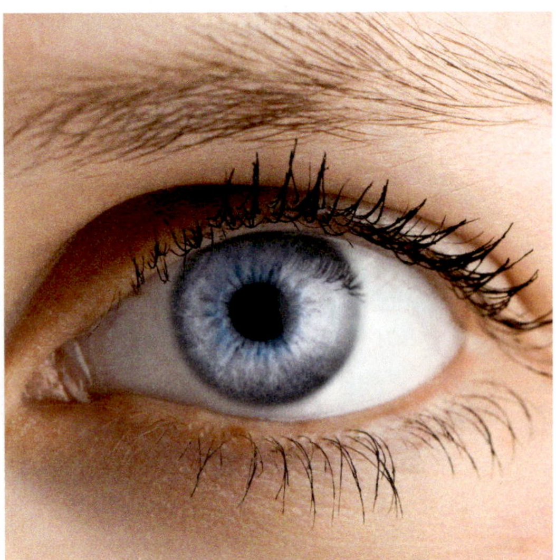

2 Auge

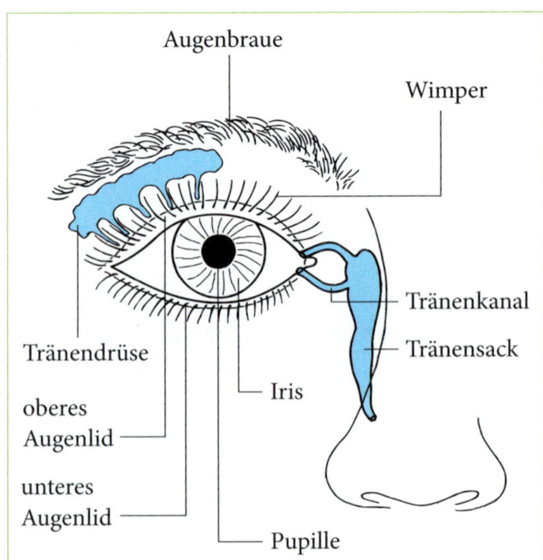

3 Außenansicht des Auges

Augapfel
Augenbrauen
Iris
Netzhaut
Oberlid
Pupille
Sehnerv
Wimpern

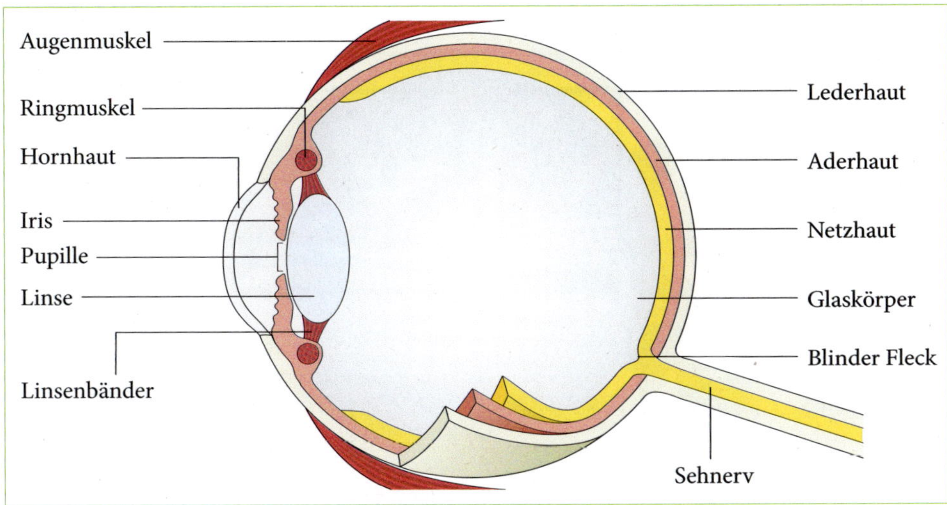

4 Innerer Bau des Auges

seinem Schutz: Die **Wimpern** halten Fremdkörper fern und mit dem **Oberlid** kann man das Auge schnell zumachen. Wenn wir Sport treiben, dann verhindern die **Augenbrauen**, dass Schweiß in die Augen gelangen kann. Sollte dennoch mal etwas ins Auge gelangt sein, so produzieren die Tränendrüsen vermehrt Tränenflüssigkeit, sodass Fremdkörper ausgespült werden. → **3**

Für das Sehen wichtig

Von außen sind die weiße Lederhaut, Iris und Pupille sichtbar. Leder-, Ader- und Netzhaut bilden die äußeren Schichten des Augapfels. Bei zu starkem Licht zieht sich die Iris zusammen, sodass die Pupille kleiner wird und nur noch wenig Licht ins Auge fällt. → **4** Das Licht durchdringt die Linse und den Glaskörper. Die Linse sorgt für ein scharfes Bild auf der **Netzhaut**. Auf der Netzhaut befinden sich die **Sehsinneszellen**, die die Lichtreize in Signale umwandeln. Die Signale werden über den **Sehnerv** an das Gehirn weitergeleitet. Das Gehirn vermittelt uns dann das Bild.

Merk dir! **Das menschliche Auge besteht aus vielen Teilen. Einige dienen dem Schutz (Wimpern, Ober- und Unterlid, Lederhaut), andere sind für das Sehen wichtig (Pupille, Iris, Linse, Hornhaut, Netzhaut, Sehnerv).**

Arbeitsaufträge

1. Betrachte dein Auge im Spiegel.

- **a** Zeichne es möglichst genau mit Bleistift auf ein weißes Blatt ab. Gib anschließend die Farben mit Buntstift wieder. Du kannst auch ein Auge deines Sitznachbarn abzeichnen.
- **b** Beschrifte deine Zeichnung mit den Fachbegriffen.
- **c** Erläutere die Aufgaben der Teile des Auges.

Die Klasse 6c der Gutenberg-Gesamtschule besucht eine Ausstellung in einem Museum für Moderne Kunst. Gleich in der Eingangshalle bewundern die Schüler ein sehr großes Bild. Es ist knapp zwei Meter hoch und über drei Meter breit.
Unglaublich, wie kann ein so großes Bild in unser Auge passen?

1 Auch große Bilder „passen" in unser Auge.

Das Auge erzeugt Bilder

Das Bild wird verkleinert

Das Bild im Kunstmuseum ist 2 Meter hoch und 3,20 Meter breit. Unsere Netzhaut ist jedoch nur ungefähr so groß wie ein 1-Cent-Stück. Deshalb muss das Auge das Bild verkleinern.

Der Weg des Lichtes

Zunächst fällt Licht auf das Bild und wird dann von diesem zurückgeworfen. Danach gelangt das Licht durch die Pupille in unser Auge. Direkt hinter der Pupille befindet sich die **Linse**.
Die Linse bündelt nun das Licht so, dass ein sehr kleines, aber scharfes Bild des Gemäldes auf der Netzhaut erscheinen kann.
Durch die Bündelung steht es nun allerdings „auf dem Kopf". → 2 Auch durch Glaslinsen lässt sich dieser Effekt erzielen. Einfallende Lichtstrahlen werden gebündelt, sodass ein auf dem Kopf stehendes Bild entsteht.
Auf der Netzhaut befinden sich rund 130 Millionen lichtempfindliche **Sehsinneszellen**. Die meisten von ihnen sind längliche **Stäbchen**, die nur hell und dunkel unterscheiden können. Die übrigen sind dickere **Zapfen**, die zum Farbensehen dienen.

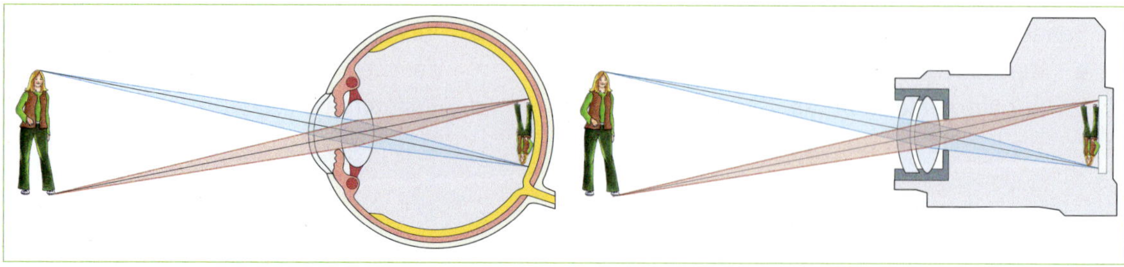

2 Vergleich von Auge und Kamera

Linse
Sehsinneszellen
Stäbchen
Zapfen

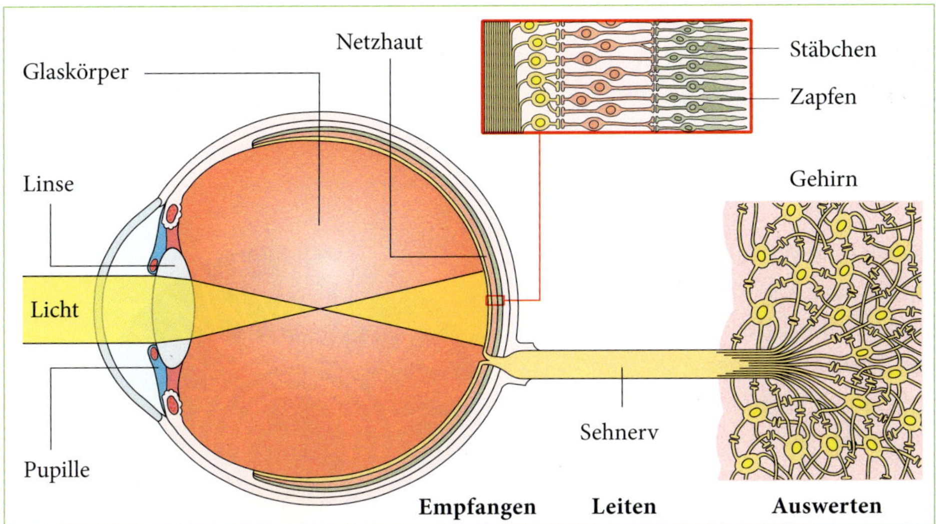

3 Sehvorgang

Empfangen, Leiten, Verarbeiten

Fällt nun Licht durch Pupille und Linse auf die Netzhaut, so werden die Stäbchen und Zapfen gereizt, sie beginnen zu arbeiten. Jede einzelne Sinneszelle wandelt den Lichtreiz in ein Signal um, das sie über den Sehnerv an das Gehirn weiterleitet. → 3 Die Stelle, an der der Sehnerv die Netzhaut verlässt, enthält keine Sehsinneszellen. Sie wird als blinder Fleck bezeichnet.
Im Gehirn werden die Signale nun verarbeitet. Das Gehirn sorgt dabei dafür, dass die unterschiedlichen Bilder beider Augen zu einem einzigen räumlichen Bild zusammengesetzt werden. Außerdem dreht das Gehirn das Bild, das auf der Netzhaut auf dem Kopf stehend abgebildet ist, richtig herum.

→ **Merk dir!** Das Licht fällt durch Pupille und Linse in das Auge. Die Linse erzeugt dabei ein verkleinertes Bild auf der Netzhaut, das von den Sehsinneszellen in Signale umgewandelt wird. Über den Sehnerv werden diese Signale an das Gehirn weitergeleitet, wo sie verarbeitet werden. Erst jetzt haben wir ein Seherlebnis.

Arbeitsaufträge

1. Beschreibe den Weg des Lichtes bis zur Wahrnehmung im Gehirn. Verwende dabei die Begriffe aus dem Merkkasten.

2. Vergleiche das Auge und die Kamera in Abbildung 2.

3. Am Schulranzen und an der Kleidung sollen grelle Farben und reflektierende Gegenstände vorhanden sein. Erkläre mithilfe der Abbildung rechts. → 4

4 Auffällige Farben am Schulranzen

Versuche zum Auge

1. Wie schützt sich das Auge vor zu starkem Licht?

Ihr braucht: eine Taschenlampe.

a Verdunkelt den Klassenraum. Wartet einige Minuten, bis sich eure Augen an die Dunkelheit gewöhnt haben. Betrachtet nun die Augen eures Sitznachbarn genau.

b Leuchte nun mit der eingeschalteten Taschenlampe in ein Auge deines Sitznachbarn. Beobachte in diesem Moment genau, was sich bei dem Auge verändert.

c Fertige zwei Zeichnungen an, um deine Beobachtungen festzuhalten. Zeichne ein Auge bei Dunkelheit und ein Auge bei hellem Licht.

d Versuche nun zu erklären, wie sich das Auge vor zu starkem Licht schützen kann. → **1**

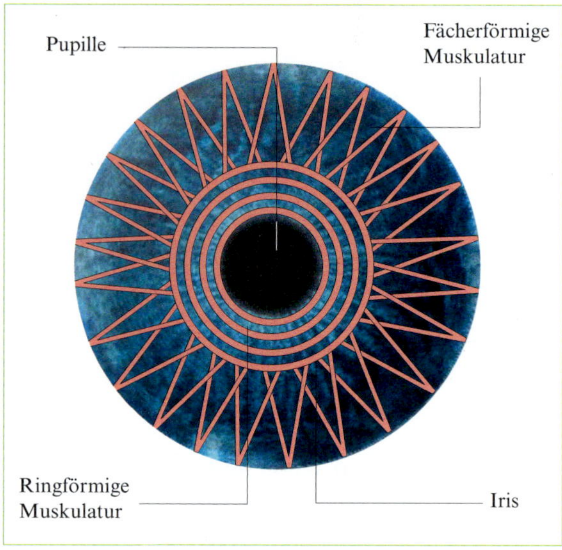

1 Die Iris ist ein Muskel.

2. Wie funktioniert das Sehen?

Ihr braucht: eine Sammellinse und einen Abbildungsschirm, eine Kerze, Feuerzeug.

a Baut den Versuch wie in Abbildung 2 auf.

b Zündet die Kerze an.

→ ***Achtung:*** *Beachtet die Brandgefahr!*

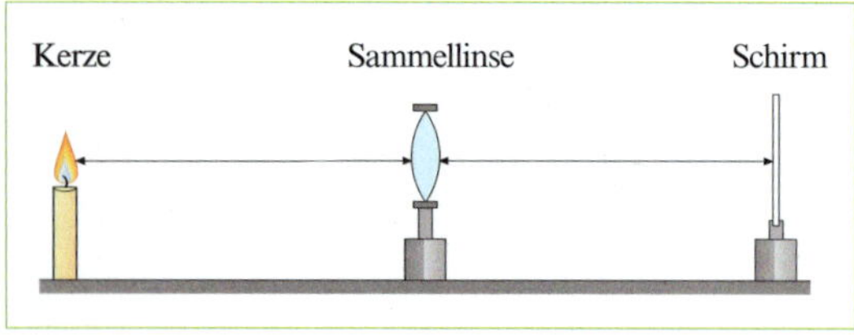

2 Versuchsaufbau

c Schiebt die Linse so lange hin und her, bis ihr ein scharfes Abbild der Kerzenflamme auf dem Schirm erhaltet.

d Was könnt ihr auf dem Schirm erkennen? Zeichnet es auf.

e Der Versuchsaufbau ist ein Modell für den Sehvorgang. Ordne folgende Begriffe einander zu:

Sehvorgang		Versuchsaufbau	
1	Augenlinse	A	Schirm
2	Netzhaut	B	Kerzenflamme
3	Gegenstand	C	abgebildete Kerzenflamme
4	Netzhautbild	D	Sammellinse

f Erkläre nun den Sehvorgang mithilfe des Modells. → **2**

3. Wie entsteht ein Film?

Ihr braucht: Papierblock (etwa 10 cm · 10 cm mit 30 Seiten, an einer Seite geheftet), Zeichenstifte, Stoppuhr.

Wähle eines der abgebildeten Motive aus. → 3

Zeichne auf jedes Blatt des Blockes eines der Motive.

Der folgende Versuch wird als Partnerversuch durchgeführt.

Einer der Partner betätigt das Daumenkino, der andere Partner nimmt die Zeit.

a Betätige das Daumenkino zunächst schnell. Verlangsame anschließend die Zeit so, dass du das Daumenkino gerade noch als Film, nicht mehr als Einzelbilder erkennen kannst.

b Berechne die Bilder pro Sekunde für diesen Zeitraum.

c Erkläre, wie der Eindruck eines Filmes entsteht.

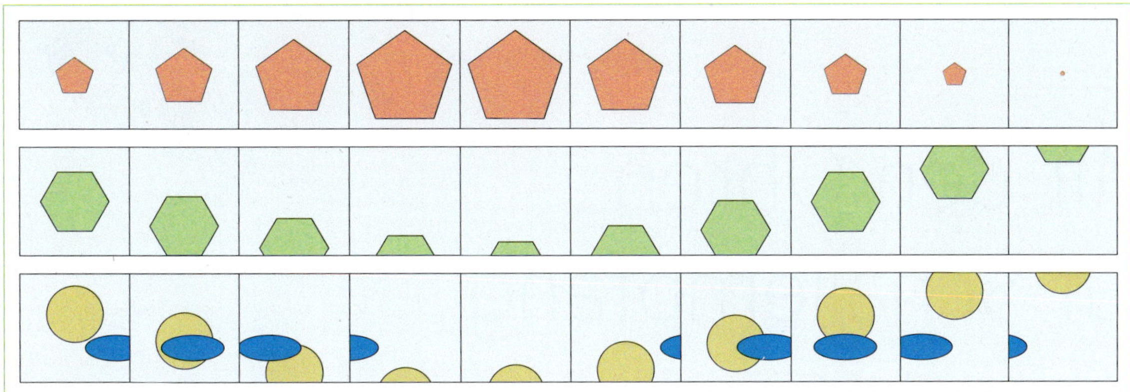

3 Beispiele für Daumenkino

4. Nachweis des Blinden Flecks

Dort, wo der Sehnerv das Auge verlässt, befinden sich keine Sehsinneszellen. Diese Stelle bezeichnet man als „Blinden Fleck".

Ihr braucht: das Biologiebuch.

a Halte diese Buchseite in Armlänge vor deine Augen.

b Schließe das rechte Auge und blicke mit dem linken ununterbrochen auf den weißen Punkt. → 4

c Bewege jetzt das Buch langsam zum Auge hin.
Kannst du beobachten, dass das Kreuz bei einer bestimmten Entfernung plötzlich verschwindet? → 4 In genau diesem Moment fällt sein Bild auf den Blinden Fleck.

d Erläutere, weshalb sich der Blinde Fleck beim Sehen normalerweise nicht bemerkbar macht.

4 Versuch zum Blinden Fleck

Was für ein Tag! Erst das Diktat in Deutsch, danach der Test in Biologie und auch die Mathematikstunde war ganz schön anstrengend. Und nach der Schule dann auch noch der Termin beim Kieferorthopäden. Da hilft nur eins: schöne Musik.
Wie hören wir eigentlich?

1 Entspannen mit Musik

Mit den Ohren auf Schallempfang

Bau des Ohrs

Man unterscheidet drei Teile: Außenohr, Mittelohr und Innenohr. Zum **Außenohr** gehören Ohrmuschel, Gehörgang und Trommelfell. Direkt hinter dem Trommelfell schließt sich das **Mittelohr** mit den Gehörknöchelchen an. Sie stellen die Verbindung zum Innenohr dar. Das Mittelohr ist durch einen Verbindungsgang, die Ohrtrompete, mit dem Mundraum verbunden.
Im **Innenohr** liegt die Schnecke, in der sich die Hörsinneszellen befinden. Die **Schnecke** ist mit Flüssigkeit gefüllt. → 2
Das Ohr ist nicht nur zum Hören da. In ihm befindet sich auch das **Gleichgewichtsorgan**, das dafür verantwortlich ist, dass wir unser Gleichgewicht halten können.

Der Weg durch das Ohr

Die Musik erzeugt Schallwellen, die nun durch Außen-, Mittel- und Innenohr wandern. Zunächst werden die Schallwellen von der **Ohrmuschel** aufgefangen und in den **Gehörgang** gelenkt. → 2 Der Gehörgang leitet sie dann zum **Trommelfell** weiter, das dadurch in Schwingungen versetzt wird. Direkt hinter dem Trommelfell befinden sich die **Gehörknöchelchen**, die diese Schwingungen aufnehmen und verstärken. → 2 Die Gehörknöchelchen übertragen die Schwingungen dann auf die **Schnecke**. In ihr befindet sich eine Flüssigkeit, die nun auch in Schwingung versetzt wird. Dadurch werden die Hörsinneszellen gereizt, die diese Schwingungen in Signale umwandeln. Über den Gehörnerv werden die Signale dann an das Gehirn weitergeleitet. Im Gehirn werden diese Signale zu einem Geräusch verarbeitet, das wir jetzt hören.

Woher kommt ein Geräusch?

Unser Gehör kann aber auch die Richtung von Geräuschen bestimmen. Kommt also beispielsweise von rechts ein Moped heran-

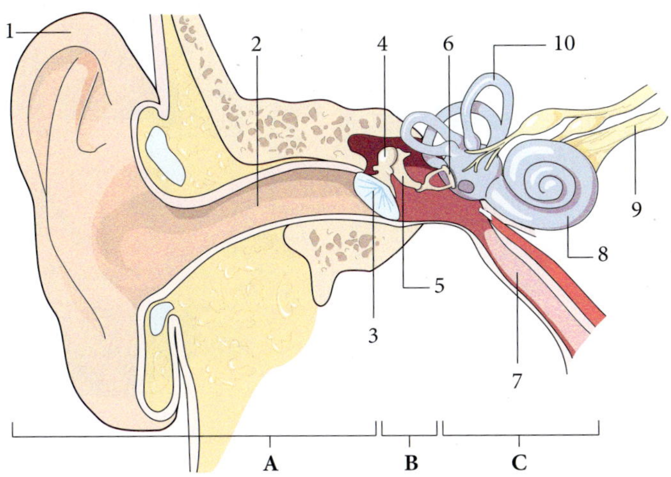

A Äußeres Ohr
1 Ohrmuschel
2 Gehörgang
3 Trommelfell

B Mittelohr
(Gehörknöchelchen)
4 Hammer
5 Amboss
6 Steigbügel
7 Ohrtrompete

C Innenohr
8 Schnecke
9 Hörnerv
10 Bogengänge mit Gleichgewichtsorgan

2 Bau des Ohrs

Außenohr
Gehörgang
Gehörknöchelchen
Gleichgewichtsorgan
Innenohr
Mittelohr
Ohrmuschel
Richtungshören
Schnecke
Trommelfell

gefahren, so wird dieses Geräusch etwas früher und auch etwas lauter vom rechten Ohr wahrgenommen als vom linken. Obwohl wir den Mopedfahrer noch gar nicht sehen, wissen wir dann schon, aus welcher Richtung er kommt. Diese Fähigkeit bezeichnen wir auch als **Richtungshören**.

→ **Merk dir!** Schallwellen werden von den Ohrmuscheln aufgefangen. Das Trommelfell wird in Schwingung versetzt und überträgt diese auf die Gehörknöchelchen. Die Gehörknöchelchen verstärken und übertragen die Schwingungen auf die Schnecke. Dadurch werden die Hörsinneszellen angeregt und leiten über den Gehörnerv Signale an das Gehirn weiter.

Arbeitsaufträge

1. Decke in Abbildung 2 die Beschriftungen ab. Benenne die einzelnen Teile des Ohrs und erkläre ihre Funktion mit eigenen Worten. Überprüfe zum Schluss.

2. Führt den Versuch von Abbildung 3 durch. Markiere an einem 1 m langen Gummischlauch genau die Mitte. Dein Partner hält die beiden Schlauchenden in seine Ohren.
  a Klopfe mit einem Stift leicht auf den Schlauch. Kann dein Partner angeben, ob du links, rechts oder in der Mitte geklopft hast?
  b Versucht das Ergebnis zu erklären.

3 Versuch zum Richtungshören

**Auf einer Baustelle werden viele Maschinen benutzt, die sehr großen Lärm verursachen. Wenn Arbeiter mit einem Presslufthammer arbeiten, müssen sie einen Gehörschutz tragen.
Welche Wirkung hat Lärm auf das Gehör?**

1 Auf der Baustelle

Gefahren für Ohren und Augen

Laut und leise

Unser Ohr nimmt die **Lautstärke** von **Geräuschen** wahr, also ob ein Geräusch laut oder leise ist. Flüstern wird beispielsweise als leise empfunden, ein Moped hingegen als laut. → 2 Geräusche werden dann als Lärm bezeichnet, wenn sie als störend empfunden werden oder unserer Gesundheit schaden. Starker Lärm kann die Hörsinneszellen im Innenohr zerstören. Dadurch entsteht eine dauerhafte Schwerhörigkeit. Menschen, die schwer hören, müssen dauerhaft ein Hörgerät tragen.

Und wenn doch mal was ins Auge geht

Wenn ein Fremdkörper ins Auge gelangt, beginnt es zu tränen, um diesen wieder auszuspülen. Man kann auch selbst versuchen, ihn zu entfernen:
Ziehe das Oberlid vorsichtig über das Auge nach unten. Bewege nun das Auge so lange nach allen Seiten, bis der Fremdkörper an den unteren Augenrand gelangt. Nun kann jemand mit der Spitze eines sauberen Tuchs den Fremdkörper entfernen. Ziehe dazu das Unterlid nach unten und schaue gleichzeitig nach oben. → 3

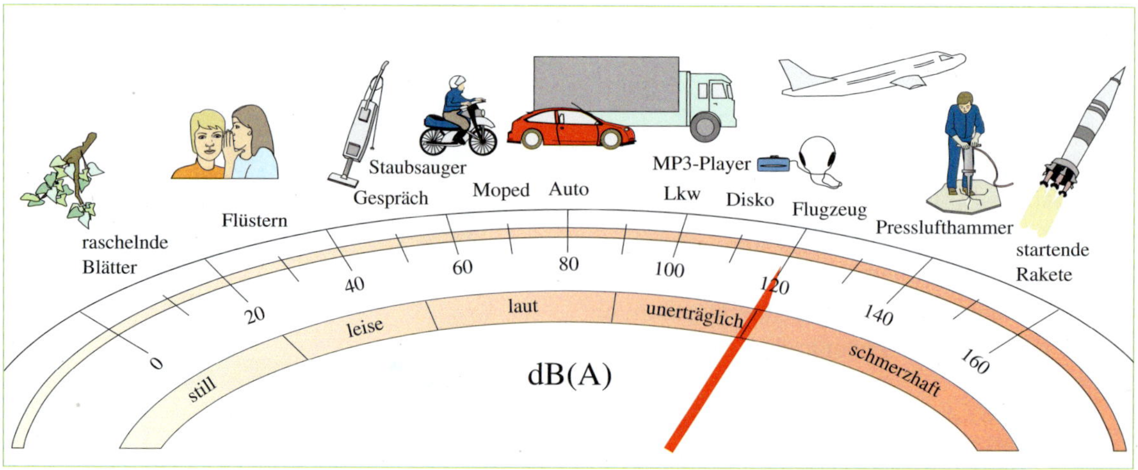

2 Lautstärken

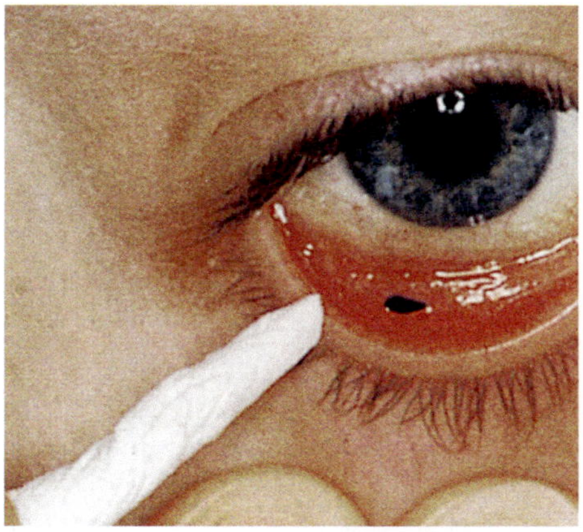

3 So entfernt man einen Fremdkörper.

4 Augendusche

Gerade beim Hantieren mit Chemikalien kann es passieren, dass eine ätzende Flüssigkeit ins Auge gelangt. In diesem Fall spüle beide Augen sofort und ausgiebig mit Leitungswasser aus. → 4 Gehe dann sicherheitshalber zum Arzt.

Tipps vom Augenarzt

So schont man die Augen bei der Arbeit oder dem Spiel am Computer: Der Bildschirm sollte ca. 60 cm vom Auge entfernt sein. Achte auf eine ausreichende Beleuchtung. Das Licht darf aber nicht zu hell sein. Mache nach einer Stunde vor dem Computer eine Pause.

> → **Merk dir!** **Durch sehr laute Geräusche kann das Gehör geschädigt werden, sodass Schwerhörigkeit entsteht. Schwerhörige müssen ein Hörgerät tragen. Die Augen können zum Beispiel durch Fremdkörper oder durch Chemikalien geschädigt werden. Brillen bieten Schutz.**

Arbeitsaufträge

1. Ab welcher Lautstärke kann unser Gehör geschädigt werden?
- **a** Finde heraus, was bei einer Schädigung in den Ohren passiert.
- **b** Schreibe einige Tipps auf, mit denen du deine Ohren vor Lärm während eines Popkonzerts schützen kannst.

2. Wovor schützen jeweils die auf den Abbildungen 5 bis 8 abgebildeten Gegenstände?

5 Im Labor

6 Am Strand

7 Im Wasser

8 Im Schnee

Ein 80-jähriger Pilzsammler rutschte eine Böschung hinunter und konnte sich nicht selbst aus dem Dickicht befreien. Aufgespürt wurde der Mann von einem Hund. Der Hund konnte ihn mithilfe seines Geruchssinns finden. So konnte der Mann gerettet werden.

1 Lebensretter Hund

Die Supersinne der Tiere

Hunde haben empfindliche Nasen

Wäre es nicht praktisch, wenn du allein durch Schnüffeln an deiner Schultasche herausfinden könntest, was für ein Frühstück in deiner Brottasche steckt? Oder in der deines Nachbarn?
Nun, dazu bräuchtest du wohl die Nase eines Hundes: Hunde können extrem gut riechen, selbst wenn ein Geruch äußerst schwach ist und wir ihn gar nicht wahrnehmen können. → 1 Hunde haben in ihrer Nase bis zu 220 Millionen **Riechzellen** – Menschen nur 5 Millionen. Kein Wunder also, dass Hunde bei der Polizei zum Aufspüren von Drogen oder Sprengstoff eingesetzt werden.

Klapperschlangen haben Wärmesensoren

Klapperschlangen haben ein besonderes Sinnesorgan: das Grubenorgan. → 2 Dabei handelt es sich um eine Grube zwischen Augen und Nasenloch, die empfindlich auf Wärme reagiert. Mithilfe dieses **Wärmesinns** fangen Klapperschlangen sogar in der Dunkelheit eine Maus.

Adleraugen

Wenn jemand sehr gut sehen kann, sagen wir auch: „Er hat Adleraugen." → 3 Selbst aus großer Höhe erkennen sie eine winzige Maus auf dem Feld. Schließlich haben sie 5-mal so viele Sehzellen in ihren Augen wie der Mensch.

2 Klapperschlange mit Grubenorgan

3 Adler

elektrischer Sinn
Magnetfeld
Ultraschallrufe
Wärmesinn

4 Beim Hai hilft auch kein Verstecken.

5 Die Fledermaus ist nachts unterwegs.

Verstecken – beim Hai zwecklos

Der Hai kann mithilfe eines **elektrischen Sinns** schwache elektrische Felder wahrnehmen, die von lebenden Fischen ausgehen. → 4 Selbst wenn sich also ein Fisch gut versteckt, kann der Hai ihn mit seinem elektrischen Sinn trotzdem leicht aufspüren.

Die Fledermaus – Jägerin der Nacht

Fledermäuse jagen zumeist in der Dämmerung oder nachts. → 5 Sie stoßen **Ultraschallrufe** aus, die wir nicht hören können, da sie zu hoch sind. Diese Rufe werden von Gegenständen der Umgebung zurückgeworfen und gelangen zum Ohr der Fledermaus. Je weiter nun ein Gegenstand entfernt ist, desto länger braucht der Schall, um wieder zurückzukommen. Auf diese Weise kann die Fledermaus Entfernungen abschätzen.

Den Kompass immer mit dabei

Die Biene verfügt über einen eingebauten Kompass. → 6 Denn sie kann das **Magnetfeld** der Erde wahrnehmen und verliert daher niemals ihre Orientierung.

6 Bienen wissen, wo es langgeht.

→ **Merk dir!** Tiere verfügen über Sinne, die der Mensch nicht besitzt.

Arbeitsaufträge

1. Suche dir zwei Supersinne von Tieren aus.
  a Beschreibe die beiden Supersinne.
  b Nenne die Unterschiede zum Menschen.

2. Zugvögel legen auf ihren Wanderungen große Wege zurück. Informiere dich in Biologiebüchern oder im Internet, welche Sinne die Zugvögel benutzen, um ihr Ziel zu finden.

Sinne und Wahrnehmung

→ Unsere Umwelt steckt voller Reize. Mit den Sinnesorganen nehmen wir Reize aus der Umwelt wahr und verarbeiten sie. (Siehe Seite 30.)

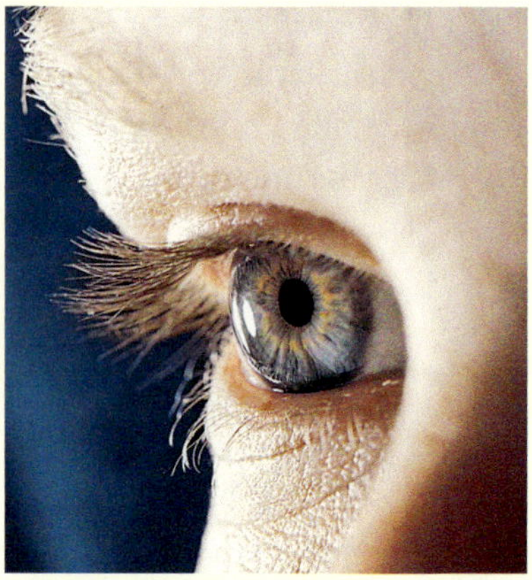

→ Beim Sehen fällt Licht in das Auge. Die Linse erzeugt dabei ein verkleinertes Abbild auf der Netzhaut. Über den Sehnerv werden die Informationen der Netzhaut an das Gehirn gemeldet, wo sie verarbeitet werden. (Siehe Seite 32–37.)

→ Unser Gehör kann Lautstärke, Richtung und Tonhöhe wahrnehmen. Beim Hören werden Schallwellen von den Ohrmuscheln aufgefangen und zum Trommelfell geleitet. Die Gehörknöchelchen übertragen die Schwingungen auf die Schnecke. Dadurch werden die Hörsinneszellen angeregt und leiten über den Gehörnerv Signale an das Gehirn weiter. (Siehe Seite 38.)

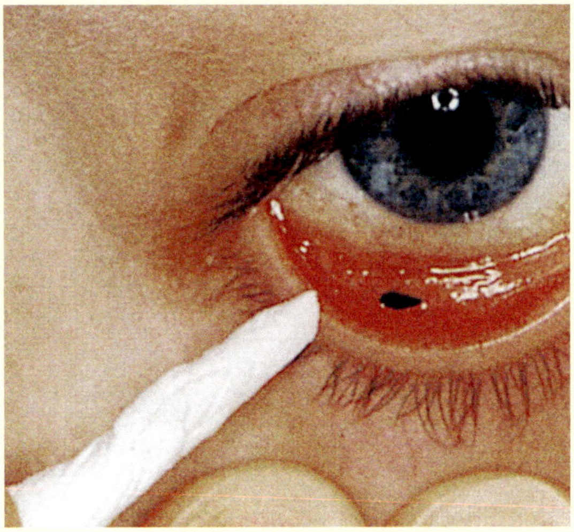

Laute Geräusche können das Gehör so schädigen, dass es zu einer Schwerhörigkeit kommt. Die Augen können durch das Tragen einer Brille vor Chemikalien, Fremdkörpern oder Sonnenstrahlen geschützt werden. (Siehe Seite 40.)

Tiere beeindrucken mit erstaunlichen Sinnesleistungen. Viele verfügen sogar über Sinnesorgane, die wir Menschen nicht haben. (Siehe Seite 42.)

1. Was gehört zu welchem Sinnesorgan? Sortiere die Begriffe in eine Tabelle:
Linse, Ohrmuschel, Iris, Netzhaut, Gehörgang, Gehörknöchelchen, Pupille, Gehörnerv, Glaskörper, Schnecke, Sehnerv, Trommelfell, Hörsinneszellen.

2. Übertrage die Zahlen von Abbildung 1 in dein Heft und beschrifte sie mit den entsprechenden Fachbegriffen.

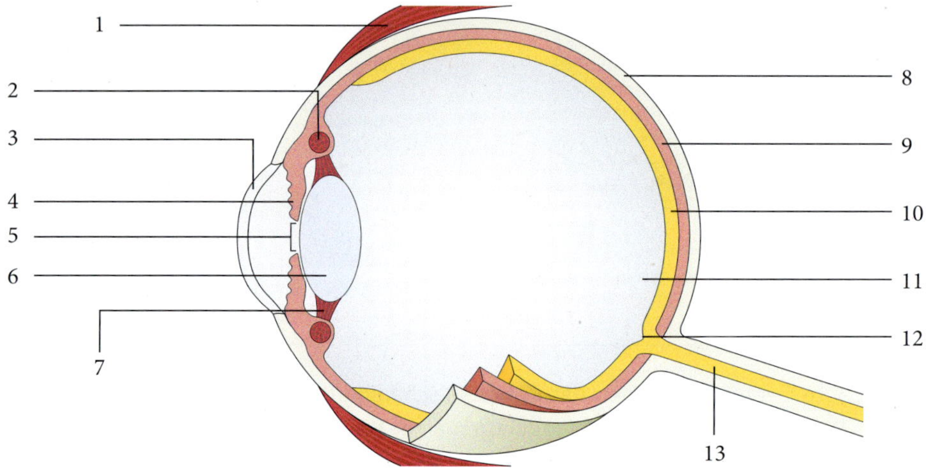

1 Innerer Bau des Auges

3.

a Beschreibe den Weg des Lichtes von der Frau bis zur Netzhaut. → **2**
b Erkläre, wie die Signale von der Netzhaut ins Gehirn gelangen.
c Erkläre, wie das Gehirn die empfangenen Signale bearbeitet.

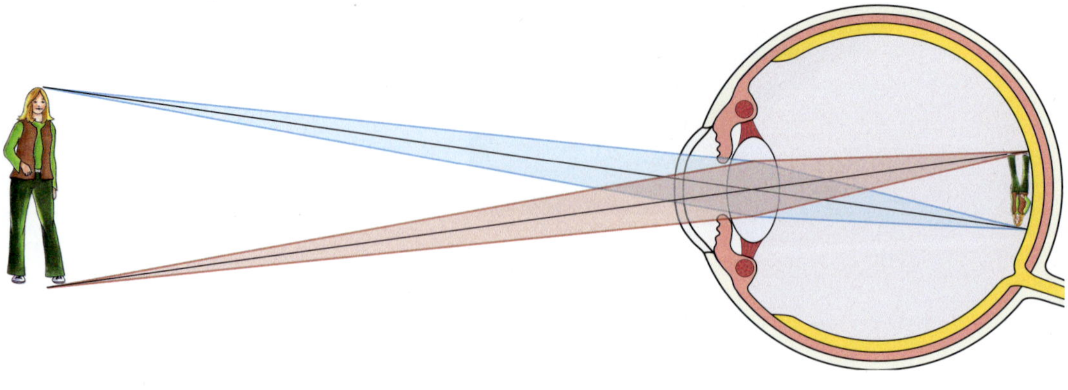

2 Der Weg des Lichtes

4. Bringe die folgenden Aussagen in die richtige Reihenfolge.

a Über den Gehörnerv werden die Signale an das Gehirn weitergeleitet.
b Im Gehirn werden die Signale verarbeitet.
c Die Gehörknöchelchen nehmen die Schwingungen auf und übertragen sie auf die Schnecke.
d Erst jetzt hören wir.
e Dort werden sie zum Trommelfell weitergeleitet, das in Schwingung versetzt wird.
f Die Flüssigkeit in der Schnecke nimmt die Schwingungen auf.
g Dadurch werden die Hörzellen angeregt, die die Schwingungen in Signale umwandeln.
h Schallwellen werden von der Ohrmuschel in den Gehörgang gelenkt.

5. Nenne drei Einflüsse, die für unsere Augen schädlich sind. Erkläre, wie man sich schützen kann.

Ordne deiner Lösung im Heft ein Smiley zu:
☺ Ich habe die Aufgabe richtig lösen können.
😐 Ich habe die Aufgabe nicht komplett lösen können.
☹ Ich habe die Aufgabe nicht lösen können.

Aufgabe	Fähigkeit	Hilfe findest du auf Seite …
1	Ich kann den Aufbau von Auge und Ohr erklären.	32, 38
2	Ich kann den Aufbau des Auges erklären.	32
3	Ich kann den Weg des Lichtes von einem Gegenstand zur Netzhaut erklären.	34
4	Ich kann den Hörvorgang erklären.	38
5	Ich kann mögliche Gefahrenquellen für das Auge aufzählen und geeignete Schutzmaßnahmen für das Auge benennen.	40

Gesundheit und Krankheit

Erkältungen gehören zum Winter wie Eis und Schnee. Mancher fühlt sich bei einer Erkältung richtig krank und bleibt im Bett, andere fühlen sich bloß ein bisschen unwohl. Aber nach einigen Tagen ist die Krankheit in der Regel vorüber. Was macht uns krank? Wie werden wir wieder gesund?

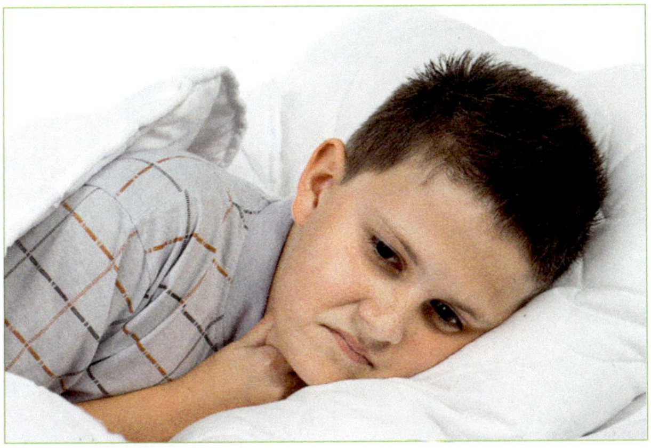

1 Was sind Infektionskrankheiten und wodurch werden sie hervorgerufen? (Siehe Seite 50–61.)

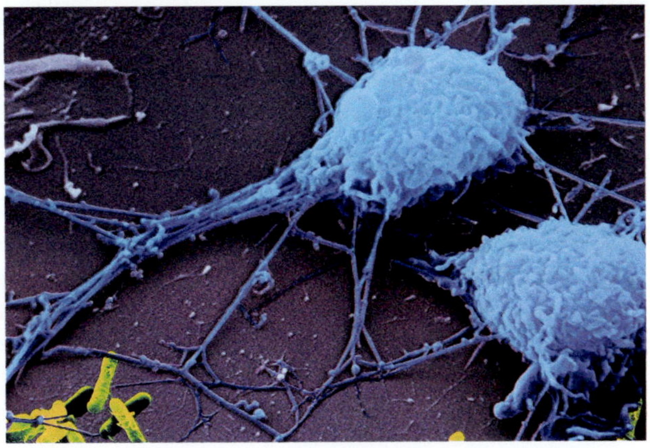

2 Wie setzt sich der Körper gegen Krankheitserreger zur Wehr? (Siehe Seite 62.)

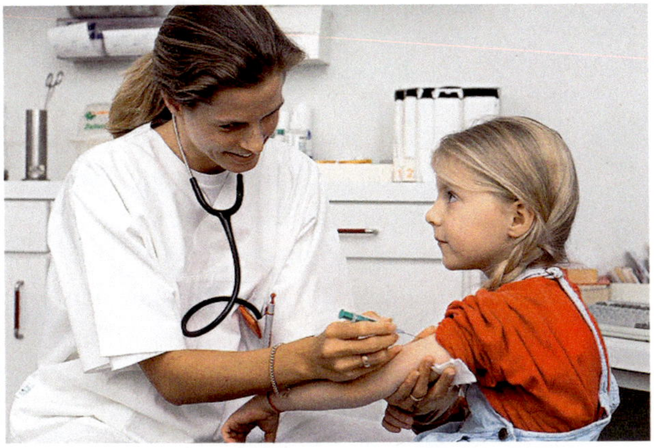

3 Was passiert bei einer Impfung genau und warum sind Impfungen so wichtig? (Siehe Seite 64–67.)

4 Was ist eigentlich Gesundheit und was kann ich dafür tun? (Siehe Seite 72–77.)

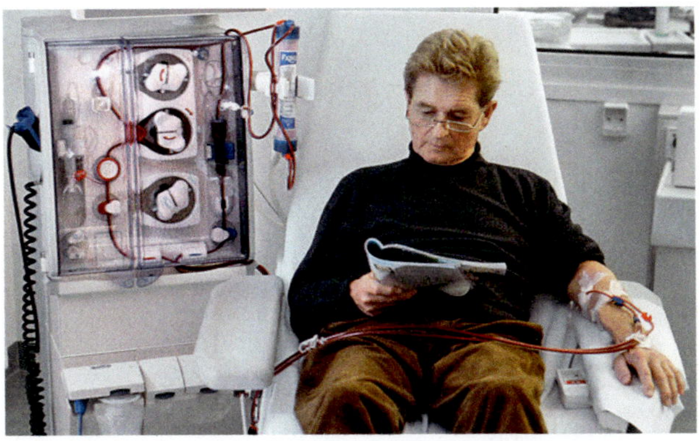

5 Welche Aufgaben hat die Niere? Was passiert wenn sie plötzlich nicht mehr funktioniert? (Siehe Seite 80.)

6 Das habe ich schon oft gesehen. Doch was ist Aids eigentlich? (Siehe Seite 86.)

Jakob fühlt sich ganz schwach und hat Fieber. Es ist kaum zu glauben, dass die winzigen Grippeviren ihn innerhalb weniger Tage so schwer krank gemacht haben.
Wie geht es mit seiner Krankheit weiter?

1 Mit Grippe fühlt man sich elend.

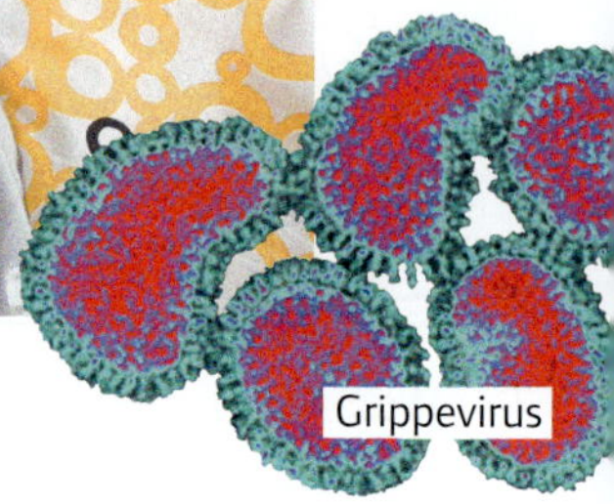

Wenn es einen „erwischt" hat!

Die Vorgeschichte

Am Freitag hat Jakob seinen grippekranken Freund Max besucht, dem es schon wieder besser ging. Aber immer wieder muss Max niesen und sich schnäuzen. Bis Sonntagabend fühlt sich Jakob pudelwohl. In der Nacht aber wacht er mehrfach auf, weil es ihm im Bett kalt ist. Am Morgen fühlt er sich matt. Er bekommt Schüttelfrost. Die Mutter bringt das Fieberthermometer: 39,5 °C. Jakob fühlt sich immer elender, hat Kopf- und Gliederschmerzen und will nur noch schlafen. Jakob hat sich bei Max angesteckt.

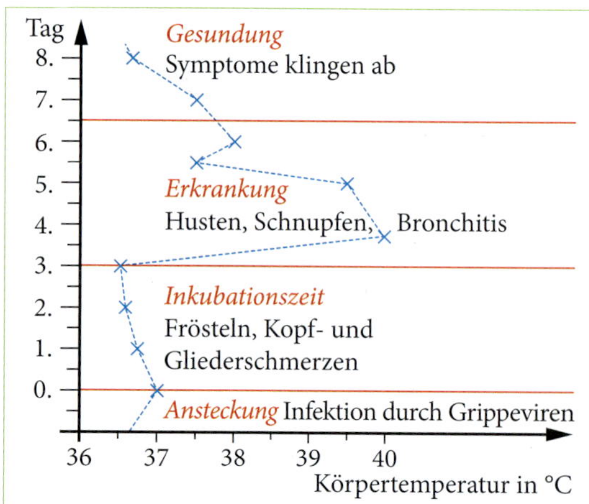

2 Fieberkurve eines Grippekranken

Die Fieberkurve

An den ersten 2 bis 3 Tagen nach der Ansteckung ist die Körpertemperatur gleichbleibend normal bei knapp 37 °C. Dann aber steigt sie sprunghaft an auf fast 40 °C. → **2** Die nächsten 4 bis 7 Tage fühlt man sich richtig krank. Nach einigen Tagen sinkt das Fieber, steigt zwischendurch aber wieder an. Nochmals einige Tage später ist die Körpertemperatur wieder normal, die Krankheitsanzeichen gehen zurück.

Der Verlauf der Grippeerkrankung

Die Erreger der **Grippe** gelangen über Speicheltröpfchen beim Niesen oder Husten von einem Menschen auf den anderen. → **3** Sie dringen in unseren Körper ein und befallen lebende Zellen. Sie veranlassen die Zellen des Menschen, immer mehr Erreger zu bilden. Einige Tage nach der Ansteckung beginnt die Grippe mit Müdigkeit und Erschöpfung, Fieber und Schüttelfrost sowie Halsschmerzen und Husten. Nach mehr als einer Woche schafft es der Körper, die Vermehrung der Krankheitserreger zu stoppen und sie zu vernichten. Jetzt beginnt die Gesundung, die Krankheitsanzeichen klingen langsam ab. Gefährlich ist die Grippe wegen

Gripppe

Infektion

Influenza

Inkubationszeit

Symptome

Viren

3 Speicheltröpfchen beim Niesen

4 Menschen mit Mundschutz

der häufigen Folgeerkrankungen: Lungen-, Mittelohr- und Nasennebenhöhlenentzündung. Besonders gefährdet sind Menschen mit Herz- und Kreislaufschäden, Asthma sowie Personen, die über 60 Jahre alt sind.

Eine Infektionskrankheit

Jakobs Mutter hat gleich nach Ausbruch der Krankheit den Arzt gerufen, der den Jungen eingehend untersucht. Der Arzt erklärt, was geschehen ist. Ursache der Grippe sind **Viren**. → 1 Viren sind etwa 1000-mal kleiner als Bakterien und damit die kleinsten Krankheitserreger überhaupt. Die Krankheit nennt der Arzt **Influenza**. An dieser Krankheit sterben jedes Jahr viele Tausend Menschen in Deutschland. Statt von Ansteckung spricht der Arzt von einer **Infektion**. Die Zeit zwischen Ansteckung und Ausbruch der Krankheit heißt **Inkubationszeit**. Die typischen körperlichen Anzeichen einer Infektionskrankheit sind die **Symptome**. Bevor der Arzt wieder geht, wünscht er Jakob baldige Genesung. „Hoffentlich ist es beim nächsten Mal nur ein grippaler Infekt. Das ist meist eine harmlose Erkältung, die wir im Winter immer wieder einmal bekommen.“ Die Viren, die diese harmlose Form der Erkältung hervorrufen, kann unser Körper leichter bekämpfen.

→ **Merk dir!** Grippe ist eine ansteckende Krankheit. Sie verläuft in folgenden Abschnitten: Ansteckung, Inkubationszeit, Erkrankung mit typischen Kennzeichen und schließlich meist Gesundung.

Arbeitsaufträge

1. Begründe, warum man sich beim Niesen und Husten immer eine Hand vor den Mund halten soll?

- **a** Erkläre, warum bei großen Menschenansammlungen die Gefahr einer Infektion besonders groß ist?
- **b** Kannst du dir denken, warum die Menschen auf Abbildung 4 einen Mundschutz tragen?

2. Beurteile, ob ein Mensch, der sich gesund fühlt, dennoch einen anderen Menschen anstecken kann.

3. Erstelle einen Steckbrief über die Grippe. Mache Vorschläge, wie du dich vor einer Grippeinfektion schützen kannst.

4. Warum hilft bei der Grippe kein Antibiotikum? Befrage dazu einen Arzt oder Apotheker.

Was sind Infektionskrankheiten? Wodurch werden sie hervorgerufen? Und wie entwickeln sie sich in unserem Körper?

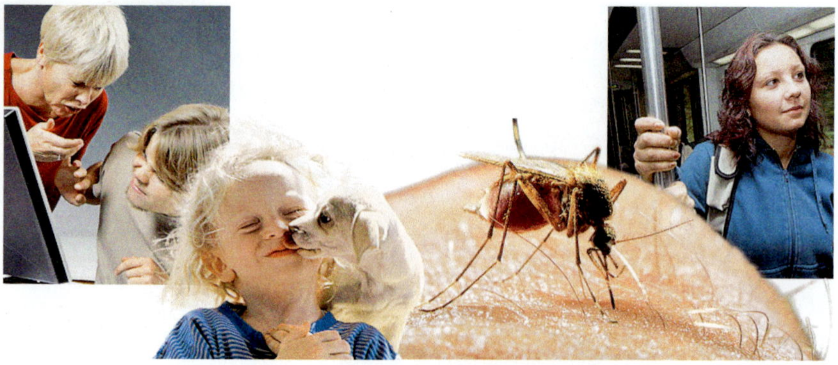

1 Wie gelangen Krankheitserreger in unseren Körper?

Was Infektionskrankheiten hervorruft

Infektionskrankheiten

Mikroskopisch kleine Erreger können mit der Atemluft, der Nahrung, durch direkte Körperkontakte oder durch Insektenstiche in unseren Körper eindringen. Wenn sie sich im Körper ansiedeln und vermehren, spricht man von einer **Infektionskrankheit**. Da solche Krankheiten von Mensch zu Mensch übertragen werden können, heißen sie auch ansteckende oder übertragbare Krankheiten.

Bakterien

Im Lichtmikroskop kann man Bakterien gerade noch erkennen. Es sind einzellige Lebewesen ohne Zellkern. Man kann runde (Kokken) und längliche Formen (Bazillen) unterscheiden. → 2

Viren

Im Lichtmikroskop sind Viren unsichtbar. Sie dringen in lebende Zellen ein und veranlassen diese, neue Viren zu bilden. Grippe, Masern, Röteln, Windpocken und Kinderlähmung sind Viruserkrankungen.

Parasiten

Schmarotzer oder **Parasiten** sind Lebewesen, die vorübergehend oder auch dauernd vom Menschen leben. Sie entnehmen ihm ihre Nahrung und können gefährliche

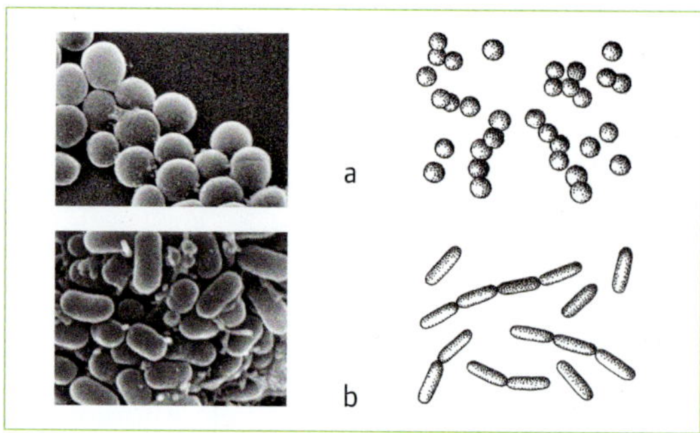

2 Bakterien: a Kokken, b Bazillen

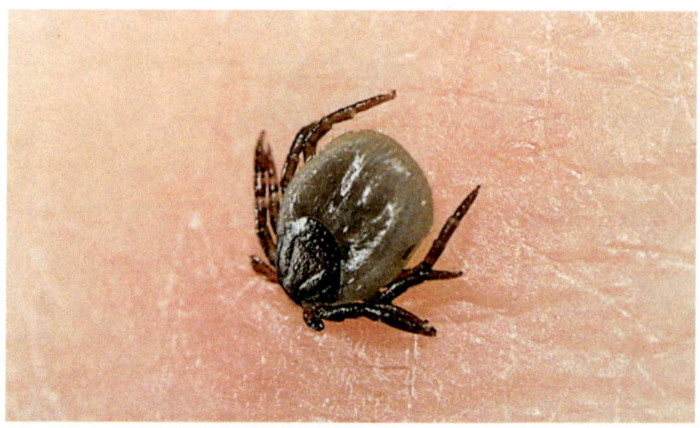

3 Zecke

Infektionskrankheit
Parasiten
Pilze

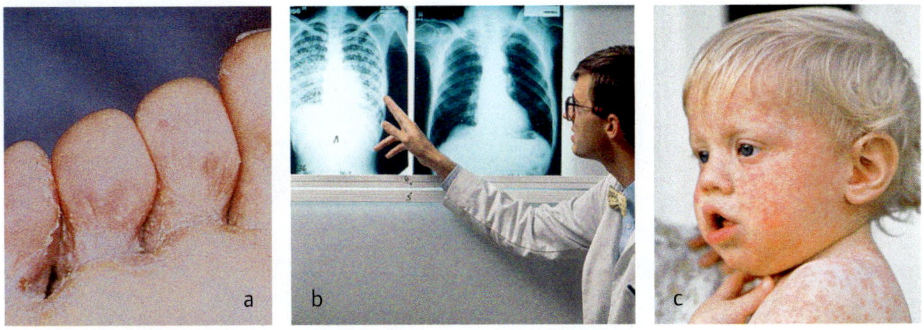

4 Infektionskrankheiten

Krankheiten übertragen. Beispiele dafür sind Flöhe, Läuse, Wanzen, Stechmücken und Zecken. Beim Saugen überträgt die Zecke gefährliche Erreger. → 3 Diese können Lähmungen und Erkrankungen der Gelenke (Borreliose), der Haut und des Herzens sowie Hirnhautentzündung verursachen.

Pilze

Nicht nur im Wald gibt es Pilze. **Pilze** können die Haut des Menschen befallen und dort Erkrankungen hervorrufen. Beim Fußpilz sind Stellen zwischen den Zehen gerötet, jucken und schuppen sich. → 4

Beispiele für Infektionskrankheiten

Tuberkulose: Die Bakterien befallen das Lungengewebe. Infolgedessen treten Fieber, Schwäche und Husten mit blutigem Auswurf auf. Es kann zur Zerstörung des Lungengewebes kommen. → 4 Ohne Behandlung führt die Erkrankung meist zum Tod.
Masern: Masern werden oft als harmlose Kinderkrankheit angesehen. Durch Masern kann es aber auch zu Folgeerkrankungen wie Hirnhaut- oder Mittelohrentzündung kommen. Typisches Krankheitsanzeichen ist der Hautausschlag am ganzen Körper. → 4
Fußpilz: Bläschenbildung zwischen den Zehen, Jucken und Rötung zeigen an, dass ein Hautpilz eingedrungen ist. Er verursacht auch Erkrankungen der Haut, Haare und Nägel.

→ Merk dir! **Viele Infektionskrankheiten sind ansteckend. Sie werden durch mikroskopisch kleine Erreger verursacht. Dabei handelt es sich in den meisten Fällen um Bakterien oder Viren.**

Arbeitsaufträge

1. Betrachte Abbildung 1 und zeichne ein Bild, auf dem erkennbar ist, über welche Wege Krankheitserreger in den Körper eindringen können.

2. Auf dieser Seite werden drei Infektionskrankheiten vorgestellt.
- **a** Ordne einer Infektionskrankheit jeweils die richtige Abbildung (a, b oder c) zu. → 4
- **b** Benenne jeweils den Erreger.
- **c** Versuche herauszufinden, wie man diese Infektionskrankheiten behandelt.

3. Erkläre, was du machst, wenn du eine Zecke auf deinem Körper findest. Wie wird ein Zeckenbiss behandelt? Wie schützt du dich vor einem Zeckenbiss?

Eine Wunde kann man sich leicht zuziehen, zum Beispiel durch ein Foul beim Fußballspiel. Die in die Wunde eingedrungenen Bakterien werden vom Blut meist schnell unschädlich gemacht. Aber nicht immer ist das ganz sicher.

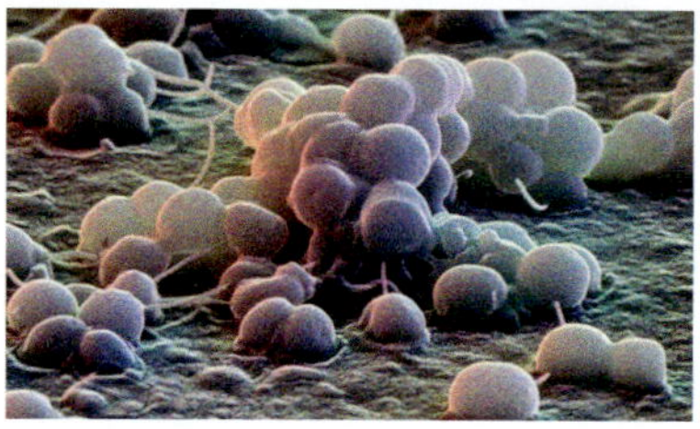

1 Die abgebildeten Bakterien bringen die Wunde zum Eitern.

Bakterien als Krankheitserreger

Bakterien können schaden

Bakterien kommen in der Luft, im Boden, im Wasser, auf Lebewesen und Gegenständen vor. Einige Bakterien sind Krankheitserreger. Bei Verletzungen der Haut, aber auch mit verunreinigter Nahrung oder über die Atemluft können sie in unseren Körper eindringen. Dann schädigen sie den Körper in zweifacher Weise: Sie zerstören Gewebe und scheiden giftige Stoffe aus.

Blutvergiftung

Wenn sich einige Stunden nach einer Hautverletzung die Umgebung der Wunde rötet und die Wunde zu schmerzen beginnt, dann sind Bakterien eingedrungen. Die Gifte der Bakterien gelangen in das Blut. Eine Wundinfektion kann so für den ganzen Körper gefährlich werden. Höchste Alarmzeichen sind blaurote Streifen auf der Haut und pochende Schmerzen in der Nähe der Verletzung. Das ist ein Zeichen für eine **Blutvergiftung**, die eine sofortige ärztliche Behandlung notwendig macht.

Tetanus

Die Bakterien, die Wundstarrkrampf, auch **Tetanus** genannt, auslösen, können mit Straßenstaub oder Erde in offene Wunden gelangen. Dort geben sie ein Gift ab, das sich über die Nerven ausbreitet. Die Folge sind schmerzhafte Krämpfe in den Muskeln. → 2 Ohne Behandlung kommt es zum qualvollen Tod durch Ersticken. Vor Tetanus schützt eine vorbeugende Impfung.

Salmonellenerkrankung

Jedes Jahr erkranken viele Menschen, weil sie eine mit Bakterien verunreinigte Mahlzeit zu sich genommen haben. Bei diesen Bakterien handelt es sich um **Salmonellen**. Eine Salmonelleninfektion ist die häufigste Form der Lebensmittelvergiftung. Nach dem Verzehr verseuchter Lebensmittel verursachen die Bakterien Erbrechen und schlimme Durchfälle. Weitere für die Krankheit typische Anzeichen sind Schwäche, Mattigkeit und Fieber. Erst nach einigen Tagen lassen die Beschwerden nach.

Antibiotika
Blutvergiftung
Penicillin
Salmonellen
Tetanus

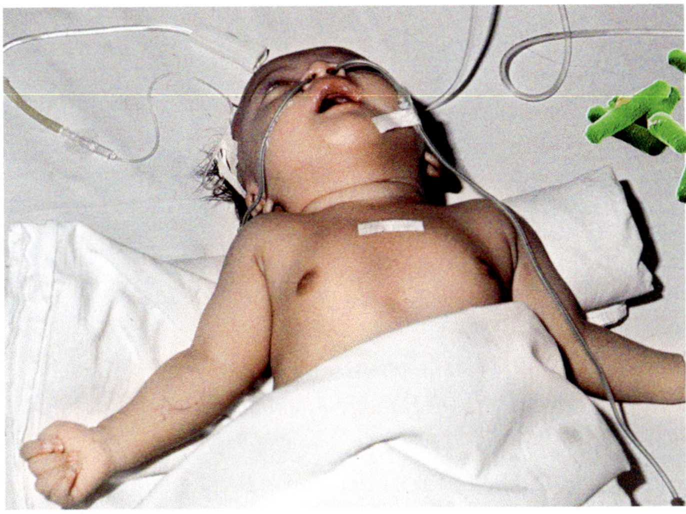

2 Ein Kind ist an Tetanus erkrankt.

Tetanusbakterien

Mit Antibiotika gegen Bakterien

Meist gelingt es unserem Körper, gegen eingedrungene Bakterien Abwehrstoffe zu entwickeln, mit denen er die Ausbreitung der Bakterien verhindert. Gelingt das nicht, werden Stoffe eingesetzt, die die Bakterien abtöten oder ihre Vermehrung hemmen und die daher als Antibiotika bezeichnet werden (anti: gegen; bios: Leben). Anders als Viren vermehren sich Bakterien durch Zellteilung, zum Beispiel durch Querteilung oder Knospung. Ein bereits 1928 vom schottischen Wissenschaftler Alexander Fleming entdecktes Antibiotikum ist das **Penicillin**. Penicillin behindert bei der Zellteilung der Bakterien die Neubildung der Zellwand. Dadurch strömt Wasser in die Bakterienzelle und lässt diese platzen. Inzwischen hat man weitere, ähnlich wirkende Stoffe gefunden, die schon unzählige Menschenleben gerettet haben.

Merk dir! **Krankheiten erregende Bakterien schädigen den Körper durch Zerstörung des Gewebes und durch ihre Gifte. Bei einer durch Bakterien verursachten Krankheit soll man möglichst rasch einen Arzt aufsuchen. Das Wachstum von Bakterien kann mithilfe von Antibiotika gehemmt werden.**

Arbeitsaufträge

1. Befrage einen Arzt oder Apotheker, wie du kleine Wunden am besten versorgen kannst. Stellt Erste-Hilfe-Tipps zusammen und hängt sie im Klassenzimmer aus.

2. Erstelle einen Steckbrief zu Tetanus. Beachte dabei die Punkte Krankheitserreger, Symptome, Krankheitsverlauf, Behandlung und Vorbeugung.

3. Recherchiere in der Bibliothek und im Internet zum Thema Antibiotika.
- **a** Stelle genauer dar, was Antibiotika sind und wie sie gewonnen werden.
- **b** Stelle eine Liste von Krankheiten zusammen, die mithilfe von Antibiotika bekämpft werden können.
- **c** Erläutere, was ein Breitbandantibiotikum ist.

Bakterien auf der Spur

Bakterien sind nicht nur Krankheitserreger. Viele von ihnen sind auch nützlich, zum Beispiel bei der Erzeugung von Joghurt und Sauerkraut oder für eine gut funktionierende Verdauung im Darm des Menschen. Besonders wichtig sind sie für den Stoffkreislauf in der Natur, da sie abgestorbenes Material vollständig abbauen.
Im Lichtmikroskop kann man Bakterien gerade noch erkennen. Auf Nährböden kann man Bakterienkolonien züchten und damit sichtbar machen.

*→ **Achtung!** Beim Arbeiten mit Bakterien musst du folgende Hinweise unbedingt beachten:*

Während der Arbeit auf keinen Fall essen oder trinken!

Anschließend die Hände gründlich mit Seife (besser: mit Handdesinfektionsmittel) waschen!

Geräte, die mit Bakterien in Berührung kamen, vor dem Aufräumen durch Erhitzen sterilisieren!

Die Tischplatte nach dem Experimentieren mit einem Desinfektionsmittel reinigen!

1. Sind auf meiner Hand Bakterien?

Ihr braucht: bakterienfreie Einweg-Petrischale mit Fertignährboden (Nährgelatine), Filzstift, Seife.

a Drücke die Fingerspitzen einer ungewaschenen Hand vorsichtig auf die Nährgelatine. → 1 Schließe gleich danach die Petrischale ringsum mit einem Klebeband. → 2 Beschrifte den Deckel.
Die Nährgelatine der zweiten Petrischale berührst du mit gewaschenen Fingern.
Beide Petrischalen kommen in einen 30 °C warmen Brutschrank.

b Nimm die Petrischalen nach 24 Stunden wieder heraus. Nicht öffnen! Notiere die Ergebnisse.
Nach der Auswertung werden die Einweg-Petrischalen vom Lehrer fachgerecht vernichtet. Bei Öffnen der Schalen besteht Infektionsgefahr!

c Warum dürfen die Petrischalen auf keinen Fall mehr geöffnet werden?

d Überlege, wie du Münzen oder andere alltägliche Gegenstände auf Bakterien hin untersuchen kannst.

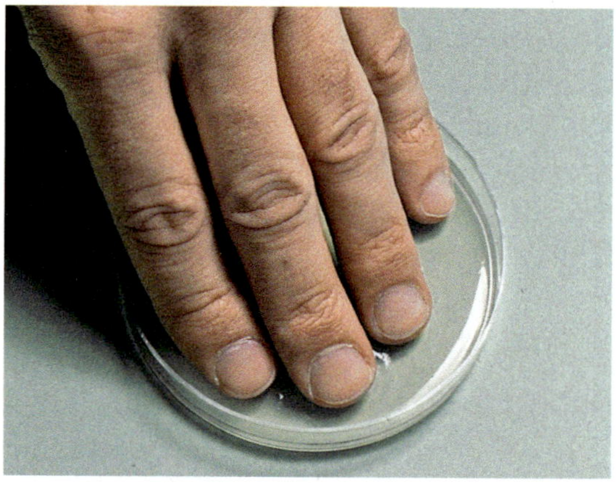

1 Fingerabdruck

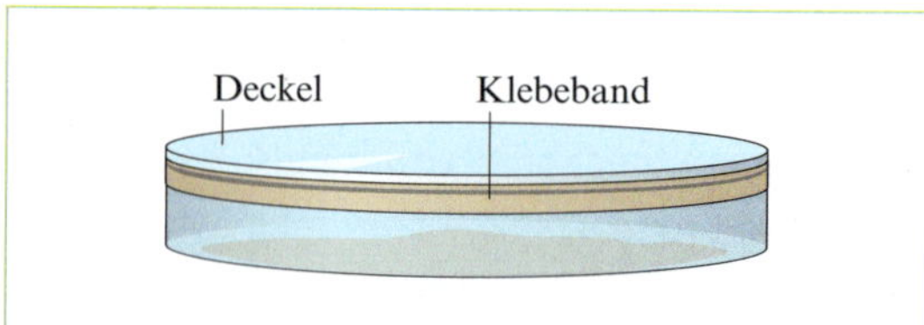

2 Für immer verschlossen!

2. Was bewirkt ein Deostift?

Ihr braucht: Petrischale mit Fertignährboden, Deostift.

a Drücke deine Finger an zwei Stellen vorsichtig auf den Nährboden.
Lege auf eine Stelle ein Stückchen von einem Deostift.
Verschließe und verklebe die Petrischale.
Lege sie in den Brutschrank.

b Was stellst du nach einiger Zeit fest?
Notiere die Ergebnisse.

3 Welche Wirkung hat ein Deostift?

3. Kann man die Vermehrung von Bakterien durch Erhitzen hemmen?

Ihr braucht: 3 Glasgefäße, Fleischbrühe, Watte.

a Rühre mit Fleischbrühe eine Nährlösung an. Verteile die Nährlösung zu gleichen Teilen in 3 Glasgefäße. Verschließe eines der Gefäße mit einem Wattebausch. Die Nährlösungen in den beiden anderen Gefäßen werden kurze Zeit aufgekocht (sterilisiert). Danach bleibt eines der Gefäße geöffnet, das andere wird ebenfalls mit einem Wattebausch verschlossen.

b Werte den Versuch nach einer Woche aus. Rieche dazu vorsichtig an den 3 Glasgefäßen. Nenne Bedingungen, unter denen Lebensmittel von Bakterien befallen werden können.

c Informiere dich über Möglichkeiten, durch die man das Verderben von Lebensmitteln verhindern kann (Konservierungsverfahren).

4. Arbeiten Bakterien auch?

Ihr braucht: Trinkmilch, Buttermilch, Glasgefäße.

a Gib zu einem halben Liter Trinkmilch einen Esslöffel frische Buttermilch. Stelle die Trinkmilch einen Tag an einen warmen Ort.

b Wie schmeckt die Milch jetzt? Warum soll die Milch an einem warmen Ort stehen?

c Informiere dich, wie man Joghurt selbst herstellen kann. Wenn du Frischmilch verwendest, musst du diese zuvor erhitzen. Kannst du herausfinden, warum?

4 Sauermilchprodukte

Auf diesem Bild erscheint das Grippevirus strahlend schön. Wie kann ein so kleines Virus tödlich sein?

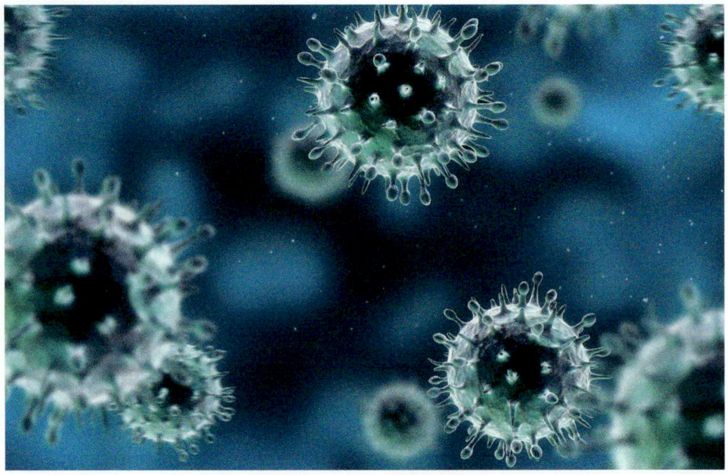

1 Viren der Schweinegrippe

Viren und Parasiten als Krankheitserreger

Viren – geliehenes Leben

Lange Zeit suchten Mediziner vergeblich nach den Erregern bestimmter Krankheiten. Erst das Elektronenmikroskop machte diese kleinen Erreger, die Viren, sichtbar.
Ein Virus lebt nicht selbstständig. Es besteht nur aus einer Hülle und der darin liegenden Erbanlage. → 1 Da Viren kein eigenes Leben besitzen, wirken bei einer Virusinfektion auch keine Antibiotika. Bei einer Infektion dringt das Virus in die lebenden Zellen des Menschen ein, es benötigt zum Leben eine **Wirtszelle**. In der Wirtszelle vervielfacht sich die Erbanlage des Virus. → 2 Die Wirtszelle platzt auf, die neu gebildeten Viren werden freigesetzt und befallen weitere lebende Zellen. Der Mensch wird krank.
Virusinfektionen ohne medizinische Hilfe können tödlich verlaufen. Ein Beispiel hierfür ist die sogenannte Schweinegrippe.

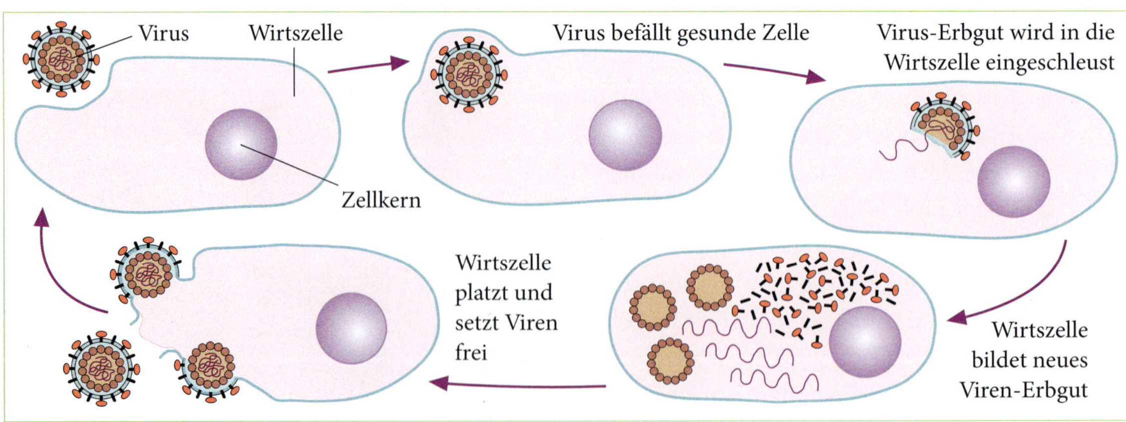

2 Vermehrung von Viren

Generationswechsel
Malaria
Wirtswechsel
Wirtszelle

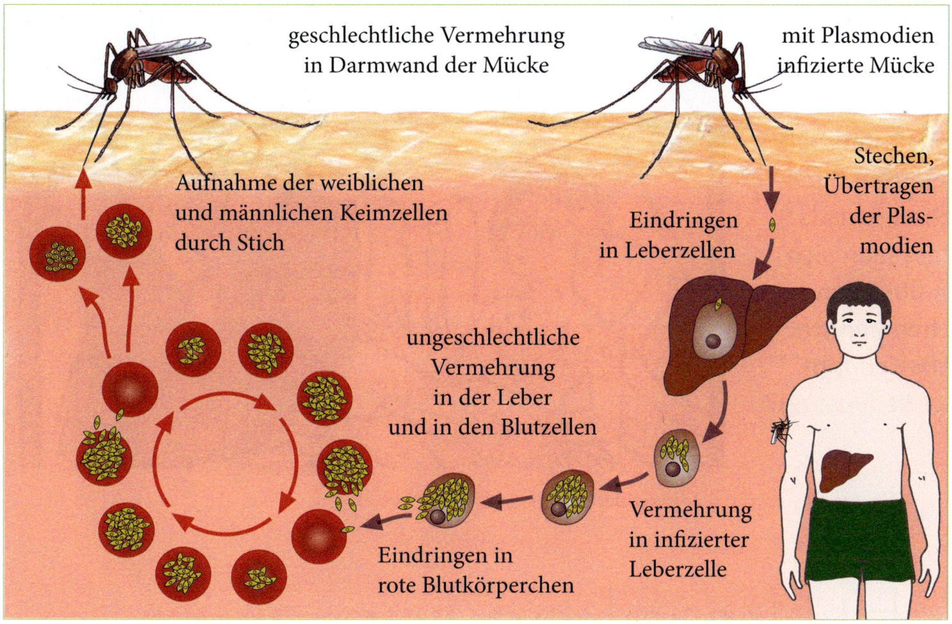

3 Entwicklung des Malariaerregers

Ein einzelliger Parasit

Weltweit erkranken jährlich mehr als 250 Millionen Menschen an **Malaria**. Zwei Millionen Menschen sterben daran. Malaria wird durch einzellige Parasiten, die Plasmodien, verursacht. Der Parasit lebt in der Anopheles-Mücke. Er wird durch einen Stich mit dem Speichel der Mücke auf den Menschen übertragen. Über das Blut gelangt der Parasit in die Leber. Hier vermehrt er sich ungeschlechtlich. → 3 Danach befallen die Erreger die roten Blutkörperchen, die sie zerstören. Dabei werden Stoffwechselgifte freigesetzt, der Mensch reagiert mit Fieber. Immer mehr Erreger befallen weitere rote Blutkörperchen und lösen dadurch wiederkehrende Fieberschübe aus, die unbehandelt zum Tod führen können. Parallel dazu werden in den Blutkörperchen Keimzellen gebildet. Diese werden von der Mücke mit einem erneuten Stich aufgenommen. Im Darm der Mücke kommt es zur geschlechtlichen Vermehrung. → 3 Die vollständige Entwicklung des Parasiten ist durch einen **Wirts-** und einen **Generationswechsel** gekennzeichnet.

→ **Merk dir!** Viren und Parasiten sind Krankheitserreger. Viren benötigen für ihre Vermehrung eine lebende Wirtszelle. Viele Parasiten machen einen Wirts- und Generationswechsel durch.

Arbeitsaufträge

1. Vergleiche Bakterien und Viren. Finde Gemeinsamkeiten und Unterschiede. Lege dazu eine Tabelle an.

2. Recherchiere, ob neben dem Menschen auch andere Lebewesen von Viren befallen werden können.

3. Erkläre die Entwicklung des Malariaerregers anhand von Abbildung 3.

4. Begründe, weshalb das Bedecken von Armen und Beinen einen wirksamen Malariaschutz darstellt.

Viele Jahrhunderte lang verbreitete die als „Lustseuche“ bekannte Syphilis Angst und Schrecken. Diese Krankheit wurde vermutlich von Seeleuten nach Europa eingeschleppt. Schon damals wussten die Menschen, dass man sich die Syphilis hauptsächlich über den Geschlechtsverkehr zuziehen konnte. Welche Geschlechtskrankheiten gibt es? Welche sind heute von Bedeutung?

1 Behandlung von Syphiliskranken

Geschlechtskrankheiten

Übertragung

Geschlechtskrankheiten werden vor allem durch Geschlechtsverkehr und zum Beispiel Petting übertragen. Erreger dieser Krankheiten können Bakterien, Viren, Pilze oder Einzeller sein. In letzter Zeit hat die Zahl der Erkrankungen weltweit wieder zugenommen. Die Benutzung von Kondomen bietet einen gewissen Schutz vor Ansteckung.

Syphilis, Gonorrhöe, Chlamydien

Die **Syphilis** wird von Bakterien verursacht. Eine Übertragung erfolgt beim Geschlechtsverkehr bzw. bei Kontakt mit erkrankter Haut oder Schleimhaut. Die ersten Symptome, etwa drei Wochen nach der Infektion, sind ein Knoten oder ein Geschwür an Geschlechtsorganen, After oder Mund. Einige Wochen später kommt es zu grippeartigen Beschwerden und Hautausschlägen. → 1 Wird die Krankheit nicht frühzeitig mit Antibiotika behandelt, können mehrere Jahre nach der Ansteckung auch die inneren Organe und das Nervensystem schwer geschädigt werden. Die **Gonorrhöe**, auch Tripper genannt, ist ebenfalls eine bakterielle Infektion. Sie ist die weltweit häufigste Geschlechtskrankheit. Etwa vier Tage nach der Ansteckung zeigen sich erste Krankheitssymptome: Brennen beim Wasserlassen, Juckreiz sowie eitriger Ausfluss. Wird die Krankheit nicht rechtzeitig mit Antibiotika behandelt, können sowohl beim Mann als auch bei der Frau die inneren Geschlechtsorgane befallen werden, was häufig zu Unfruchtbarkeit führt. Eine unbehandelte Gonorrhöe kann auch andere Organe befallen. Schwere Herz- und Gefäßschäden sind mögliche Folgen. **Chlamydien** bilden eine Gattung der Bakterien. Die Zahl der Infektionen in Deutschland wird auf etwa 1 Million jährlich geschätzt. Da die Symptome oft unauffällig sind, bleibt die Erkrankung häufig unerkannt und ansteckend. Man geht davon aus, dass in Deutschland jährlich etwa 80 000 Frauen durch Chlamydien unfruchtbar werden.

Hepatitis B, Aids

Hepatitis-B ist eine Infektionskrankheit der Leber. Sie wird durch das Hepatitis-B-Virus verursacht. Die Übertragung erfolgt haupt-

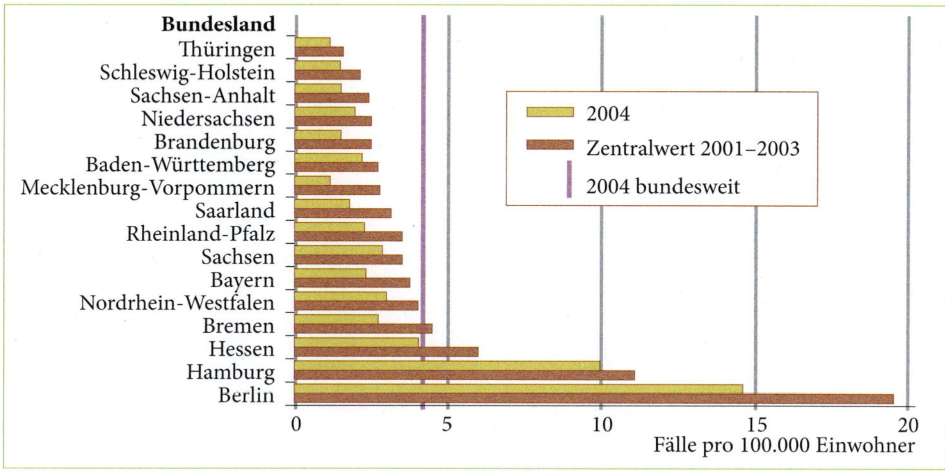

2 Gemeldete Syphilisfälle in Deutschland

sächlich durch Geschlechtsverkehr und Kontakt mit Blut oder Blutprodukten. Klassische Symptome sind unter anderem eine Gelbfärbung der Haut und ein dunkler Urin. Aus einer akuten Hepatitis B entsteht in 10 Prozent der Fälle eine chronische Hepatitis B. Diese kann jahrzehntelang dauern und zur vollständigen Zerstörung der Leber führen. Hepatitis bedeutet Leberentzündung. Auch Aids, eine durch das HI-Virus verursachte Schwächung des körpereigenen Abwehrsystems, wird häufig durch den Geschlechtsverkehr übertragen. Das HI-Virus befindet sich in allen Körperflüssigkeiten, besonders hoch konzentriert in Blut, Sperma und Scheidenflüssigkeit. Bis heute ist eine Heilung dieser lebensbedrohlichen Krankheit unmöglich.

→ Merk dir! Geschlechtskrankheiten sind ansteckend und müssen vom Arzt behandelt werden, um eine Ansteckung anderer zu vermeiden. Die Benutzung von Kondomen schützt relativ sicher vor einer Infektion.

Arbeitsaufträge

1. Vergleiche die Werte für die Jahre 2001 bis 2004. Was stellst du fest? → 2

- **a** Wie verhalten sich die Zahlen in Berlin und Hamburg im Vergleich zu den anderen Bundesländern? Finde mögliche Erklärungen.
- **b** Leite Schlussfolgerungen für die Gestaltung deines Sexualverhaltens ab.

2. Beschreibe mögliche Symptome und Folgen einer Hepatitis-B-Erkrankung. → 3

3. Erläutere die „doppelte" Schutzfunktion des Kondoms.

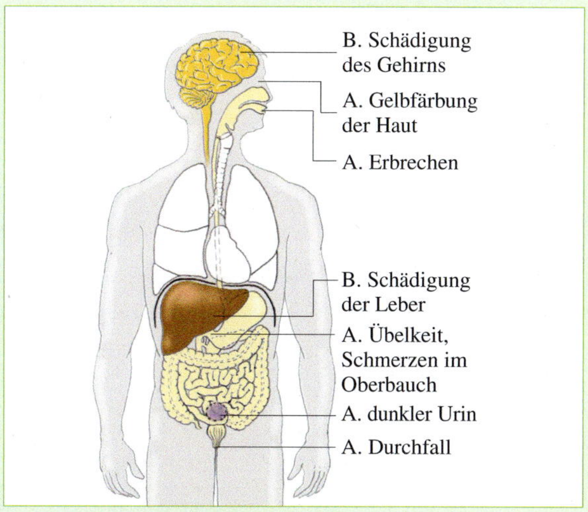

3 Mögliche Symptome (A.) und Folgen (B.) einer Hepatitis-B-Erkrankung

Dieses Kind hat eine sehr seltene Krankheit, nämlich eine angeborene Immunschwäche. Sein Körper kann sich nicht gegen Krankheitserreger wehren. Woran liegt es, dass wir nicht unter einem Schutzanzug leben müssen?

1 Kind mit angeborener Immunschwäche

Unser Körper kann sich wehren

Die unspezifische Abwehr

Haut, Schleimhäute und Körperflüssigkeiten bilden einen äußeren Schutz. Flimmerhärchen transportieren Eindringlinge aus den Atemwegen heraus. Die Magensäure macht Bakterien unschädlich, die mit der Nahrung in den Körper gelangen. Aber auch der Speichel, die Tränenflüssigkeit im Auge sowie der Säure- und Fettmantel der Haut wirken desinfizierend, sie töten Erreger.

Die spezifische Abwehr

Sind doch Erreger in den Körper gelangt, wird die spezifische Abwehr aktiv. Dabei arbeiten verschiedene **weiße Blutkörperchen** zusammen. → 2 Fresszellen können die Blutgefäße verlassen und sich zwischen den Zellen durch die Gewebe bewegen. Dort umschließen sie eingedrungene Erreger und lösen sie auf. → 3 Sind sehr viele Erreger im Körper, bricht die Krankheit aus.

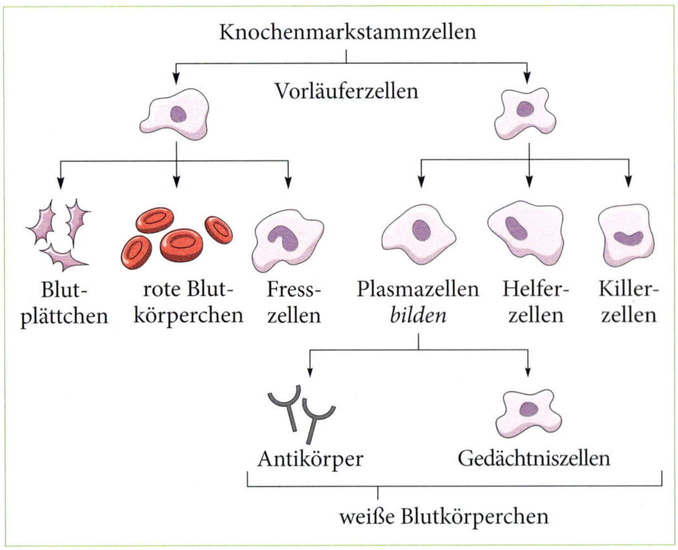

2 Übersicht Blutzellen

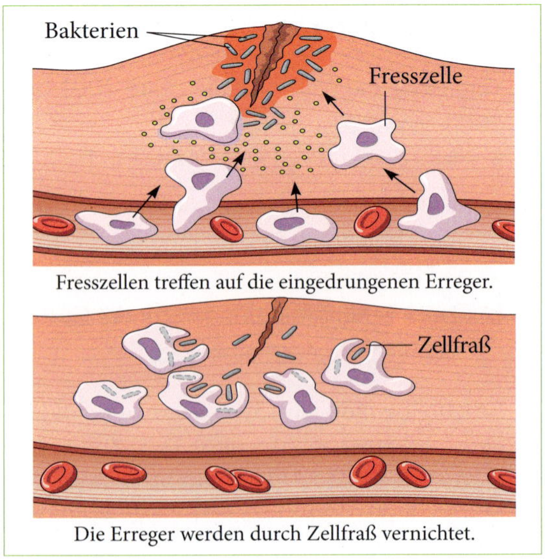

3 Fresszellen

Antigen
Antikörper
Immunsystem
weiße Blutkörperchen

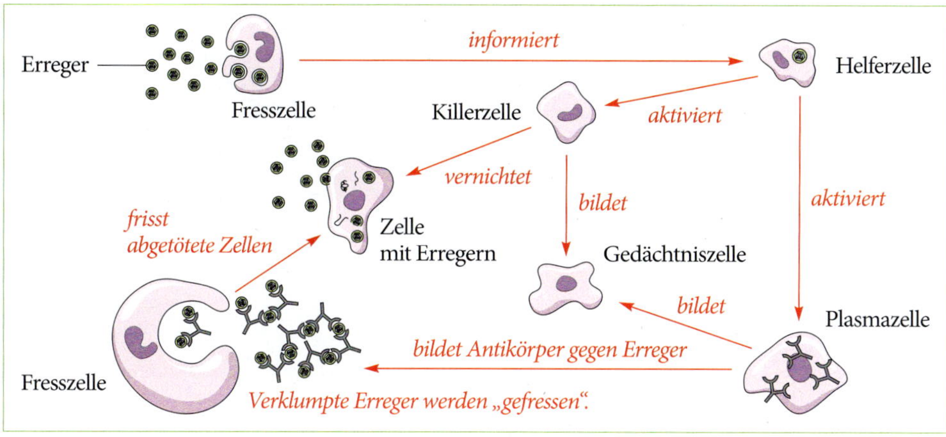

4 Die weißen Blutkörperchen bei der Abwehr

Die Fresszellen holen sich Hilfe

An der Körperabwehr sind viele verschiedene Zellen beteiligt. Die meisten Abwehrzellen werden im Knochenmark gebildet. Im Laufe ihrer Entwicklung spezialisieren sie sich für ihre Aufgabe. → 2
Sind die Erreger in großer Anzahl vorhanden, aktivieren die Fresszellen die Helferzellen. Die Helferzellen lösen zwei Vorgänge aus. Über Plasmazellen werden Antikörper gebildet und Killerzellen werden aktiviert. → 4 Die gebildeten **Antikörper** bekämpfen die Erreger, die **Antigene**, indem sie sich an diese binden und dadurch unschädlich machen. Die Killerzellen zerstören befallene Körperzellen. Die Fresszellen beseitigen dann die Antikörper samt Erreger und die zerstörten Körperzellen. → 4

Gedächtniszellen verhindern einen erneuten Krankheitsausbruch

Plasmazellen können auch Gedächtniszellen bilden. Dringen die gleichen Erreger noch einmal in den Körper ein, bilden die Gedächtniszellen auch Jahre später sofort Antikörper. Dann bricht die Krankheit erst gar nicht aus. Der Körper ist gegen diese Erreger immun. Die unspezifische und spezifische Abwehr arbeiten somit als **Immunsystem** zusammen.

Merk dir! Das Immunsystem des Menschen schützt vor Fremdkörpern und Krankheitserregern. Zum Immunsystem gehören alle an der körpereigenen Abwehr beteiligten Organe und Zellen.

Arbeitsaufträge

1. Antigen und Antikörper passen zusammen wie Schlüssel und Schloß. Abbildung 5 zeigt einige Antikörper- und Antigenmodelle.

- **a** Übernimm die beiden Erregermodelle in dein Heft und ordne ihnen jeweils die passenden Antikörper zu.
- **b** Überlege, wie die Oberfläche des Antigens aussehen müsste, zu der der noch nicht zugeordnete Antikörper passt.

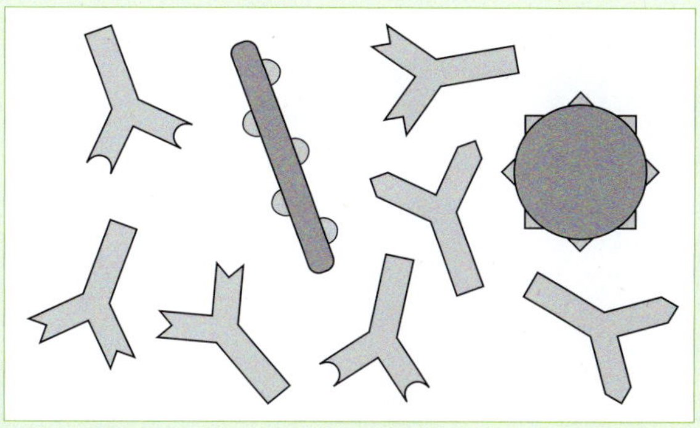

5 Antigen- und Antikörpermodelle

Kevin hat Windpocken. In die Schule darf er nicht, damit er seine Mitschüler nicht ansteckt. Sein Bruder Patrick aber besucht ihn in seinem Zimmer. Er hat keine Angst davor, sich anzustecken. Er hatte die Windpocken im letzten Jahr.
Ist es sicher, dass sich Patrick nicht doch bei seinem Bruder ansteckt?

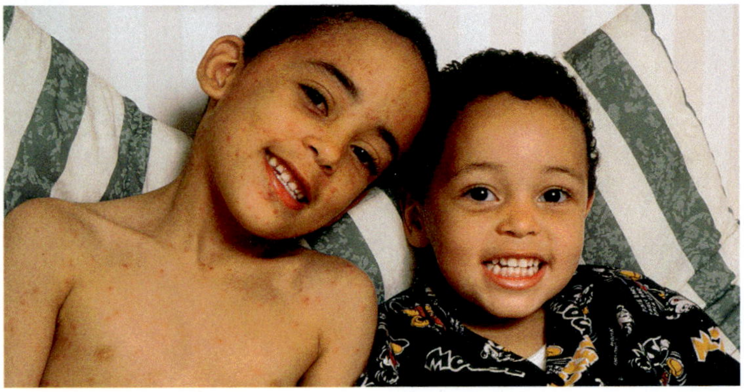

1 Kevin und Patrick

Hilfe für die Körperabwehr

Kinderkrankheiten im Vergleich

An **Windpocken** erkranken drei Viertel aller Kinder unter 15 Jahren. Zwei Wochen nach einer Ansteckung treten die typischen Krankheitsanzeichen auf. Neben Kopfschmerzen und leichtem Fieber sind das vor allem juckende und nässende Pusteln auf der Haut. Schon zehn Tage später klingen die Symptome wieder ab. Wer einmal Windpocken überstanden hat, ist meist lebenslänglich vor ihnen geschützt.
Bei der **Diphtherie** verläuft die Erkrankung nicht so einfach. Die Diphtherie ist eine ansteckende, von Bakterien ausgelöste Infektionskrankheit. Die Bakterien produzieren ein Gift, das die oberen Schleimhautschichten der Nase und des Rachens zerstört und verfestigt. → 2 Das Bakteriengift kann auch andere Organe schädigen. Vor hundert Jahren verbreitete die Krankheit Angst und Schrecken, weil fast die Hälfte der Erkrankten starb, darunter meist Kinder.

Zweierlei Impfungen

Dass Diphtherie fast ganz verschwunden ist, verdanken wir der vorbeugenden **Impfung.** Eine solche Impfung muss erfolgen, bevor man sich angesteckt hat. Bei einer vorbeugenden Impfung werden abgeschwächte oder abgetötete Erreger gespritzt. Das Immunsystem bildet daraufhin selbst Antikörper und legt Gedächtniszellen an. → 3 Deshalb heißt die Schutzimpfung auch **aktive Immunisierung.** Diese Impfung bietet über Jahre hinweg Schutz gegen eindringende Erreger. Im Laufe der Jahre sinkt die Zahl der

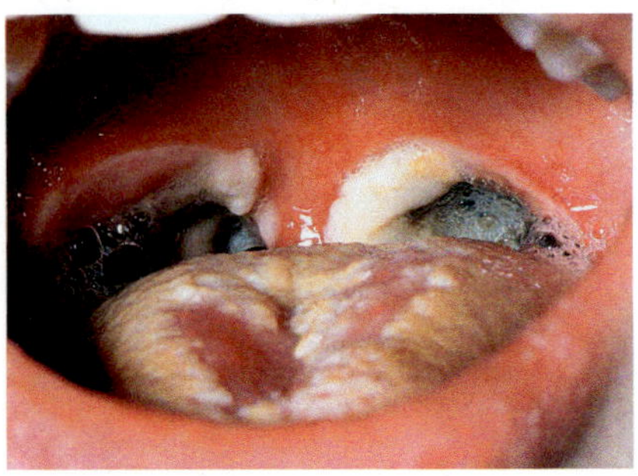

2 Krankheitsbild Diphtherie

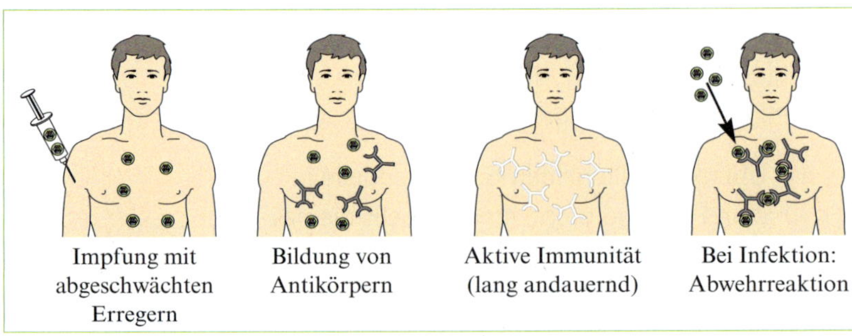

3 Aktive Immunisierung

aktive Immunisierung

Diphtherie Impfung

passive Immunisierung

Windpocken

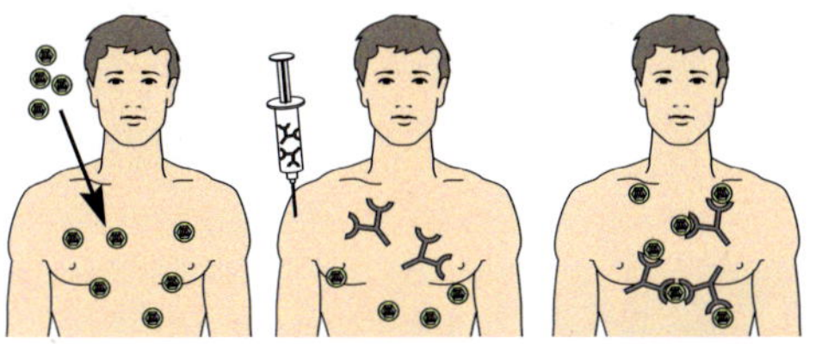

4 Passive Immunisierung

5 Pestarzt in Schutzkleidung

Antikörper im Blut. Eine Auffrischungsimpfung führt zu erneuter Antikörperbildung. Eine vorbeugende Schutzimpfung wird vor allem gegen gefährliche Krankheiten empfohlen.

Ist eine Krankheit, zum Beispiel eine Hirnhautentzündung, schon ausgebrochen, kann eine andere Art von Impfung helfen. Dem Erkrankten werden dabei Antikörper gespritzt. → **4** Die Antikörper hat man zuvor aus dem Blut von Tieren gewonnen. Das eigene Immunsystem ist nicht an der Abwehr beteiligt, es bleibt also „passiv“. Diese Impfung heißt daher auch **passive Immunisierung**. Dieser Impfschutz hält nur wenige Wochen bis Monate, dann sind die eingebrachten Antikörper abgebaut.

Die Gefahren kehren zurück

Viele Seuchen früherer Zeiten wie beispielsweise die Pest sind bei uns ausgerottet. → **5** Auch Tetanus, Typhus, Kinderlähmung oder Tollwut kennen die meisten Menschen nicht mehr. Gegen diese Krankheiten wird geimpft. In letzter Zeit besitzen aber immer weniger Jugendliche einen ausreichenden Impfschutz. Deshalb tauchen plötzlich längst verschwundene Krankheiten wieder auf.

→ Merk dir! **Die Impfung mit abgetöteten oder abgeschwächten Krankheitserregern wird aktive Immunisierung genannt. Das Impfen mit Antikörpern heißt passive Immunisierung.**

Arbeitsaufträge

1. Gegen Windpocken impft man in der Regel nicht.
   a Kannst du dafür eine Erklärung finden?
   b Begründe, warum Patrick nicht ein zweites Mal an Windpocken erkranken wird.

2. Betrachte die Abbildungen 3 und 4 über die verschiedenen Impfverfahren.
   a Erkläre den Unterschied zwischen aktiver und passiver Immunisierung. Notiere dir dazu Stichworte in dein Heft.
   b Erkläre, warum die passive Immunisierung keinen dauerhaften Schutz bietet?

3. Schau in deinem Impfausweis nach.
   a Gegen welche Krankheiten wurdest du geimpft?
   b Besorge dir Informationen über die Krankheiten, gegen die du geimpft worden bist.

Der Impfpass dient dazu, die Impfungen zu vermerken, die du im Laufe des Lebens erhältst. Wogegen bist du geimpft? Wann stehen Auffrischungsimpfungen an? Reicht dein Impfschutz aus?

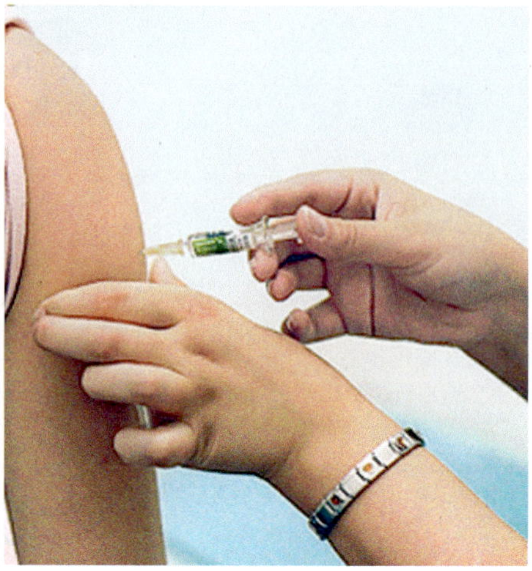

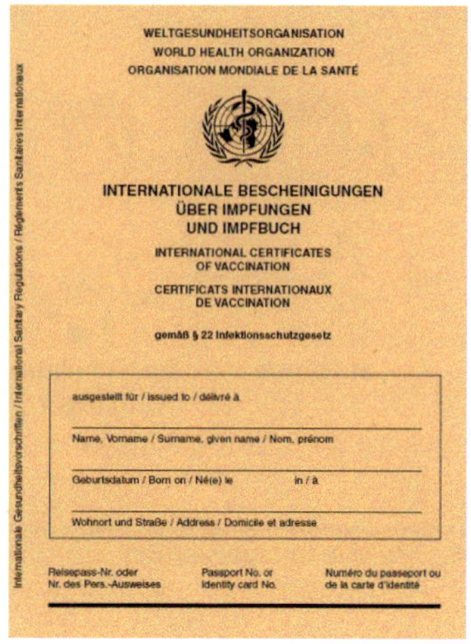

1 Im Impfpass werden alle Impfungen vermerkt.

Der Impfpass

Was steht drin im Impfpass?

Der **Impfpass** ist ein kleines gelbes Buch, das nach den Richtlinien der Weltgesundheitsorganisation (WHO) erstellt wurde. Er ist ein internationales Dokument, das weltweit anerkannt ist. Alle Informationen sind deshalb in Deutsch, Englisch und Französisch aufgeführt. Auf dem Deckblatt des aktuellen Impfpasses findest du das WHO-Zeichen und deine persönlichen Daten: Name, Vorname, Geburtsdatum, Geburtsort, Wohnort und Straße. → 1 Auf den folgenden Seiten werden dann die durchgeführten Impfungen eingetragen. → 2

Impfpass	Was steht drin?
1	Gelbfieberimpfung
2	Routineimpfungen: Diphtherie und Tetanus
3	Spezialimpfungen: Tollwut, Hepatitis
4	Grippeimpfungen
5	Tuberkuloseschutzimpfungen
6	Antikörperuntersuchungen
7	Passive Immunisierungen, Risikofaktoren, Blutgruppe und Rhesusfaktor

2 Was steht im Impfpass?

Wo bekomme ich einen Impfpass?

Meistens wird der Impfpass bei der Geburt ausgestellt. Solltest du keinen Impfpass haben oder deinen verloren haben, kann dir ein Arzt einen neuen Impfpass ausstellen.

Was ist eine Auffrischungsimpfung?

Eine Auffrischungsimpfung ist die erneute Impfung gegen einen Krankheitserreger nach einer schon erfolgten Impfung, die schon länger zurückliegt. Einige Impfungen erzeugen keine lebenslange Immunität und sollten deshalb wieder erneuert werden. Erwachsene sollten zum Beispiel alle 10 Jahre eine Auffrischungsimpfung gegen Diphtherie und Tetanus durchführen lassen.

Gibt es eine Impfpflicht?

In Deutschland gibt es zurzeit keine gesetzlich vorgeschriebene **Impfpflicht**. Es gibt jedoch Impfempfehlungen. Sie werden in Deutschland von der Ständigen Impfkommission am Robert-Koch-Institut (STIKO)

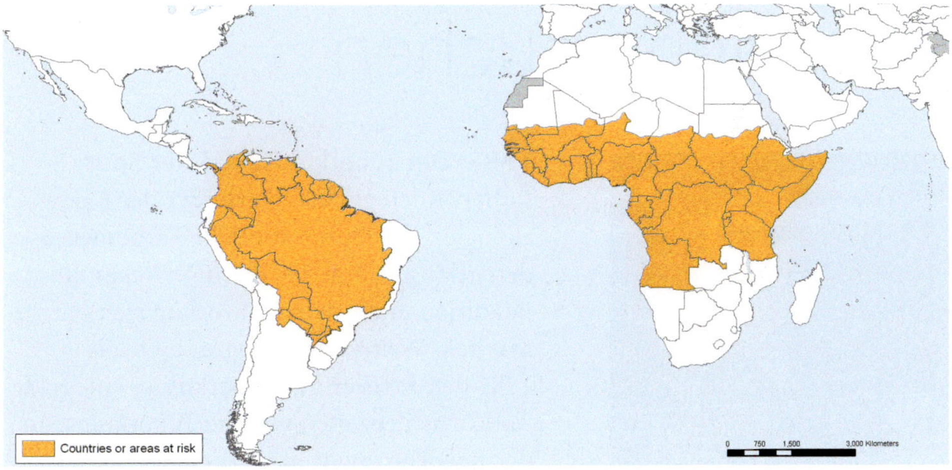

3 Gebiete, die vom Gelbfieber bedroht sind

ausgesprochen und veröffentlicht. Die Kosten für die empfohlenen Impfungen werden von der Krankenkasse übernommen.

Impfschutz auf Reisen

Einige Länder verlangen bei der Einreise die Vorlage des Impfpasses. Es gibt Länder, in denen eine Impfpflicht gegen Gelbfieber besteht. Einige Länder Afrikas, Südamerikas und Asiens sind vom Gelbfieber bedroht. → 3 Um zu vermeiden, dass das Gelbfiebervirus in diese Länder eingeschleppt wird, verlangen sie von ausländischen Besuchern den Nachweis einer Gelbfieberimpfung. Eine Liste über alle Länder, die eine Gelbfieberimpfung verlangen, wird von der WHO veröffentlicht.

→ Merk dir! **Der Impfpass wird bei der Geburt ausgestellt. Er zeigt, welche Impfungen eine Person erhalten hat und wann weitere Impfungen fällig sind. In Deutschland gibt es Impfempfehlungen.**

Arbeitsaufträge

1. Schau dir deinen Impfpass an. Überprüfe mithilfe deines Impfpasses deinen Impfschutz. Vergleiche mit den Impfungen deiner Mitschüler.

2. Bildet Arbeitsgruppen. Recherchiert im Internet, beim Gesundheitsamt, in der Apotheke oder bei einem Arzt, was sich hinter den Impfungen verbirgt, die im Impfpass aufgeführt sind. Informiert euch über die Krankheiten und Krankheitserreger. Haltet eure Ergebnisse fest und präsentiert sie vor der Klasse.

3. Impfkalender sprechen Impfempfehlungen aus. Besorgt euch beim Gesundheitsamt, in der Apotheke und beim Arzt verschiedene aktuelle Impfkalender. Vergleicht diese miteinander. Werden unterschiedliche Impfempfehlungen gegeben? Diskutiert die Unterschiede und versucht eine Erklärung für etwaige Unterschiede zu finden.

4. In einigen Ländern herrscht eine Impfpflicht gegen Gelbfieber. Erkundigt euch über diese Krankheit, ihre Ursachen und ihre Verbreitung. Erstellt eine Liste mit Ländern, in denen eine Impfpflicht für Touristen herrscht. Findet heraus, was passiert, wenn jemand bei der Einreise keinen Impfschutz vorweisen kann.

Der Kampf gegen Seuchen

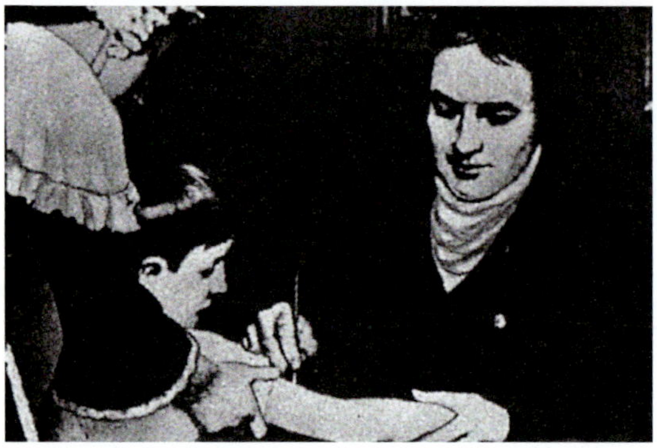

1 E. Jenner entdeckte die aktive Immunisierung.

1796: Die Entdeckung der Schutzimpfung

Im 18. Jahrhundert waren die oft tödlichen schwarzen Pocken stark verbreitet. Der englische Landarzt Edward Jenner machte folgende Beobachtung: Wer eine Infektion mit den harmlosen Kuhpocken überstanden hatte, dem konnten die gefährlichen schwarzen Pocken nichts mehr anhaben. Einer Magd, die an Kuhpocken erkrankt war, entnahm er Eiter aus den Pusteln und impfte damit einen gesunden Jungen. → 1 Nach Wochen wiederholte er dies mit den gefürchteten schwarzen Pocken. Der Junge blieb gesund. Damit war das Prinzip der aktiven Immunisierung gefunden.

1882: Der Tuberkulose auf der Spur

Robert Koch gilt als Begründer der Bakteriologie. → 2 Durch spezielle Färbemethoden gelang es ihm, bis dahin unbekannte Bakterien unter dem Mikroskop sichtbar zu machen. Weltruhm erlangte Koch, als er 1882 den Erreger der Tuberkulose entdeckte. Zu Kochs Lebzeiten war die Tuberkulose in der Bevölkerung weit verbreitet. Die Ärzte standen der meist tödlich endenden Krankheit machtlos gegenüber. Durch bestimmte Farbstoffe konnte Koch die Bakterien erstmals im Blut nachweisen. Seither lässt sich die Erkrankung relativ leicht feststellen. Robert Koch wurde 1905 mit dem Medizinnobelpreis geehrt.

1885: Impfstoff gegen das Tollwutvirus

Louis Pasteur fand 1885 den ersten Impfstoff gegen das gefährliche Tollwutvirus. → 3 Der Impfstoff besteht aus Viren, die in ihrer krank machenden Wirkung abgeschwächt wurden. Damit legte der französische Chemiker den Grundstein für die gezielte Herstellung von Impfstoffen, die aktiv immunisieren. Im Jahr 1885 wagte es Pasteur, den Impfstoff am Menschen zu erproben.

2 R. Koch entdeckte den Tuberkuloseerreger.

3 L. Pasteur impfte zunächst Schafe gegen Tollwut.

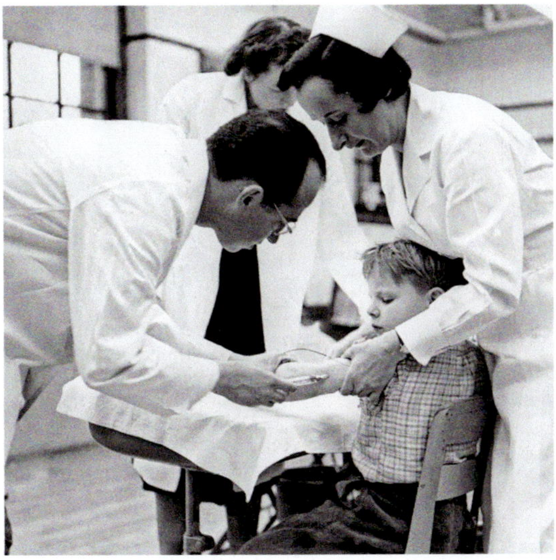

4 Salk verabreicht den Impfstoff gegen Kinderlähmung.

1954: Hilfe gegen Kinderlähmung

Jonas Edward Salk entwickelte 1954 den ersten Impfstoff gegen die Kinderlähmung (Poliomyelitis). Er stellte ihn aus abgetöteten Polioviren her. Ihm ist es zu verdanken, dass die Erkrankung heute nur noch selten auftritt. Salk fand eine Methode, die gefährlichen Viren abzuschalten. Er tötete sie mit der Chemikalie Formol ab. Den gewonnenen Impfstoff testete er an sich selbst und dann an seiner Familie. Erst danach begannen in den USA umfangreiche Impfversuche, an denen über 600 000 Kinder teilnahmen. → **4** 1955 wurde der Impfstoff offiziell zugelassen. Obwohl die Impfung einen guten und relativ langen Schutz gegen Polioviren bot, konnte die Krankheit erst durch besser wirksame Impfstoffe mit abgeschwächten Viren nahezu besiegt werden.

1982: Prionen und BSE

Stanley B. Prusiner machte 1982 bis dahin unbekannte Krankheitserreger für die neue Variante der Creutzfeldt-Jakob-Krankheit und für die Rinderseuche BSE verantwortlich. → **5** Für ihn stand fest, dass es krankhaft veränderte Prionen sind, die bei Menschen und Tieren das Gehirn zerstören. Prionen sind natürliche Eiweißstoffe, die in jedem Gehirn vorkommen. Doch offensichtlich gibt es krankheitsauslösende Varianten. Gelangen infektiöse Prionen in Kontakt mit der harmlosen Variante, werden diese in die gefährliche Form überführt. So erklärt man sich zurzeit die Ausbreitung und Vermehrung der gefährlichen Prionen.

5 S. B. Prusiner bekam 1997 den Nobelpreis.

Resistenzen und neue Erreger

Seit es Impfstoffe und Antibiotika gibt, können krankheitsauslösende Bakterien und Viren zum Teil wirkungsvoll „bekämpft“ werden. Es ist jedoch ein Trugschluss, dass der Mensch alle schweren Krankheiten „besiegt“ hat. Neue Infektionskrankheiten wie Aids, Lassa und Ebola sowie Krankheitserreger, die resistent gegenüber Antibiotika werden, fordern Ärzte und Forscher weltweit immer wieder heraus. → **6**

6 Aids fordert Ärzte und Forscher weiterhin heraus.

Es begann bei Aylin im Alter von 7 Jahren. Beim Spielen auf dem Bauernhof bekam sie regelmäßig Schnupfen, juckende Augen oder starke Hustenanfälle und musste eine Pause machen. Der Arzt stellte bei Aylin eine Allergie gegen Blütenpollen fest.
Was passiert in Aylins Körper, wenn er mit Blütenpollen in Berührung kommt?

1 Wenn die Luft knapp wird …

Allergien – Stress für das Immunsystem

Überlebenswichtig

15-mal pro Minute einatmen und ausatmen – und das ein Leben lang. Ohne feste Nahrung überleben wir fast 40 Tage, ohne Trinken knapp 5 Tage, ohne Sauerstoff jedoch nur wenige Minuten. Unser Körper braucht den Sauerstoffanteil der Luft für viele Prozesse des Körpers.

Offene Türen mit eingebauten Alarmsystemen

Atmen wir ein, so gelangen mit der Umgebungsluft oft auch Fremdstoffe wie Krankheitserreger (Bakterien und Viren), staubfeine, feste Teilchen (Rauch) und giftige Substanzen in unsere Atemwege. Die erste Stufe des Alarms wird durch feine Flimmerhärchen in der Nase und in der Lunge ausgelöst. → 2 Sie spüren feste Bestandteile und giftige Gase auf und lösen Niesreiz und Hustenreiz aus. In der zweiten Alarmstufe schwillt die Schleimhaut der Atemwege an und produziert vermehrt Flüssigkeit, die verdünnend wirkt und so die Wirkung der Fremdstoffe abschwächt.

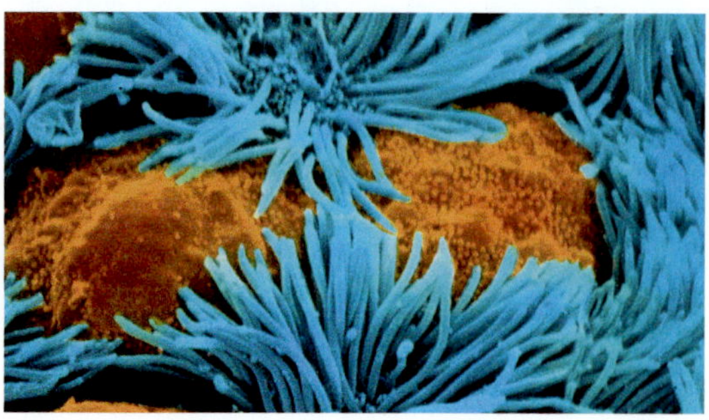

2 Flimmerhärchen in den Bronchien

Abwehr rund um die Uhr

Stelle dir vor, dein Abwehrsystem soll Tag und Nacht kämpfen. Wie lange könnte es das durchhalten? Durch ständiges Einatmen von Giften in hoher Konzentration, z. B. aus Zigarettenrauch, Industrie- und Autoabgasen oder Lösemitteln, können die Flimmerhärchen zerstört werden. Die Schleimhäute der Bronchien verkleben und setzen sich mit Fremdstoffen zu, die immer weniger abgehustet werden können. Durch die ständige Reizung des Gewebes entsteht eine dauerhafte Entzündung, aus der sich Lungenkrebs entwickeln kann.

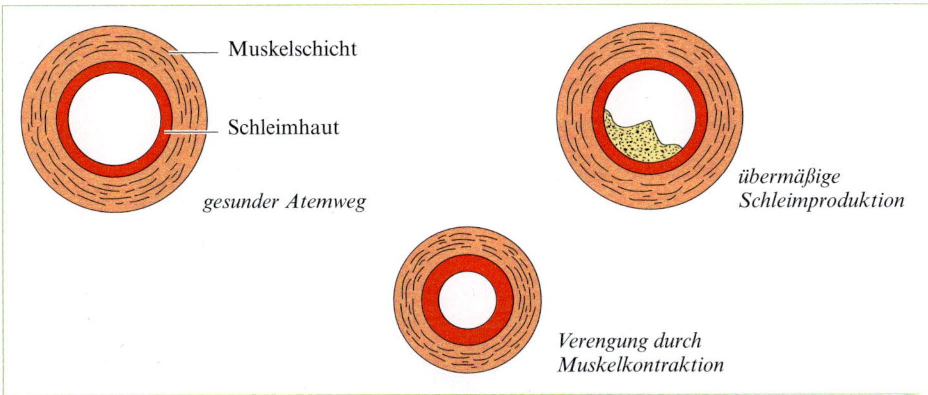

3 Gesunde und erkrankte Bronchien (Querschnitt)

Wenn der Körper sich nur noch wehrt!

Allergien und deren Folgeerkrankungen wie **Asthma** nehmen immer stärker zu. Bei einer **Allergie** reagiert das Abwehrsystem des Körpers unangemessen stark auf eher natürliche Substanzen wie Staub, Pollen, Tierhaare oder Nahrungsbestandteile. Beim Heuschnupfen werden durch Einatmen von allergieauslösenden Pollen Symptome wie eine geschwollene Nasenschleimhaut, laufende Nase, Niesen und tränende Augen ausgelöst. → 1 Lebensbedrohlich wird es, wenn die unteren Atemwege mit Entzündungssymptomen auf Allergieauslöser reagieren. Beim Asthmatiker kann die Schleimhaut der Bronchien so stark anschwellen, dass die Versorgung mit Atemluft stark eingeschränkt ist und Erstickung droht. → 3 Eine ärztliche Prüfung ist dringend notwendig.

> **Merk dir!** **Das Atmungssystem steht in ständigem Austausch mit der Umgebung. Die über die Atemluft aufgenommenen Substanzen können Allergien auslösen. Beim Asthma handelt es sich um eine Folgeerkrankung der Allergie.**

Arbeitsaufträge

1. Du hast bei einem Lagerfeuer eine Zeit lang im Rauch gesessen. Beschreibe drei mögliche Reaktionen deines Körpers und erkläre, wie es dazu kommt.

2. Nennt die Ursachen und beschreibt die Folgen von Luftverschmutzung auf das Atmungssystem des Menschen.

3. Allergien sind auch abhängig vom Geschlecht und Alter der Kinder. Beschreibe die Inhalte der Grafik. → 4

4. Nenne Arbeitsfelder, in denen ein Arbeiten mit Atemschutzgerät notwendig ist.

5. Wie kannst du für die Gesundheit deiner Atemwege sorgen? Erstelle ein Plakat mit Tipps.

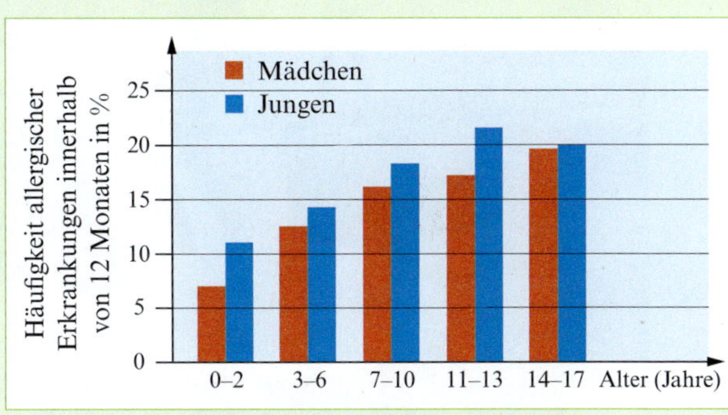

4 Grafik zu Allergien

Marc und Andrea sind miteinander befreundet. Andrea ist auf den Rollstuhl angewiesen, weil sie wegen eines Unfalls querschnittgelähmt ist. Jetzt fühlt sie sich wohl und genießt die vielen Dinge, die sie kann. Marc geht es nicht immer so gut wie jetzt. Er hat Probleme mit dem Schlafen.
Wer von den beiden ist gesund und wer krank?

1 Marc und Andrea

Was ist eigentlich Gesundheit?

Gesundheit und Krankheit

Was ist Gesundheit? Die Weltgesundheitsorganisation (WHO) definiert Gesundheit als einen „Zustand des vollständigen körperlichen, geistigen und sozialen Wohlergehens und nicht nur das Fehlen von Krankheit oder Gebrechen". Wenn wir uns gesund fühlen, funktioniert unser Körper, ohne dass wir viel davon spüren. Sind unsere körperlichen Abläufe gestört, fühlen wir uns körperlich und vom Kopf her nicht voll leistungsfähig. Wir fühlen uns unwohl oder sogar krank. Welche Einschränkungen mit dem Verlust von Gesundheit verbunden sind, wird oft erst bei Krankheit oder mit zunehmendem Alter erkannt. Es ist wichtig, sich auch schon als junger Mensch um seine Gesundheit zu kümmern.

2 Wann bist du gesund, wann bist du krank?

Gesundheit

Zivilisations-krankheiten

3 Training im Fitnessstudio stärkt die Gesundheit.

4 Auch Unternehmungen mit Freunden sind für die Jugendlichen wichtig.

Was unsere Gesundheit beeinflussen kann

Früher erkrankten die Menschen vor allem an Krankheiten, die durch Krankheitserreger hervorgerufen wurden. Heute leiden die Menschen eher an Krankheiten, die mit ihrer Lebensweise zusammenhängen. Stress, Bewegungsmangel, Hektik, falsche Ernährung, Alkohol und Zigaretten – all das kann krank machen und die sogenannten **Zivilisationskrankheiten** hervorrufen. Zu ihnen gehören körperliche Erkrankungen wie zum Beispiel der Herzinfarkt oder Krebs, aber auch Schlaf- und Essstörungen sowie seelische Erkrankungen wie Depressionen.

Was unsere Gesundheit schützt

Eine Garantie auf Gesundheit gibt es nicht, selbst wenn du alles dafür tust. **Gesundheit** ist nicht nur von gesunder Ernährung, Sport und dem Verzicht von Alkohol und Zigaretten abhängig. → 3 Forschungsergebnisse haben gezeigt, dass unsere Gesundheit auch entscheidend beeinflusst wird von positiven Erfahrungen. Dazu gehört zum Beispiel die Möglichkeit, sein Leben aktiv gestalten und Aufgaben erfolgreich bewältigen zu können. Eine positive Grundhaltung entscheidet darüber, wie gut wir mit Belastungen im Alltag umgehen können. → 4

→ **Merk dir!** Gesundheit ist die Fähigkeit, trotz Mängeln, Störungen und Schäden leben, arbeiten, genießen und zufrieden sein zu können.

Arbeitsaufträge

1. Lies die Aussagen von Abbildung 2.
   - **a** Überlege, was dir zu „Gesundsein“ und „Kranksein“ einfällt.
   - **b** Vergleicht eure Meinungen in der Gruppe.

2. Wann fühlst du dich wohl? Beschreibe die Situationen und welches Gefühl du dabei hast.

3. Leite aus der Gesundheitsdefinition der WHO ab, was du zur Erhaltung deiner eigenen Gesundheit tun kannst.

4. Auch in der Werbung spielt die Gesundheit eine Rolle. Sammle Werbung zum Thema Gesundheit. Was will der Werbende damit erreichen?

Das macht mich krank! – Ich will gesund bleiben!

Wir alle möchten gesund und munter sein, um das Leben voll genießen zu können. Doch immer öfter haben es auch Jugendliche mit Krankheiten zu tun. Vor allem die Anzahl der seelischen Erkrankungen wie Schlaf- und Konzentrationsstörungen nehmen zu.
Was macht euch krank und wie könnt ihr euch davor schützen? Innerhalb eines Projekts könnt ihr euch mit den einzelnen Gesundheitsrisiken auseinandersetzen und Ideen zur Gesunderhaltung entwerfen.

1 Auch der Schulalltag ist oft mit Stress verbunden. Was könnt ihr tun, damit sich der Stress nicht nachteilig auf eure Gesundheit auswirkt?

2 Entspannung, Sport, gesunde Ernährung und Spaß sind für die Gesundheit wichtig.

Schritte und Tipps für euer Projekt

Vorbereitung

Besprecht, was ihr unternehmen wollt. Die Mindmap hilft euch dabei.

Planung

Überlegt, welche Informationen ihr braucht und woher ihr sie bekommt:

- Bücher
- Umfragen aus dem Internet und unter Mitschülern
- Informationen der Bundeszentrale für gesundheitliche Aufklärung (BZgA, www.bzga.de)
- Ärzte befragen

Durchführung

Bildet Arbeitsgruppen und verteilt die Aufgaben:

- Wie viele Schüler sind in jeder Gruppe?
- Welche Gruppe übernimmt welche Aufgabe?

Erledigt die verteilten Aufgaben in den Gruppen.

Abschluss und Präsentation

Überprüft eure Ergebnisse. Wertet sie mit den anderen Gruppen der Klasse aus.

Überlegt, wie ihr die Ergebnisse den anderen Klassen, euren Eltern und Bekannten präsentieren könnt:

- Poster oder Wandzeitung
- Ausstellung mit dem Motto „Das macht mich krank! – Ich will gesund bleiben!“
- Stand mit Infomaterialien, Flyer mit Gesundheitstipps, Ansprechen der Besucher
- Wissensquiz zum Thema

3 Mindmap zur Gesunderhaltung

4 Schülerkochkurs für eine gesunde Ernährung

5 Sport an frischer Luft

Matthias (17) lebt gesund. Er raucht nicht, trinkt nicht viel und geht viermal in der Woche in sein Fitnessstudio. Stark und gesund will er sein, einen durchtrainierten Körper haben. Ein Freund gab ihm den Tipp, zusätzlich zum Muskeltraining Eiweißpräparate zu essen. Der Muskelaufbau ging gut voran. Seit Kurzem versucht er es mit einer Anabolika-„Kur". Ist das gesund?

1 Training im Fitnessstudio – wo liegen die Grenzen?

Verantwortung für die eigene Gesundheit

Muskeln durch Hormone

Die Muskelentwicklung bei Menschen wird hauptsächlich auf das Sexualhormon Testosteron zurückgeführt. Wird dem Körper von außen zusätzlich Testosteron zugeführt, so wird die Muskelbildung verstärkt. → 2
Anabolika sind hormonähnlich wirkende Medikamente, die starke Nebenwirkungen haben. Was mit Haarausfall und Herzrhythmusstörungen beginnt, kann schnell zu Herzinfarkten, Schlaganfällen und Leberschäden führen.

2 Muskelbildung kann durch Anabolika gefördert werden.

Immer schneller – immer weiter?

Der Weltrekord im Sprint über 100 m lag im Jahr 2009 bei 9,58 Sekunden – diese Zeit wäre vor Jahren nicht denkbar gewesen. Immer häufiger werden Ursachen der Leistungssteigerung durch Kontrollen aufgedeckt. Die Einnahme verbotener chemischer Substanzen bewirkt eine Steigerung der Leistung (**Doping**). So regt das verbotene Dopingmittel EPO die Bildung der roten Blutkörperchen an. Mehr rote Blutkörperchen transportieren mehr Sauerstoff im Körper. Die Leistung wird gesteigert. Doping ist mit hohen Risiken für die Gesundheit verbunden und kann durch die Ausschaltung der körperlichen Warnhinweise bis zum Tod führen. Dopingkontrollen weisen in Blut oder Urin vorhandene verbotene Chemikalien nach.

Anabolika
Doping

3 Wenn alles zu viel wird …

4 Freude und Spaß miteinander

Gesund ist …?

Eine Störung vermindert das Wohlgefühl und die gewohnte körperliche und geistige Leistungsfähigkeit, Schmerzen oder Fieber treten auf. Beachtest du die Anzeichen nicht und suchst nicht nach den Ursachen, so kann sich eine schwere Krankheit entwickeln. Viele Risiken für die Gesundheit sind von deinen Lebensbedingungen abhängig. An den meisten Bedingungen kannst du selbst etwas verbessern. Rauchen, Trinken von Alkohol, Schlafmangel, Stress und Überforderung durch zu hohe Ansprüche kannst und solltest du unbedingt vermeiden. → 3

Den Körper stärken

Langeweile und Unterforderung wirken sich nicht nur auf deine Seele, sondern auch auf dein körperliches Wohlgefühl negativ aus. Eine gesunde Ernährung, ausreichend Bewegung, Spaß und eine positive Einstellung zum Leben machen dich stark. → 4 Gestalte dein Leben – tue dir etwas Gutes.

Merk dir! **Die Leistung des menschlichen Körpers mit Anabolika oder Doping zu steigern ist mit hohen Risiken für die Gesundheit verbunden. Indem du deine Lebensbedingungen verbesserst, tust du etwas für deine Gesundheit.**

Arbeitsaufträge

1. Der Bodybuilder in Abbildung 2 hält seinen starken Muskelaufbau für ein Zeichen eines gesunden Körpers. Was meinst du? Erarbeitet in Partnerarbeit die sozialen und finanziellen Vor- und Nachteile. Ermittelt dazu die Preise und Einsatzgebiete für Dopingmittel.
2. Warum ist Doping im Leistungssport verboten? Welche Personen haben ein Interesse am Einsatz von Dopingmitteln?
3. Recherchiert in Gruppen über Sportarten, in denen häufig Doping stattfindet. Wie wird dort jeweils gedopt? Wie kann man das jeweilige Doping nachweisen?
4. Finde positive Beispiele für den Einsatz von Hormongaben beim Menschen. Erkläre die Notwendigkeit und die Wirkung.
5. Nenne deine Kriterien für eine gesunde Lebensführung und erkläre sie.
6. Heißt eine gesunde Lebensführung, auf alles Spannende und Interessante zu verzichten? Beratet in Gruppen und findet Beispiele einer gesunden Lebensführung.

Anna erinnert sich, dass mit zwölf Jahren ihr Busen plötzlich anfing zu wachsen. „Ich wollte ihn verstecken, keiner sollte etwas merken. Es war mir nur peinlich." Welche körperlichen Veränderungen finden in der Pubertät statt und wodurch werden sie verursacht?

1 In der Pubertät verändert sich der Körper.

Hormone in Aktion

Sexualität beginnt im Kopf

Das Gehirn und die Hormondrüsen regeln die Entwicklungsvorgänge bei Mädchen und Jungen. Das Zwischenhirn regt die **Hirnanhangsdrüse** (Hypophyse) an, Hormone in den Blutkreislauf zu geben. Auf diese Weise gelangen diese Hormone bei den Mädchen zu den Eierstöcken, bei den Jungen zu den Hoden. → 2 In den Eierstöcken veranlassen sie die Produktion der **Geschlechtshormone Östrogen** und **Progesteron**. Diese sind für den Aufbau der Gebärmutterschleimhaut während des Regelzyklus verantwortlich. Bei den Jungen wird in den Hoden die Produktion von **Testosteron** veranlasst. Dieses männliche Geschlechtshormon bewirkt die Bildung von Spermienzellen.
Bei Mädchen und Jungen bewirken diese Geschlechtshormone zudem auch die körperlichen Veränderungen, wie Brustwachstum und Schambehaarung. → 3

Vom Mädchen zur Frau

- Die Brüste entwickeln sich.
- Die Hüften werden runder und breiter.
- Die Eierstöcke werden größer.

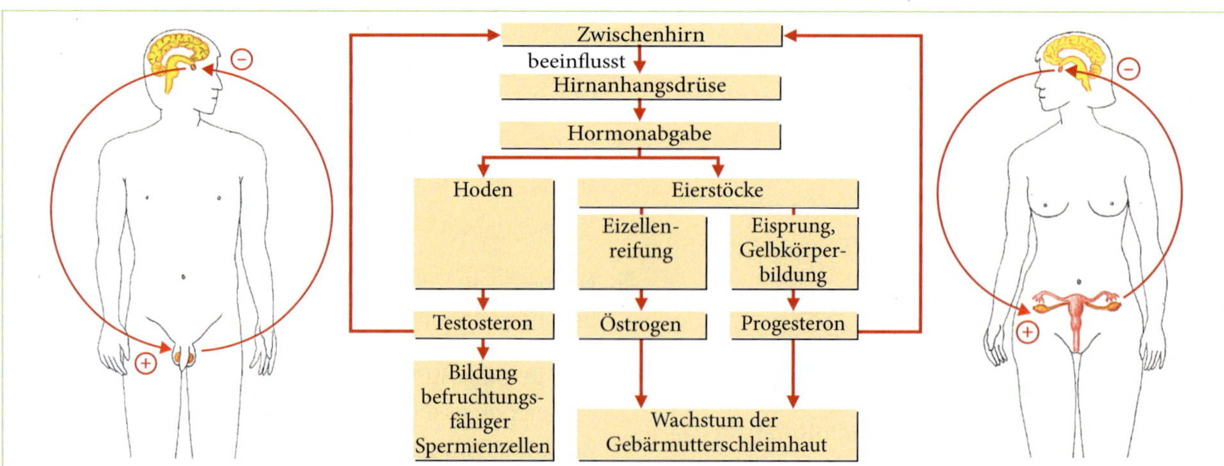

2 Hormonelle Steuerung der Entwicklung

Geschlechtshormone
Hirnanhangsdrüse
Östrogen
Progesteron
Regelkreis
Testosteron

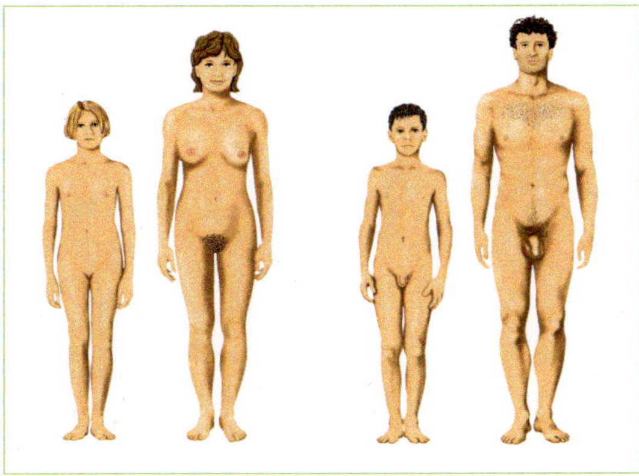

3 Körperliche Veränderungen während der Pubertät

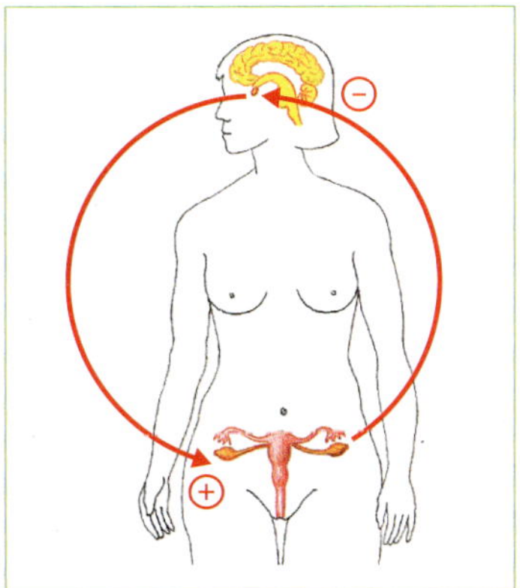

4 Regelkreis Geschlechtshormone

- In ihnen reifen die Eizellen heran.
- Die Regelblutung beginnt.

Vom Jungen zum Mann

- Die Stimme wird tiefer.
- Die Barthaare beginnen zu wachsen.
- Die Schultern und der Brustkorb werden breiter.
- Der Penis und die Hoden werden größer.
- In den Hoden werden die Spermienzellen gebildet.

Gemeinsame Veränderungen

- Der Wachstumsschub beginnt.
- Das Gesicht verändert sich.
- Die Achselbehaarung entwickelt sich.
- Die Schambehaarung entwickelt sich.

Ein komplizierter Regelkreis

Damit nicht unendlich viele Geschlechtshormone gebildet werden, bekommt das Zwischenhirn eine Rückmeldung, wenn genügend Hormone vorhanden sind. Dies veranlasst dann die Hirnanhangsdrüse, die Hormonproduktion einzustellen. Diesen Vorgang nennt man **Regelkreis.** → 4

Pubertätsverlauf

Weil die Hormone bei jedem Menschen zu einer anderen Zeit aktiv werden, setzt die Entwicklung auch bei jedem in unterschiedlichem Alter ein. Auch die Dauer der Pubertät ist individuell. Mit ungefähr 17 Jahren ist die körperliche Entwicklung bei den meisten abgeschlossen.

> **Merk dir!** Geschlechtshormone verändern das äußere Erscheinungsbild und regen Reifeprozesse im Körper an. Sie werden in Hormondrüsen gebildet.

Arbeitsaufträge

1. Erstelle eine Tabelle mit den Geschlechtshormonen bei Frau und Mann und notiere, was sie jeweils bewirken.

2. Fertige eine Mindmap zu den körperlichen Veränderungen in der Pubertät bei Mädchen und Jungen an.

3. Erkläre den Begriff Regelkreis am Beispiel der weiblichen und männlichen Geschlechtshormone.

Ein Mensch kann längere Zeit ohne Nahrung überleben, ohne Wasser nur wenige Tage. Er verdurstet. Mehr als die Hälfte unseres Körpergewichts besteht aus Wasser. Doch wo ist dieses Wasser versteckt und warum ist es für das Überleben so wichtig?

1 Trinken ist lebenswichtig.

Die Aufgabe der Niere

Verstecktes Wasser

Wie viel Wasser enthält dein Körper? Bei einem Gewicht von 50 kg enthält der Körper etwa 30 kg Wasser! Zwei Drittel dieses Wassers, also 20 kg, befindet sich in den Zellen. Die restlichen 10 kg Wasser sind im Blut und als Gewebeflüssigkeit zwischen den Zellen enthalten.

Altersabhängig müssen pro Tag bis zu 2 Liter Wasser über Getränke und Lebensmittel aufgenommen werden. → 2 Die gleiche Menge wird täglich über die Nieren als Urin, über die Lunge durch die Atemluft und über die Haut als Schweiß ausgeschieden. Wenn du viel schwitzt, weil es sehr warm ist oder du erkrankt bist, kann sich die Ausscheidung von Wasser vervielfachen.

Alter (Jahre)	Flüssigkeitsmenge (ml), die pro Tag aufgenommen werden soll
1–4	820
4–7	940
7–10	970
10–13	1170
13–15	1350
15–19	1530

2 Empfohlene Flüssigkeitsmenge pro Tag

Wasserhaushalt

Die **Nieren** sorgen dafür, dass der Gesamtgehalt des Wassers im Körper immer gleich bleibt. → 3 Die Wasserabgabe des Körpers wird immer der Wasseraufnahme angepasst. Bekommt der Körper zu wenig Wasser, löst ein Durstzentrum im Gehirn das Durstgefühl aus. Spätestens dann solltest du ausreichend Flüssigkeit zu dir nehmen. Besser ist es aber, immer so viel zu trinken, dass gar kein Durstgefühl entsteht. Das hält fit und verbessert die Konzentrationsfähigkeit.

Entgiftung

Nachdem die Körperzellen alle für sie notwendigen Stoffe aus dem Blut geholt haben, werden die Abfallstoffe wieder ins Blut ent-

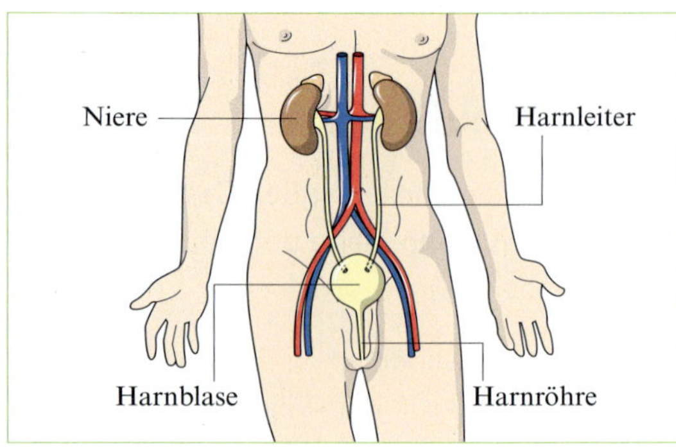

3 Lage der Nieren im Körper

Dialyse
Nieren
Urin

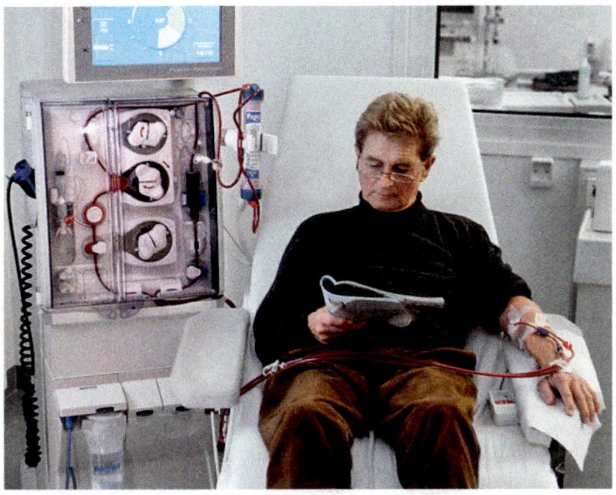

4 Dialyse

Schon gewusst?

- Die beiden Nieren eines gesunden Erwachsenen werden pro Minute von 1,2 Litern Blut durchströmt.
- An einem Tag durchlaufen 1728 Liter Blut die Nieren.
- Pro Stunde filtern und reinigen die Nieren das gesamte Blut.

5 Zahlen zur Niere

sorgt. Besonders beim Baustoffwechsel entsteht der für den Körper giftige Harnstoff. Die Nieren filtern das Blut, d. h., sie holen giftige Abfallstoffe wie Harnstoff, Medikamente und Drogen aus dem Blut, sammeln sie und vermischen sie mit überflüssigem Wasser und Salzen. Es entsteht **Urin**.

Entsorgung der Giftstoffe

Der Urin fließt durch die beiden Harnleiter zur Harnblase. → 3 Hier wird der Urin gesammelt. Dabei dehnt sich die Blase aus. Wenn die Blase gefüllt ist, wird der Urin über die Harnröhre ausgeschieden. Die mit dem Urin ausgeschiedenen Substanzen können in einer Urinprobe nachgewiesen werden. Dieses Verfahren wird zum Beispiel im Sport bei Dopingproben angewandt.

Erkrankung der Nieren

Wenn die Nieren nicht richtig arbeiten oder bei Verlust der Nieren besteht Lebensgefahr, da Harnstoff im Blut zurückbleibt und der Körper dadurch vergiftet wird. In solchen Fällen muss das Blut künstlich gereinigt werden.

Die künstliche Niere

Patienten, deren Nieren nicht mehr arbeiten, müssen bis zu dreimal pro Woche zur **Dialyse**. Sie werden an einen Apparat angeschlossen, der das Blut außerhalb des Körpers reinigt. → 4 Diese Blutwäsche kann die Funktion der Nieren nicht vollständig ersetzen, aber das Leben verlängern. Dialysepatienten warten häufig viele Jahre auf eine Nierentransplantation.

→ Merk dir! Wasser macht über die Hälfte unseres Körpergewichts aus. Bei der Regulierung des Wasserhaushalts und bei der Entgiftung des Körpers spielen die Nieren eine entscheidende Rolle. Ohne die Arbeit der Nieren würde unser Körper von innen vergiftet werden.

Arbeitsaufträge

1. Beschreibe die Lage der Nieren und erläutere ihre Aufgaben.
2. Erkläre, wie Urin entsteht.
3. Erstelle ein Getränkeprotokoll für 2 Tage. Beurteile kritisch deine Getränkeauswahl. Welche Getränke sind gute Durstlöscher, welche weniger, welche gar keine? Begründe deine Entscheidung.

Organspender werden?

1 Jugendliche ab 16 Jahren können Organspender werden.

Knapp 70 % der Menschen, die in Deutschland leben, wären mit einer Organspende nach ihrem Tod einverstanden.
Es ist oft nicht leicht, sich vorzustellen, dass dem Körper nach dem Tod ein Organ entnommen wird. Andererseits ist es für viele Menschen ein gutes Gefühl, wenn sie wissen, dass sie auch nach ihrem Tod noch etwas für andere tun können.
Die Frage, ob man Organspender wird, muss jeder ganz für sich selbst beantworten. Wichtig ist vor allem, dass man sich genau informiert und weiß, worüber man spricht.

Zwei Fallbeispiele als Einstieg

1 Organempfänger
Wenn ein Klingeln die lang ersehnte Erlösung bedeutet

Nach über einem Jahr Warten erhielt Melanie T. eine neue Niere und eine Leber. „Ich weiß gar nicht, wem ich am meisten danken soll", freut sich die junge Frau zwei Wochen nach der Operation. Sie strahlt übers ganze Gesicht. Mitte Mai wurden ihr die neuen Organe eingepflanzt. „… fünf vor acht kam der Anruf. Ich werde es nie vergessen", erzählt Melanie.

2 Organspender
Ein Unfall riss Pascale Baers Sohn Dennis aus dem Leben

Dennis war 18 und voller Tatendrang. Nach dem Motorradunfall gab es keine Rettung mehr für ihn. Sein Gehirn war tot. Pascale Baer wies die Ärzte darauf hin, dass Dennis schon seit Jahren einen Spenderausweis habe …

Schritte und Tipps für euer Projekt

Vorbereitung

Besprecht gemeinsam, wie ihr euch über das Thema Organspende informieren und wie ihr andere Schüler am besten auf euer Projekt aufmerksam machen könnt. Ergänzt hierzu die Mindmap.

Planung

Bildet Interessengruppen und haltet eure Planung schriftlich fest.

- Notiert das Ziel eures Projekts.
- Welche Aufgaben sind zu bearbeiten?
- Wo erhaltet ihr Informationen zu eurem Thema? Tipp: Internetsuche: „junge Helden"
- Wer übernimmt welche Aufgaben?
- Wie viel Zeit ist für die einzelnen Arbeitsschritte notwendig?

Durchführung und Präsentation

- Stellt eure Ergebnisse auf Plakaten dar.
- Zeigt Filme über dieses Thema.
- Befragt eure Mitschüler, wie sie zur Organspende stehen.
- Führt Interviews durch. → 2
- Macht Werbung für den Organspenderausweis. → 1

2 Schüler führen ein Interview.

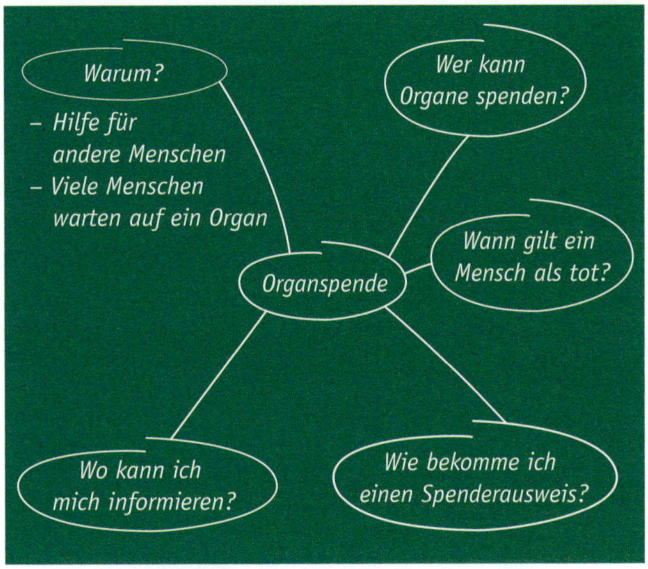

3 Mindmap zur Organspende

biologischer Tod
- das Erlöschen sämtlicher Organfunktionen eines Bioorganismus

klinischer Tod
- das Aussetzen von Atmung und Herzschlag
- innerhalb der ersten Minuten besteht die Möglichkeit einer Wiederbelebung (Reanimation)

Hirntod
- das Aussetzen aller Funktionen des Gehirns (Gesamthirntod)
- es ist keine Reanimation mehr möglich
- das Transplantationsrecht verlangt den Gesamthirntod als notwendige Bedingung für eine Organentnahme

historisches Verständnis vom Tod (abendländische Kultur)
- der Moment, zu dem die (unsterbliche) Seele den Körper verlässt
- die Seele zeigt sich nicht in körperlicher Form, sodass man ihren Weggang nicht objektiv feststellen kann, als Todeszeichen galt daher das Aussetzen der Atmung

4 Definitionen zum Tod

Von der Recherche zur Präsentation

Informationen suchen, bearbeiten, auswerten und als Ergebnis präsentieren – das alles sind wichtige Fertigkeiten, die du nicht nur für die Schule benötigst, sondern die später auch im Berufsleben gefordert werden.
Recherche bedeutet Suche nach Informationen. Heutzutage stehen dir viele Informationsquellen zur Verfügung. Eine beliebte und oft genutzte Möglichkeit ist das Internet. Ergebnisse können auf verschiedene Art und Weise vorgestellt werden.

1 Im Berufsleben ist es wichtig, seine Arbeitsergebnisse präsentieren zu können.

4 Schritte für die Internetrecherche

Schritt 1 Fragestellung
Am Anfang jeder Suche muss eine Frage oder Aufgabe stehen. Überlege dir einen sinnvollen Suchbegriff.

Schritt 2 Suche
Gib den Suchbegriff in eine Suchmaschine (z. B. Google) ein. → 2

Schritt 3 Bewertung
Hast du Informationen gefunden, denk daran: Nicht alles, was im Internet steht, ist richtig. Manche Webseiten dienen nur zur Werbung. Wichtig ist, dass du mehrere Treffergebnisse anschaust und abschließend bewertest, welchen Seiten du trauen kannst.

Schritt 4 Auswertung
Entscheide, wie du den Inhalt der Seite festhalten willst. Du kannst sie speichern oder ausdrucken. Mithilfe der gefundenen Ergebnisse kannst du nun die Frage oder Aufgabe lösen.

2 Suchmaschine

In 6 Schritten zum Gruppenreferat

Schritt 1 Sammle Informationen (Texte und Materialien) zum Thema, z. B. mit der Internetrecherche.
Lies die Texte. Stelle dir Fragen zum Text. Bilder und Zeichnungen helfen dir, den Text zu verstehen. Markiere wichtige Begriffe und Informationen. Notiere dir Stichworte auf Karteikarten. → 3

Schritt 2 Stelle die Ergebnisse deiner Recherche den anderen Gruppenmitgliedern vor. Heftet eure Stichworte an die Tafel. Vergleicht eure Ergebnisse miteinander und sucht gemeinsame Oberbegriffe.

Schritt 3 Beratet und entscheidet, wie eine interessante Einleitung aussehen könnte und wer welchen Bereich vorträgt. → 4

Schritt 4 Stellt anschauliches Material zusammen (Bilder, Folien oder Plakate).

Schritt 5 Überlegt eine kurze interessante Schlussfrage und/oder zeigt ein Bild zum Nachdenken.

Schritt 6 Übt, das Referat vorzutragen. Versucht möglichst frei zu sprechen. Verwendet die Anschauungsmittel. → 5
Falls ihr einen PC mit Beamer zur Verfügung habt und das PowerPoint-Programm beherrscht, könnt ihr das Referat zu einer PowerPoint-Präsentation ausbauen. Probiert alle technischen Geräte vorher aus.

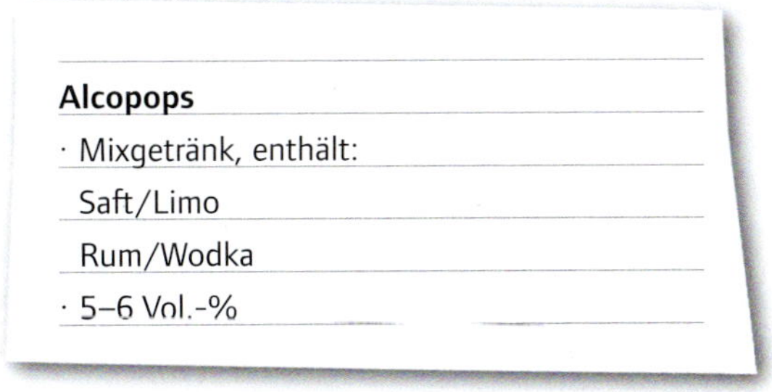

3 Beispiel Karteikarte

4 Diskussion und Beratung in der Gruppe

5 Beispiel für eine Präsentation

Arbeitsaufträge

1. Recherchiert zum Thema „Alcopops – bunte Spaßmacher oder süße Verführer?“ und präsentiert eure Ergebnisse.
  a Sucht nach Informationen im Internet. Beachtet dabei die Schritte 1 bis 4.
  b Erarbeitet ein Gruppenreferat zum Thema. Beachtet dabei die Schritte 1 bis 6.

2. Überlegt euch, wie ihr euer Gruppenreferat für eure Mitschüler noch interessanter gestalten könntet.

Aids nicht ernst zu nehmen ist gefährlich, denn es geht uns alle an. Jedes Jahr steigt die Zahl der Ansteckungen. Ende 2010 lebten in Deutschland etwa 70 000 HIV-positive Menschen. Davon sind rund 12 500 Menschen an Aids erkrankt. Wieso steigt die Zahl der Erkrankungen trotz Aufklärung?

1 Wegsehen, Weghören und Verschweigen können dein Leben kosten.

Aids – das geht dich an!

Was ist Aids?

Aids ist eine Infektionskrankheit, die das Immunsystem schwächt. Der Name **Aids** kommt aus dem Englischen von *acquired immune deficiency syndrome*, was übersetzt erworbenes Immunschwächesyndrom heißt. Der Erreger ist das **HI-Virus**, engl. *human immunodeficiency virus*. → 2

HIV-positiv und Aids

Menschen, bei denen das Virus nachgewiesen werden kann, sind **HIV-positiv**. Unmittelbar oder wenige Wochen nach der Infektion können grippeähnliche Beschwerden auftreten. Nach ihrem Abklingen fühlen sich die Betroffenen gesund. Die beschwerdefreie Zeit kann sich über Jahre hinziehen.

Menschen, die HIV-positiv sind, können andere Menschen anstecken. Von Aids spricht man erst, wenn die Krankheit mit ihren Beschwerden voll ausbricht. Im Laufe der Zeit bricht dabei das Immunsystem zusammen. Der Körper kann sich gegen Erreger nicht mehr zur Wehr setzen.

Was passiert nach einer HIV-Infektion?

Wer sich mit dem Virus angesteckt hat, hat es nach einiger Zeit in vielen Körperflüssigkeiten. Das Gefährliche an dem HI-Virus ist, dass es die Helferzellen befällt. → 3 Damit wird eine wichtige Stelle in der Abwehrreaktion ausgeschaltet. Das HI-Virus kann sich ungestört vermehren.

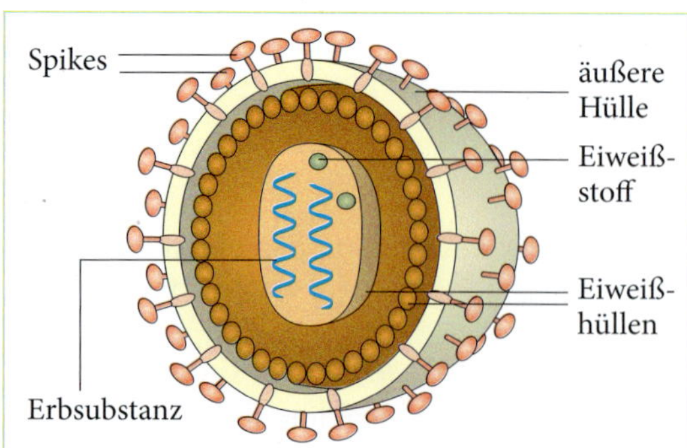

2 HI-Virus

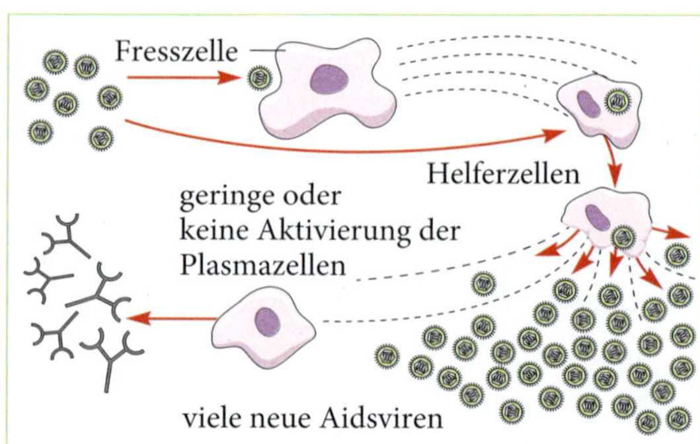

3 Das HI-Virus befällt Helferzellen.

4 Plakat zur Aufklärung über Aids

5 Keine Ansteckungsgefahr

Ist Aids heilbar?

Die heutigen Medikamente können verhindern, dass sich das HI-Virus vermehrt und im menschlichen Körper weiter ausbreitet. Sie können damit die Erkrankung in einem gewissen Maß zum Stillstand bringen. Bis heute ist es jedoch nicht möglich, das Virus vollständig zu zerstören und endgültig aus dem Körper zu entfernen. Aids ist nicht heilbar!

Wo stecken die Viren im Körper?

Bei Männern findet man die Viren im Blut und im Sperma, bei Frauen im Blut, in der Scheidenflüssigkeit und in der Muttermilch.

Wie kommt es zu einer Ansteckung?

Zu einer Ansteckung kommt es, wenn diese Körperflüssigkeiten mit den Schleimhäuten oder der Blutbahn einer anderen Person in Kontakt kommen. Dies ist immer der Fall, wenn ein Geschlechtsverkehr ohne Kondom ausgeübt wird. → **4** Der Analverkehr ist besonders gefährlich, weil die Darmschleimhaut leicht verletzt werden kann. Auch beim Oralverkehr kann eine Ansteckung erfolgen. Drogensüchtige, die gemeinsam eine Spritze benutzen, können sich anstecken. Auch bei einem Kontakt mit dem Blut eines Infizierten könnte das Virus übertragen werden. Durch das gemeinsame Benutzen von Geschirr ist keine Ansteckung möglich. Auch in Schwimmbädern und auf Toiletten besteht keine Gefahr. Umarmungen, Händeschütteln und Küsse bleiben ebenfalls ohne gesundheitliche Folgen. → **5**

> → **Merk dir!** Aids ist eine Infektionskrankheit, die das Immunsystem schwächt. Der Erreger ist das HI-Virus.

Arbeitsaufträge

1. Erkläre, wie du dich mit dem HI-Virus anstecken kannst. Schreibe alle Möglichkeiten auf, die es gibt.
2. Menschen, die sich angesteckt haben, ahnen manchmal gar nichts davon. Welche Gefahr geht dann von ihnen aus?
3. Stelle Regeln auf, die du vor einem Geschlechtsverkehr beachten solltest. Informiere dich im Internet unter www.machsmit.de
4. Am 1. Dezember ist Welt-Aids-Tag. Welche Bedeutung hat er und wann wurde er zum ersten Mal ausgerufen?

Gesundheit und Krankheit

→ Grippe ist eine ansteckende Krankheit. Eine solche Infektionskrankheit verläuft immer in ähnlichen Schritten: Ansteckung, Inkubationszeit, Ausbruch der Krankheit und Gesundung. (Siehe Seite 50.)

→ Viele Infektionskrankheiten sind ansteckend. Dabei werden Krankheitserreger wie Viren, Bakterien oder Pilze von Mensch zu Mensch übertragen. (Siehe Seite 52, 54, 58, 60.)

→ Einige Bakterien verursachen Krankheiten. Dabei schädigen sie unseren Körper doppelt: Sie zerstören das gesunde Gewebe und bilden zudem giftige Stoffe. (Siehe Seite 54.)

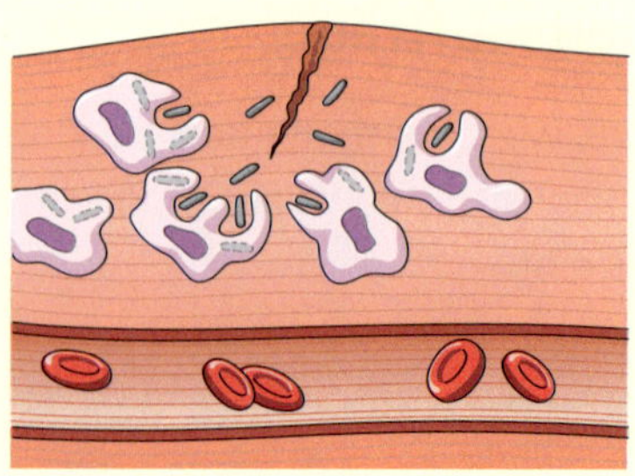

→ Das Immunsystem schützt den Körper vor Krankheitserregern. (Siehe Seite 62.)

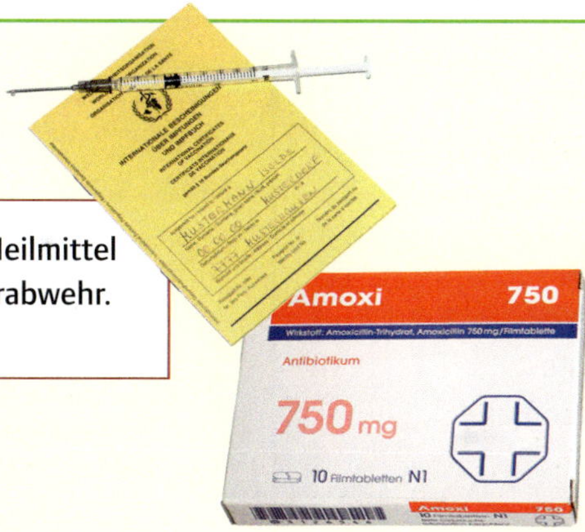

➔ Impfstoffe und Heilmittel unterstützen die Körperabwehr. (Siehe Seite 64–67.)

➔ Gesundheit ist die Fähigkeit, trotz Mängeln, Störungen und Schäden leben, arbeiten, genießen und zufrieden sein zu können. (Siehe Seite 72.)

➔ Die Dialyse verlängert das Leben von Patienten, wenn die Nieren nicht mehr arbeiten, ersetzt diese aber nicht. Dialysepatienten warten auf eine Organspende. (Siehe Seite 81.)

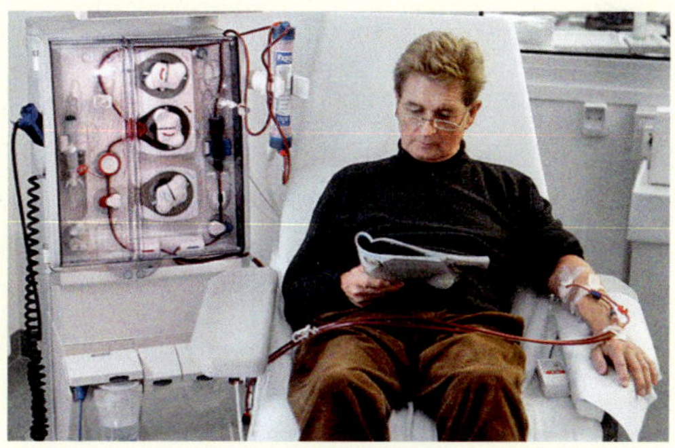

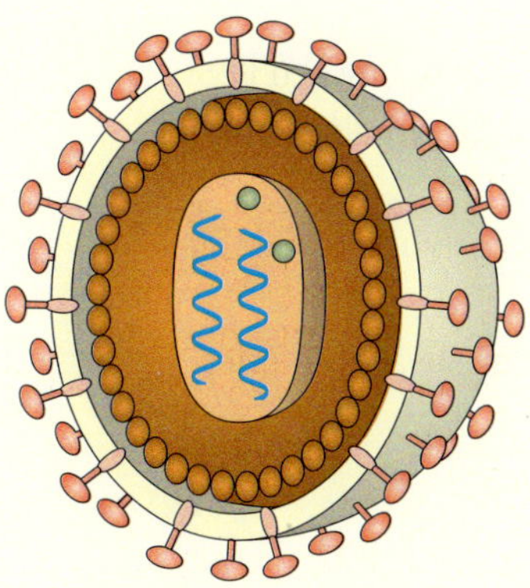

➔ Aids ist eine Immunschwächekrankheit. Der Erreger ist das HI-Virus. Mit Kondomen kann man sich vor Ansteckung schützen. (Siehe Seite 86.)

Test

1. Erkläre die Infektionskrankheit Grippe.

a Nenne die typischen Symptome einer Grippe.

b Beschreibe mithilfe von Abbildung 1 den Verlauf der Fieberkurve einer Grippe.
Verwende dabei die Begriffe Ansteckung, Inkubationszeit, Erkrankung und Gesundung.

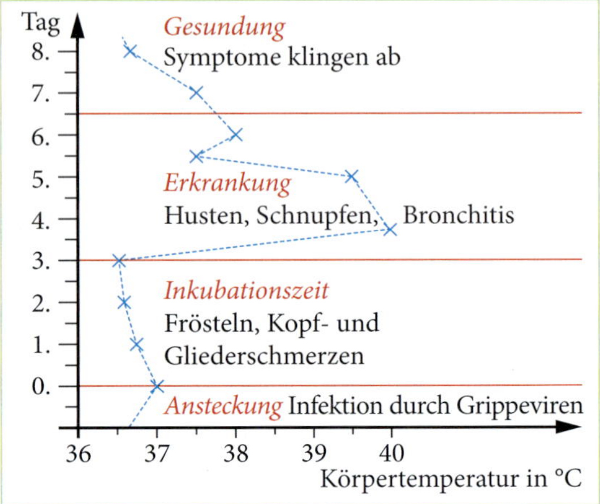

1 Fieberkurve

2. Unterschiedliche Krankheitserreger können Infektionskrankheiten hervorrufen.

a Beschreibe die Gemeinsamkeiten von Infektionskrankheiten.

b Nenne einige Erreger von Infektionskrankheiten.

c Ordne einigen Krankheitserregern entsprechende Infektionskrankheiten zu.

d Welche möglichen Übertragungswege von Krankheitserregern gibt es?

3. Auf welche Weise schädigen die Krankheitserreger unter den Bakterien Menschen? → 2

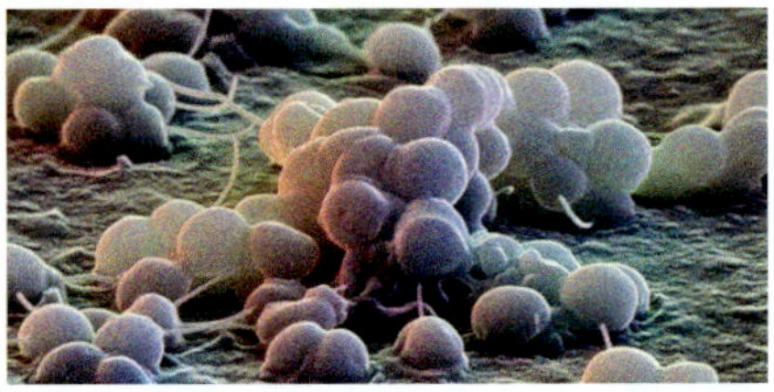

2 Bakterien

4. Unser Körper kann sich gegen Krankheitserreger wehren.

a Benenne die Teile, die zum Immunsystem des Körpers gehören.

b Weiße Blutkörperchen haben bei der Abwehr von Krankheitserregern unterschiedliche Aufgaben. Nenne die verschiedenen Aufgaben.

c Masern und Windpocken sind typische Kinderkrankheiten. Woran liegt es, dass Erwachsene später diese Krankheit meist nicht mehr bekommen?

5. Das Impfen ist eine wichtige Maßnahme zur Gesunderhaltung.

a Erkläre, gegen welche Krankheitserreger man sich am besten vorbeugend impfen lässt.

b Bei der passiven Immunisierung werden dem Erkrankten Antikörper gegen die Krankheitserreger gespritzt. Was sollen die Antikörper bewirken?

c Bei einer aktiven Immunisierung geht man anders vor. Was enthält der Impfstoff in diesem Fall?

d Erkläre, warum bei einer schon bestehenden Erkrankung keine abgeschwächten oder abgetöteten Erreger gespritzt werden dürfen.

6. Vorbeugen ist besser als heilen. Wie kann man Krankheiten vorbeugen?

7. Aids ist eine Immunschwächekrankheit.
- **a** Erkläre anhand von Abbildung 3, welche Zellen des Immunsystems bei Aids ausfallen.
- **b** Welche Folgen hat das für den Betroffenen?

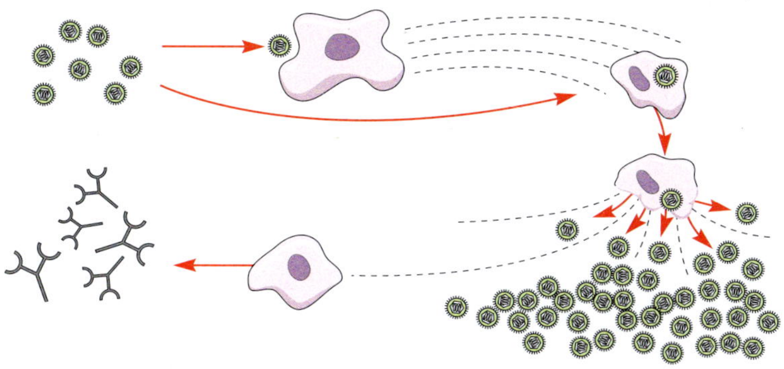

3 Die Wirkung des HI-Virus

Ordne deiner Lösung im Heft ein Smiley zu:

☺ Ich habe die Aufgabe richtig lösen können.

😐 Ich habe die Aufgabe nicht komplett lösen können.

☹ Ich habe die Aufgabe nicht lösen können.

Aufgabe	Fähigkeit	Hilfe findest du auf Seite …
1	Ich kann die Infektionskrankheit Grippe mithilfe von Fachbegriffen erklären.	50
2	Ich kann verschiedene Krankheitserreger als Ursache von Infektionskrankheiten benennen und weiß, wie sie in den Körper eindringen.	52
3	Ich kann erklären, auf welche Weise krankheitserregende Bakterien den Körper schädigen.	54
4	Ich weiß, wie sich unser Körper gegen Krankheitserreger schützen und wehren kann. Ich kann die verschiedenen Teile des Immunsystems nennen und ihre Aufgaben erklären.	62
5	Ich weiß, was bei der aktiven und passiven Immunisierung passiert, und kann die Unterschiede erklären.	64
6	Ich kann Maßnahmen zur Gesunderhaltung nennen.	72–77
7	Ich kann anhand einer Abbildung der Immunreaktion verständlich machen, warum es bei einer Aidserkrankung zur Immunschwäche kommt.	86

Information und Regulation

Beim Tanzen vollbringt der Körper Höchstleistungen: Er muss das Gleichgewicht halten, Schwung holen, sich in die Kurve legen, den Partner erkennen und koordiniert Beine und Arme bewegen. Außerdem müssen die Atmung und der Blutfluss den erhöhten Anstrengungen angepasst werden. Und: Tanzen macht Spaß! Wie steuert unser Körper all diese Leistungen?

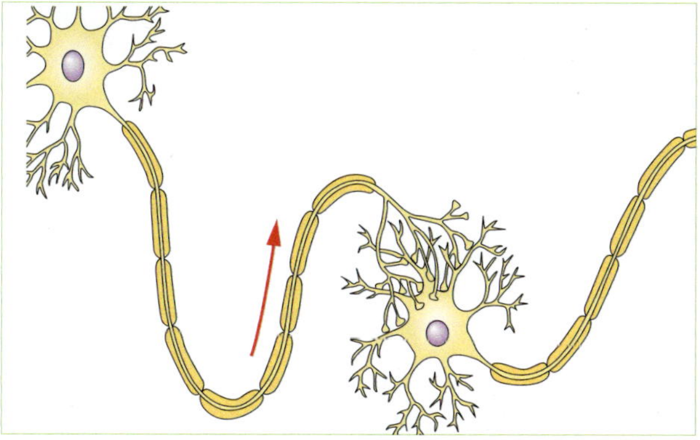

1 Das Nervensystem besteht aus Nervenzellen. Wie sind sie gebaut? (Siehe Seite 94–97.)

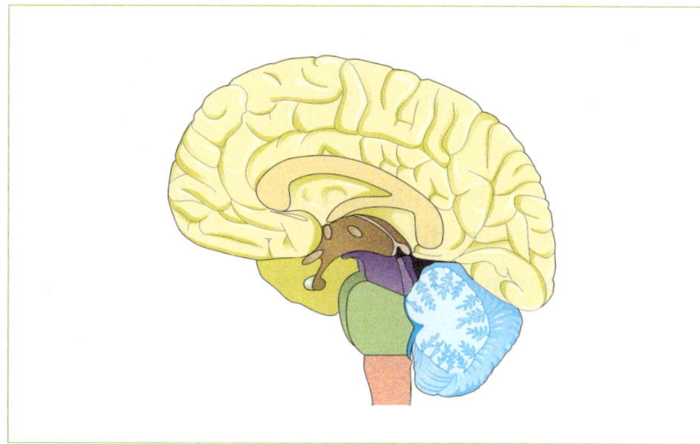

2 Das Gehirn kann in unterschiedliche Bereiche eingeteilt werden. Welche Aufgaben haben sie? (Siehe Seite 98.)

3 Wie lernen wir? (Siehe Seite 100.)

4 Warum sind Drogen gefährlich? (Siehe Seite 106.)

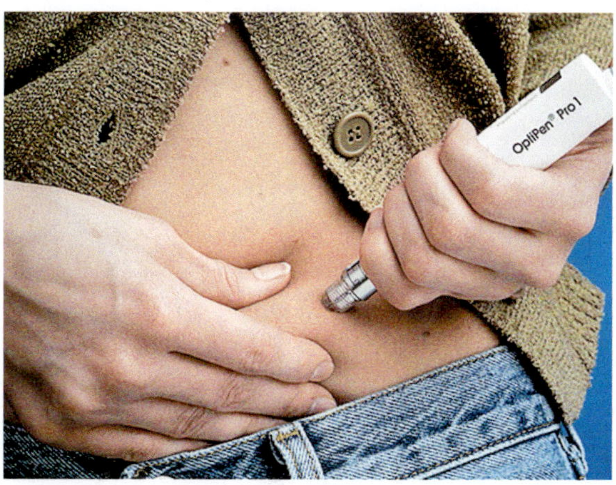

5 Was ist Diabetes? (Siehe Seite 112.)

6 Weshalb hat der Hummel-Schwärmer so große Duftantennen? (Siehe Seite 114.)

Anna ist glücklich. Endlich hat sie ihren Freund zu einem Tanzkurs überreden können. Beide mögen die Musik, die Tanzbewegungen und die fröhliche Stimmung.
Wie bringt unser Körper Stimmungen und Bewegungen eigentlich mit der Musik in Einklang?

1 Im Takt der Musik beim Abschlussball

Unser Nervensystem

Zusammenspiel

Wenn man erst einmal ein bisschen Übung hat, dann macht Tanzen sehr viel Spaß. Die Musik erzeugt Stimmungen und Gefühle, die man über das Tanzen ausdrückt. Außerdem gelangen neben den Schallreizen auch Licht-, Bewegungs- und Druckreize zu unseren Sinnesorganen. Man muss schnell reagieren können, um mit dem Tanzpartner immer im Gleichklang zu bleiben. Alle diese Informationen werden in unserem Körper vom Nervensystem in Form von elektrischen Signalen transportiert.

Netzwerk Nervensystem

Das **Nervensystem** durchzieht als reich verzweigtes Netz unseren ganzen Körper. Es besteht aus vielen Milliarden **Nervenzellen**, die hintereinandergeschaltet sind und lange **Nervenbahnen** bilden können. Auf diese Weise werden Verbindungen vom Gehirn über das **Rückenmark** bis in alle Körperbereiche geschaffen. → 2 Außerdem bilden andere Nervenzellen Verbindungen von den Sinnesorganen zum Gehirn.

Nervenbahnen bestehen aus Nervenzellen

Nervenzellen gehören zu den längsten Zellen des Körpers. Manche können bis zu einem Meter lang werden. Die meisten weisen einen ähnlichen Bau auf. → 3 Sie gliedern sich in vier Abschnitte.
Mithilfe der **Dendriten** nimmt die Nervenzelle elektrische Signale von den vorgeschalteten Nervenzellen auf.

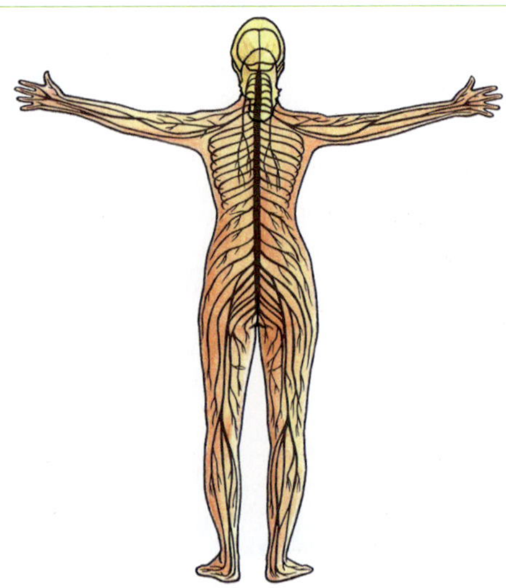

2 Das Nervensystem – ein weitverzweigtes Netz

Dendriten
Nervenbahnen
Nervenfaser
Nervensystem
Nervenzellen
Rückenmark
Synapsen
Zellkörper

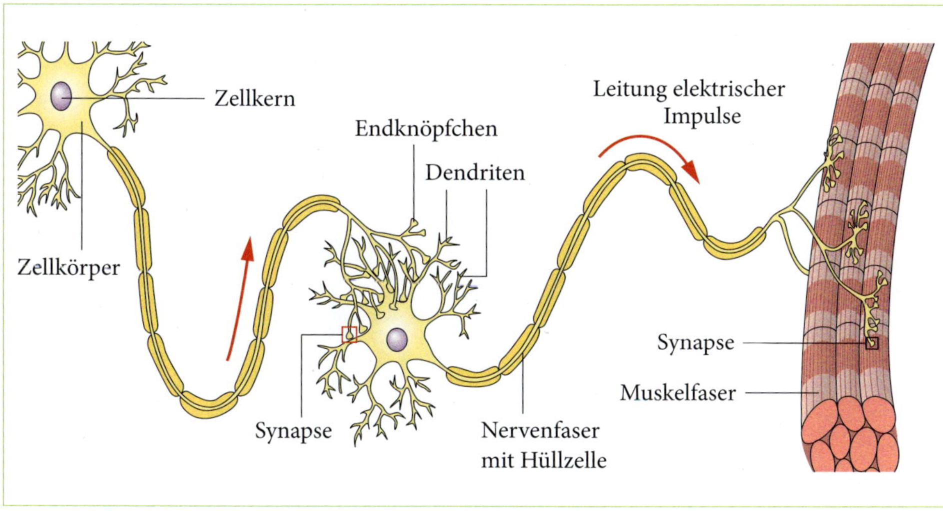

3 Hintereinandergeschaltete Nervenzellen bilden Nervenbahnen.

Im **Zellkörper** befinden sich der Zellkern und das Zellplasma. Die elektrischen Signale werden dann über einen einzelnen langen Fortsatz, die **Nervenfaser**, weitergeleitet. Die Nervenfaser wird durch Hüllzellen geschützt. Die Signale gelangen schließlich in die Endknöpfchen.
Die Verbindungen, die eine Nervenzelle mit anderen Zellen eingeht, bezeichnet man als **Synapsen**. Hier werden die Signale auf die nachfolgende Nervenzelle übertragen. Synapsen werden auch zwischen Nervenzellen und anderen Organen, zum Beispiel Muskeln, ausgebildet. Elektrische Signale, die von den Nervenzellen bis zu den Muskeln geleitet werden, lösen das Zusammenziehen der Muskeln aus. So können wir uns bewegen, zum Beispiel beim Tanzen.

→ Merk dir! **Viele hintereinandergeschaltete Nervenzellen bilden lange Nervenbahnen, die zum Nervensystem vernetzt sind. Das Nervensystem dient der Weiterleitung von Informationen in Form elektrischer Signale.**

Arbeitsaufträge

1. Bringe die Sätze in die richtige Reihenfolge.
- **a** Das Gehirn schickt über Nervenbahnen einen Befehl in Form elektrischer Signale an die Muskeln im Augenlid.
- **b** Die Sehsinneszellen wandeln den Reiz in elektrische Signale um.
- **c** Ein Lichtreiz trifft auf die Sehsinneszellen.
- **d** Über Nervenfasern wird das elektrische Signal von Nervenfaser zu Nervenfaser weitergeleitet.
- **e** Das elektrische Signal gelangt ins Gehirn, wo es verarbeitet wird.

2. Zeichne das Modell einer Nervenzelle groß auf und beschrifte die einzelnen Bauteile. Erklärt euch gegenseitig anhand eurer Zeichnung den Weg des elektrischen Signals durch die Nervenzelle.

Eigentlich wollte Stefanie mit dem Hammer einen Nagel in die Wand schlagen. Sie hat jedoch ihren Daumen getroffen. Blitzschnell zieht sie die Hand zurück. Ein heftiger Schmerz durchzuckt ihren Daumen.
Wie gelangt die Schmerzempfindung ins Gehirn? Und wie konnte Stefanie so schnell reagieren?

1 Aua!

Wie funktionieren Nervenzellen?

Elektrische Übertragung

Wenn der Hammer den Daumen trifft, werden besondere Schmerz-Sinneszellen in der Haut gereizt. Schmerz-Sinneszellen können unterschiedliche Gestalt haben. Sie sind über die gesamte Haut verteilt. Sie können die plötzliche Druckbelastung in der Haut in elektrische Spannungen umwandeln. Die Spannung ist nicht groß, sie beträgt etwa ein Millivolt. Diese elektrische Erregung wird an den Fortsätzen der Nervenzellen entlang bis zum Rückenmark geleitet. → 2 Im Rückenmark wird die Erregung an einer Synapse auf eine andere Nervenzelle übertragen. Eine Synapse besteht aus dem **Endknöpfchen** der ankommenden Nervenzelle, dem synaptischen Spalt und der Zellmembran der nächsten Nervenzelle. Der synaptische Spalt kann durch die **elektrischen Impulse** nicht überwunden werden.

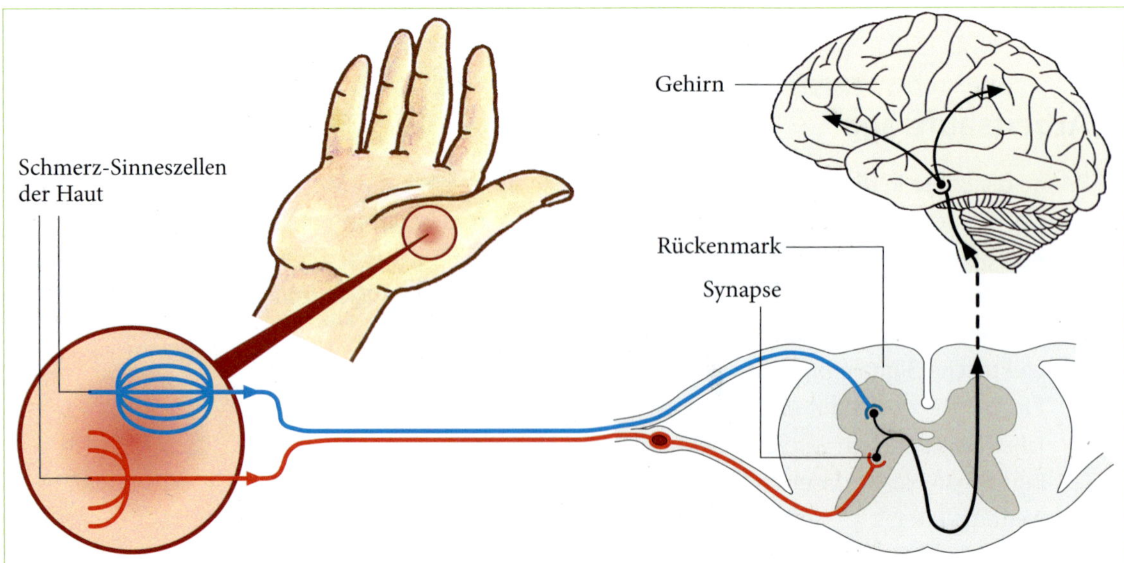

2 Übertragung von der Sinneszelle zum Gehirn

elektrische Impulse
Endknöpfchen
Gehirn
synaptischer Spalt
Transmitter

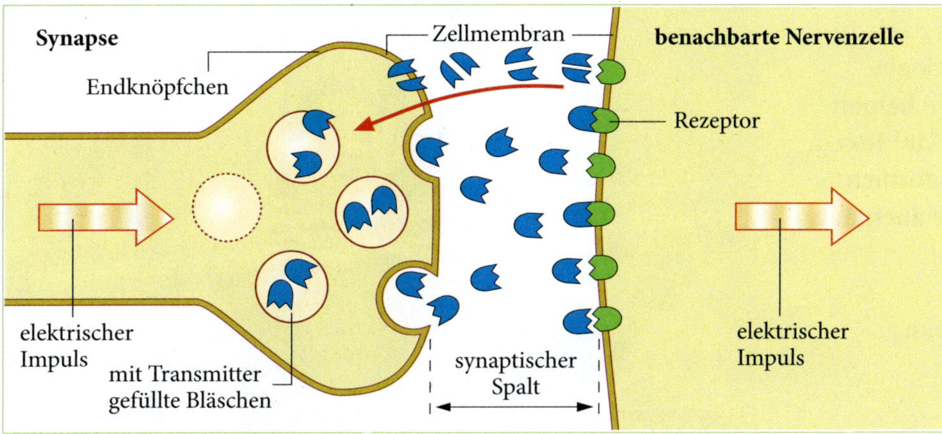

3 Vorgänge an einer Synapse

Informationsübertragung an Synapsen

Die Informationsübertragung erfolgt durch chemische Stoffe, die **Transmitter**. Gelangen elektrische Impulse bis zum Endknöpfchen, so wandern mit Transmitter gefüllte Bläschen zum **synaptischen Spalt**. Dort geben sie ihre Transmitter in den Spalt ab. → 3 Die Transmitter gelangen zur Zielzelle und binden hier an einen Rezeptor. Dadurch lösen sie dort erneut elektrische Impulse aus, die weitergeleitet werden. Anschließend werden die Transmitterstoffe aus dem synaptischen Spalt entfernt. Über das Rückenmark gelangen die elektrischen Impulse ins **Gehirn** und werden verarbeitet. So entsteht die Schmerzempfindung. Das Gehirn sendet elektrische Impulse über das Rückenmark zu den Muskeln der Hände, sodass sie zurückzucken. Die Erregungsleitung an den Nervenzellen des Menschen kann eine Geschwindigkeit von bis zu 120 Metern pro Sekunde erreichen.

→ **Merk dir!** Sinneszellen nehmen Reize aus der Umgebung auf. Sie erzeugen elektrische Spannungen, die bis zum Gehirn geleitet werden. An den Synapsen sorgen Transmitterstoffe für die Informationsübertragung.

Arbeitsaufträge

1. Stelle den Verlauf der Informationsübertragung vom Hammerschlag auf den Daumen bis zum Loslassen des Hammers in einem Fließdiagramm dar.

2. Berechne, wie lang die Informationsübertragung dauert, wenn die Strecke vom Daumen bis zum Gehirn 60 Zentimeter lang ist.

3. Viele Narkosestoffe verhindern, dass an der postsynaptischen Membran elektrische Impulse entstehen. Erläutere die Auswirkungen auf das Nervensystem.

4. Der Inlandtaipan ist die giftigste Schlange der Welt. Nach dem Biss stirbt das Opfer innerhalb von etwa 30 Sekunden, weil sich alle Muskeln im Körper krampfhaft zusammenziehen. Das Gift wirkt an den Synapsen zwischen Nerven- und Muskelzellen.
- **a** Erläutere, wie das Schlangengift an den Synapsen der Muskelzellen wirkt.
- **b** Stelle eine Vermutung auf, wie ein Gegengift wirken könnte.

Die Klasse 8b übt für das nächste Schulfest ein Theaterstück ein. Lena und Jakob haben die beiden Hauptrollen und müssen viel Text auswendig lernen. Und natürlich wollen alle auf der Bühne auch mit schauspielerischem Talent überzeugen.
Was leistet das Gehirn beim Schauspielern?

1 Bei der Theaterprobe

Schaltzentrale Gehirn

Bereiche des Gehirns

Das Gehirn ist die Schaltzentrale unseres Körpers. Hier laufen alle Informationen von den Sinnesorganen zusammen. Diese werden ausgewertet und entsprechende Befehle in alle Körperteile geschickt. Im Gehirn entstehen auch Gefühle und Empfindungen. Das Gehirn besteht aus vier großen Bereichen: Großhirn, Kleinhirn, Zwischenhirn und Hirnstamm. → 2

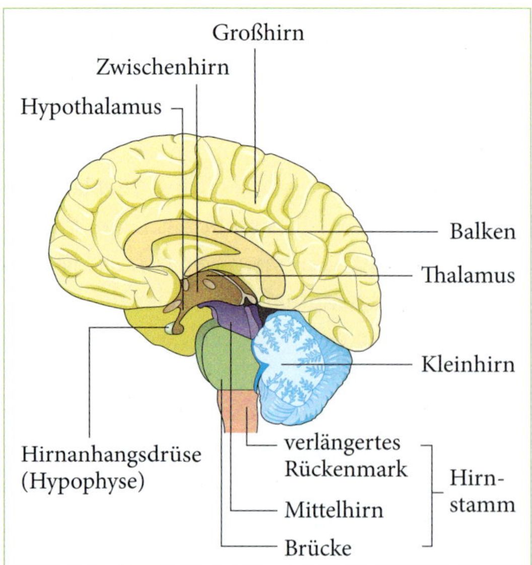

2 Menschliches Gehirn

Das Großhirn

Den größten Teil des Gehirns nimmt das **Großhirn** ein. Seine Form erinnert an eine Walnuss. Es ist das Zentrum unserer Wahrnehmung. Alle Bewegungen, die Jakob und Lena auf der Bühne machen, werden hier geplant. Beim Theaterspielen muss sehr viel Text gelernt werden. Dafür ist ebenfalls das Großhirn zuständig. Zudem ist es Sitz unserer Sprache und Intelligenz. Die Oberfläche des Großhirns kann man in verschiedene Felder gliedern. Diese Felder sind für bestimmte Aufgaben zuständig. → 3

Vom Aufnehmen zum Handeln

Sinneseindrücke aus den Sinnesorganen gelangen über die Nervenbahnen zu den Großhirnfeldern und werden dort verarbeitet. Wenn Lena den Text des Theaterstücks liest, so werden als Erstes die Nervenzellen im Sehzentrum aktiviert. Das Sehzentrum befindet sich im hinteren Großhirn. → 3
Das Sprachzentrum sorgt dann dafür, dass aus den einzelnen Buchstaben Worte werden, deren Bedeutung Lena verstehen kann. Das Sprachzentrum befindet sich im seitlichen Bereich des Großhirns. → 2, 3

Großhirn
Hirnstamm
Kleinhirn
Zwischenhirn

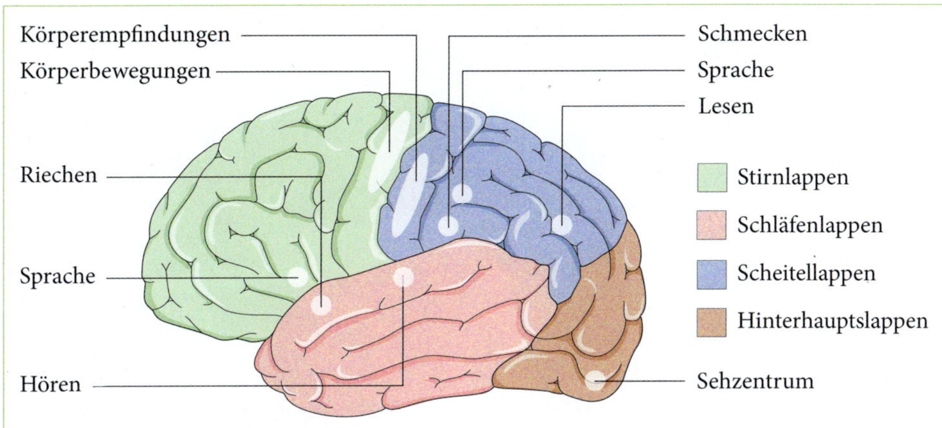

3 Aufgaben der Großhirnfelder

Zusammenarbeit der Gehirnbereiche

Das Großhirn ist auf die Zusammenarbeit mit den anderen Bereichen des Gehirns angewiesen. Den zweitgrößten Teil des Gehirns bildet das **Kleinhirn.** → 2 Es ist neben dem Großhirn ein zweites Zentrum für die Bewegungen. Es ist für automatische Bewegungen und das Gleichgewicht verantwortlich. Wichtig ist aber auch, dass sich Jakob und Lena gut in ihre Rolle „hineinfühlen" können. Dazu muss man Gefühle empfinden und auch zum Ausdruck bringen. Für Gefühle, Hunger, Durst und Körpertemperatur ist das **Zwischenhirn** zuständig. → 2 Der **Hirnstamm** steuert wichtige Körperfunktionen: Atmung, Herzschlag, Blutdruck, Augenbewegung, Husten und Schlucken. → 2

- Gesamtlänge aller Nervenbahnen unseres Gehirns: 5,8 Millionen Kilometer. Das sind 145 Erdumrundungen.
- Durchschnittsgewicht des menschlichen Gehirns: 1245 bis 1375 Gramm
- Nur 2 % unseres Körpergewichts entfallen auf das Gehirn. Es benötigt jedoch mehr als 20 % des eingeatmeten Sauerstoffs.

4 Zahlen zum Gehirn

Merk dir! Die verschiedenen Bereiche des Gehirns haben unterschiedliche Funktionen. An einer Aufgabe arbeiten immer mehrere Bereiche zusammen.

Arbeitsaufträge

1. Nenne die wichtigsten Teile des Gehirns. Informiere dich im Internet oder in Büchern über die genauen Funktionen der einzelnen Bereiche.
2. Welche Bereiche des Großhirns werden bei folgenden Tätigkeiten aktiviert: Singen, Bodenturnen, Autofahren, Kochen, sich streiten, Klavierspielen?
3. Vergleiche das Gehirn mit einem Computer. Nenne Gemeinsamkeiten und Unterschiede.
4. Das Gehirn wird über das Blut mit Sauerstoff versorgt.
   - **a** Ziehe eine Schlussfolgerung aus dem großen Sauerstoffbedarf des Gehirns. → 4
   - **b** Informiere dich, was bei einer Unterversorgung des Gehirns mit Sauerstoff passiert.

Für die Mathearbeit muss eine Menge gelernt werden. Leider fällt es einem oft schwer, sich die vielen Formeln zu merken. Gibt es nicht die Möglichkeit, dem Gedächtnis ein wenig „auf die Sprünge zu helfen"?

1 Lernen ist eine Herausforderung für das Gedächtnis.

Wie wir lernen

Informationen abrufen

Den Begriff **Lernen** verbinden wir schnell einfach nur mit „Schule". Für Englisch beispielsweise muss man Vokabeln lernen, für Mathematik Formeln. Dabei lernen wir eigentlich ständig, ohne dass es uns unbedingt bewusst wird. So merken wir uns die neuen Abfahrtszeiten des Schulbusses oder erkunden Abkürzungen des Schulwegs. Auch das ist Lernen. Lernen bedeutet nichts anderes, als dass Informationen, die im Gedächtnis gespeichert wurden, wieder abgerufen werden können. Das heißt also, dass wir uns erinnern können: Wie lautete die Formel aus dem Mathematikunterricht? Wann fährt der Schulbus ab? → 2

Schritt 1 – Das Kurzzeitgedächtnis

Unsere Sinnesorgane nehmen in jeder Sekunde sehr viele Informationen auf. Diese gelangen zunächst ins **Kurzzeitgedächtnis.** Da eine solche Fülle von Informationen unser Gedächtnis schnell überlasten würde, sortiert das Gehirn gleich all das aus, was es für unwichtig hält. Das Gehirn entlastet sich also selbst durch Vergessen. → 3

Schritt 2 – Das Langzeitgedächtnis

Nur das, was dem Gehirn wichtig erscheint, wird im **Langzeitgedächtnis** abgespeichert. Das Gelernte bleibt hier über mehrere Wochen haften. Dann wird es einer erneuten Prüfung unterzogen. → 3

Schulbus – Abfahrt	
Amlingsberg Kirche	7:10
Amlingsberg Bahnhof	7:18
Schlosshausen Vorstadt	7:26
Schlosshausen Zentrum	7:32
Osterdorf	7:38
Willersberg	7:45
Hasenwinkel Schule	7:52

2 Schulbus – Abfahrtsplan

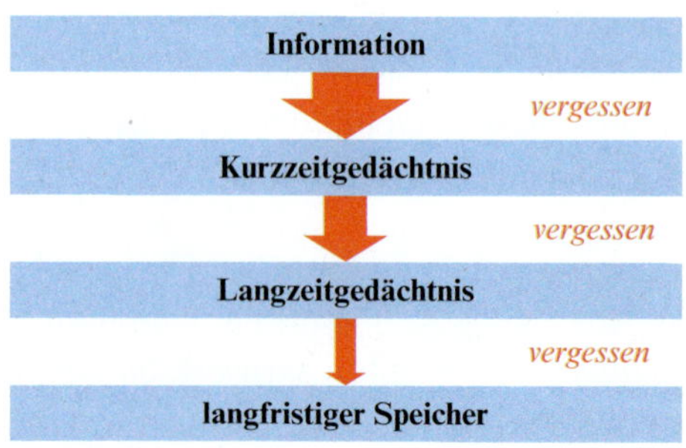

3 Das Gedächtnis arbeitet in Schritten.

Kurzzeitgedächtnis
langfristiger Speicher
Langzeitgedächtnis
Lernen

10 % von dem, was du liest
20 % von dem, was du siehst
30 % von dem, was du hörst
50 % von dem, was du hörst und liest
70 % von dem, was du selbst sagst
80 % von dem, was du selbst tust

4 Du behältst …

Biologie Sinnesorgane
Schutz der Augen

Lösung
· Augenbrauen
· Wimpern
· Augenlider

Biologie Sinnesorgane
Aufbau des Ohrs

Lösung
· Außenohr
· Mittelohr
· Innenohr

5 Karten aus Alex' Lernkartei

Schritt 3 – Behalten

Besteht die Information diese „Wichtigkeitsprüfung", so wird sie schließlich fest im **langfristigen Speicher** verankert. Ein Schüler, der immer mit dem Schulbus fährt, wird sich sicherlich die Abfahrtszeiten des Busses merken, da sie für ihn täglich von Bedeutung sind. → 3

Dem Gedächtnis „auf die Sprünge helfen"

Was kann man tun, um all das, was man lernen möchte, auch tatsächlich im Langzeitgedächtnis zu speichern und wieder abzurufen? Zunächst ist wichtig, auf welche Weise man den Lernstoff aufnimmt. → 4 Allerdings kommt es darauf an, welcher Lerntyp du bist. Jeder lernt auf unterschiedliche Weise. Anna kann sich Erzähltes besonders gut merken, während Lena am liebsten alles selbst ausprobieren muss. Alex lernt am besten, wenn er sich eine Kartei anlegt. → 5
Wenn du weißt, welcher Lerntyp du bist, dann kannst du Informationen entsprechend gut aufnehmen und verankern.

Merk dir! **Lernen bedeutet, dass Informationen aus dem Gedächtnis wieder abgerufen werden können. Nicht alle Informationen, die wir über die Sinnesorgane aufnehmen, merken wir uns dauerhaft. Nur für uns bedeutsame Informationen werden im langfristigen Speicher verankert. Das Vergessen dient dazu, das Gedächtnis zu entlasten.**

Arbeitsaufträge

1. Lies dir noch einmal in Abbildung 4 durch, auf welche Weise du dir Wissen am besten aneignen kannst.
Formuliert in Partnerarbeit mindestens 5 „Lerntipps", wie man sich beispielsweise auf eine Mathematikarbeit vorbereiten kann. Bringt dabei auch eigene Lernerfahrungen ein.

2. Mithilfe einer Mindmap könnt ihr euch das Lernen erleichtern.

a Erstellt in Gruppenarbeit zum Thema „Sinnesorgane" eine Mindmap. Stellt dafür alle euch wichtig erscheinenden Informationen auf einem DIN-A3-Blatt übersichtlich dar.

b Jede Gruppe stellt nun die Informationen zu einem Sinnesorgan in der Klasse vor.

3. Suche im Internet nach Mindmap-Programmen. Versuche damit eine Mindmap als Datei zu einem Thema zu erstellen, das dich sehr interessiert.

Hast du gut gelernt?

1. Teste dein Gedächtnis

Ihr braucht: Karteikarte (DIN A5), Merkliste für Bilder und Wörter.

Ball
Tasse
Knopf
Messer
Fliege
Puppe
Geschenk

1 Beispiel Merkliste

Bildet Vierergruppen. Am Gruppentisch wird der Versuch paarweise durchgeführt. Ein Schüler ist die Versuchsperson, der andere der Versuchsleiter. Mit der Karteikarte deckt der Versuchsleiter jeweils einen Teil der Merkliste ab – entweder die Liste mit Bildern oder die Wortliste. Die Paare am Vierertisch decken unterschiedliche Teile der Merkliste ab. Die Versuchsperson prägt sich 30 Sekunden lang die dargestellten Begriffe ein. Anschließend nennt die Versuchsperson in 10 Sekunden alle Begriffe, die sie behalten hat. Der Versuchsleiter notiert die Anzahl.

a Sammle die Ergebnisse der Klasse und bilde einen Mittelwert.

b Stelle die Mittelwerte für die Wort-Merkliste und die bebilderte Merkliste gegenüber und erläutere das Ergebnis.

2. Alles mitgekriegt?

Ihr braucht: dieses Biologiebuch.

Bildet Vierergruppen. Ein Schüler am Tisch ist die Versuchsperson. Die anderen drei Schüler am Tisch suchen sich jeweils verschiedene Seiten aus diesem Biologiebuch zum Vorlesen aus. Auf ein Zeichen beginnen alle drei Schüler gleichzeitig mit dem Vorlesen. Die Lautstärke beim Vorlesen muss etwa gleich hoch sein. Die Aufgabe der Versuchsperson am Tisch besteht darin, möglichst viel der vorgelesenen Texte zu behalten und am Ende des Versuchs wiederzugeben.

a Sammle die Ergebnisse aller Versuchspersonen.

b Ziehe eine Schlussfolgerung aus diesen Ergebnissen.

c Formuliere eine Lernregel für dein eigenes Lernen.

2 Versuchsanordnung

3. Wie erstellt man eine Mindmap als Lernhilfe?

Ihr braucht: ein Blatt Papier (DIN A4 oder DIN A3), Buntstifte.

Um eine Mindmap, zum Beispiel zum Thema Sinnesorgane, zu erstellen, legt man das Blatt quer. Schreibe den Schlüsselbegriff, in diesem Fall „Sinnesorgan", in die Mitte des Blattes und umkreise ihn mit einem Buntstift. Male, wenn genug Platz ist, ein Bild dazu.

Zeichne, ausgehend vom Schlüsselbegriff, Hauptäste ein, auf die du die Namen von Oberbegriffen schreibst.

An die Hauptäste werden dann so viele Nebenäste gezeichnet, wie es weitere Oberbegriffe gibt. Benutze für die Ausgestaltung der Mindmap Farben. Zeichne Bilder zu den verschiedenen Begriffen.

a Erstelle eine Mindmap zum Thema Nervensystem.

b Begründe, weshalb eine Mindmap eine Lernhilfe darstellt.

c Erläutere, weshalb Mindmaps bunt und mit Bildern gestaltet werden sollten.

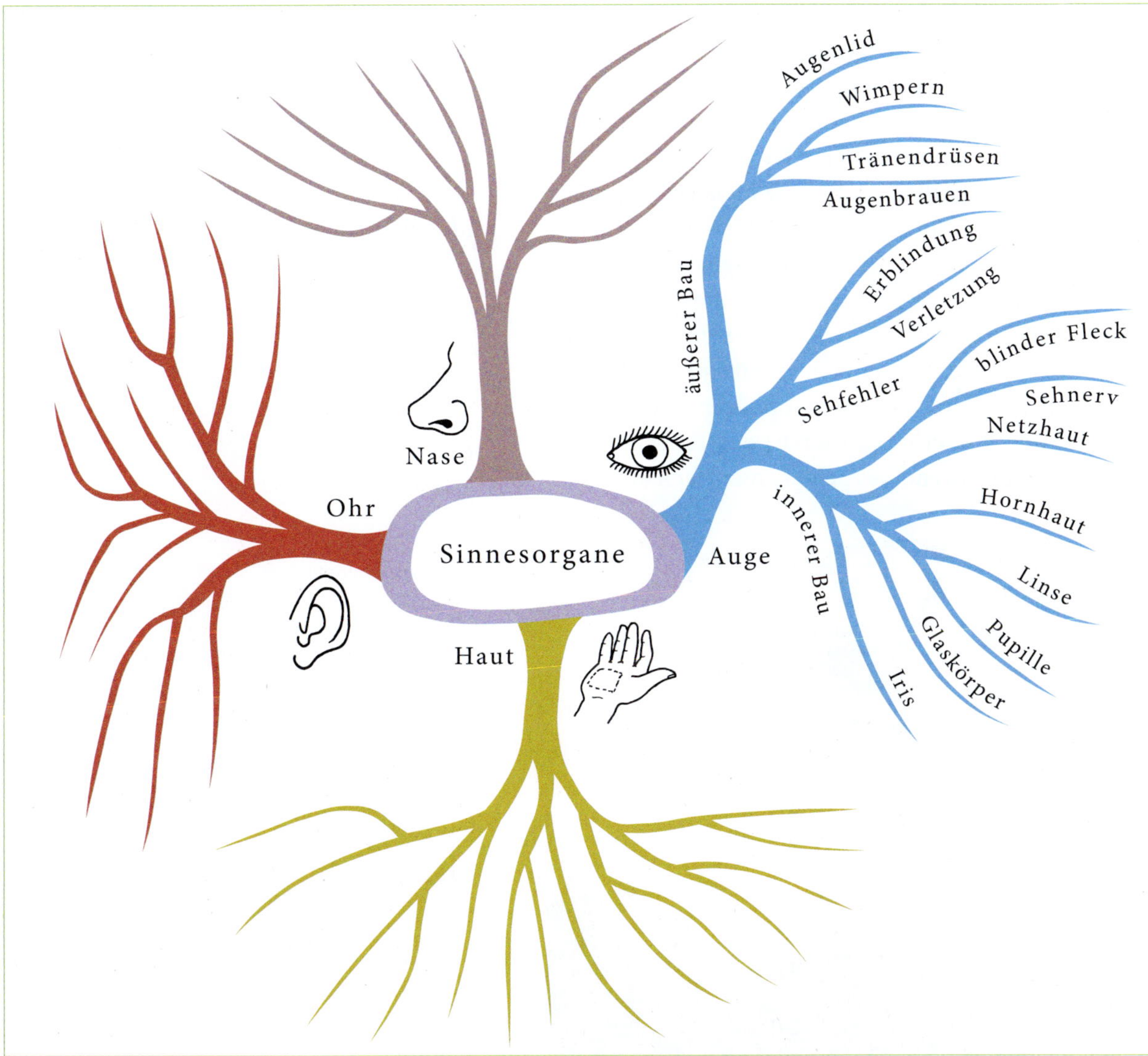

3 Erstellung einer Mindmap

Was das Gehirn leistet

Wichtiger Schlaf

Etwa ein Drittel unseres Lebens verschlafen wir. Im Schlaf bemerken wir von unserer Umwelt nur sehr wenig. Die Körpertemperatur, der Herzschlag und der Blutdruck sind vermindert. Mithilfe von Elektroden können die elektrischen Ströme im Gehirn gemessen werden. → 1 Sie unterscheiden sich im Schlaf- und im Wachzustand. → 2 Schlaf ist lebensnotwendig. Schlafentzug über längere Zeit führt zu gesundheitlichen und seelischen Schäden, in Extremfällen sogar zum Tod. Nicht nur der Mensch, auch alle Tiere mit komplexem Nervensystem schlafen. Deshalb nimmt man an, dass der Schlaf für die korrekte Funktion des Gehirns unentbehrlich ist. Für die meisten Menschen liegt die notwendige Schlafdauer zwischen sieben und neun Stunden täglich. Der Schlafbedarf ist vom Lebensalter abhängig: Ältere Menschen benötigen weniger Schlaf als junge. Anhand der Gehirnströme lassen sich verschiedene Schlafphasen unterscheiden. Am erholsamsten ist der Tiefschlaf. Er tritt während des Schlafs mehrfach auf.

Wunderwerk Gehirn

Das Gehirn besteht aus etwa 100 Milliarden Gehirnzellen und vollbringt manchmal Unvorstellbares. Aus einer Zeitungsmeldung: *„In seinen zwanzig Jahren als Gerichtsmediziner hatte Professor J. B. Dalgaard so etwas noch nicht gesehen: ein walnussgroßes Loch im Sprachzentrum des Gehirns eines Mannes, der bis zu seinem Tod Vorlesungen an der Universität gehalten hatte. Professor Dalgaard zeigte dem Fersehpublikum das Gehirn eines 1979 verstorbenen Mannes, auf den 1968 ein Attentat verübt worden war. Das Geschoss hatte den Schädel oberhalb der linken Schläfe durchschlagen und zentrale Stellen des Sprachzentrums zerstört. 90 Prozent der so verletzten Menschen sterben. Dieser Mann aber hatte überlebt. Und nicht nur das: In jahrelanger Übung war es dem Mann gelungen, die zunächst verlorene Sprechfähigkeit wiederzuerlangen. Offensichtlich, so führte Professor Dalgaard aus, hatten die übrig gebliebenen Zellen des Sprachzentrums die Aufgaben der zerstörten Zellen mitübernommen.“*

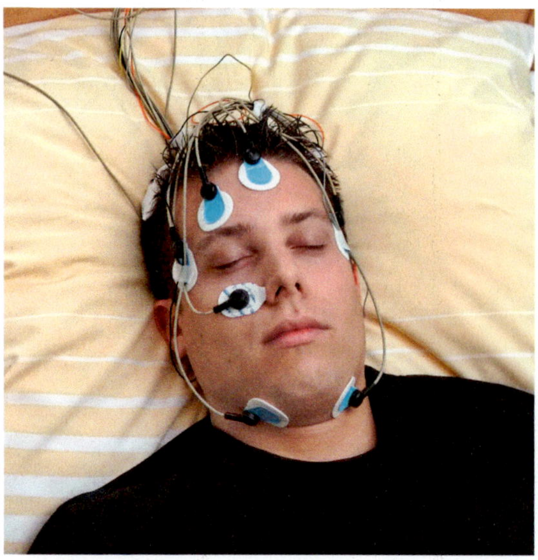

1 EEG-Messung

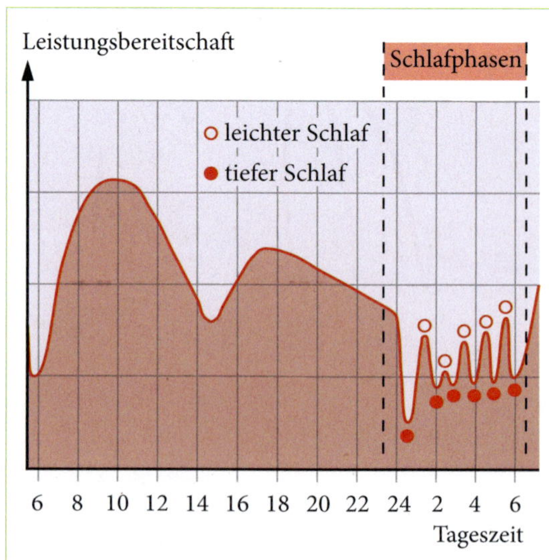

2 Wach- und Schlafphasen

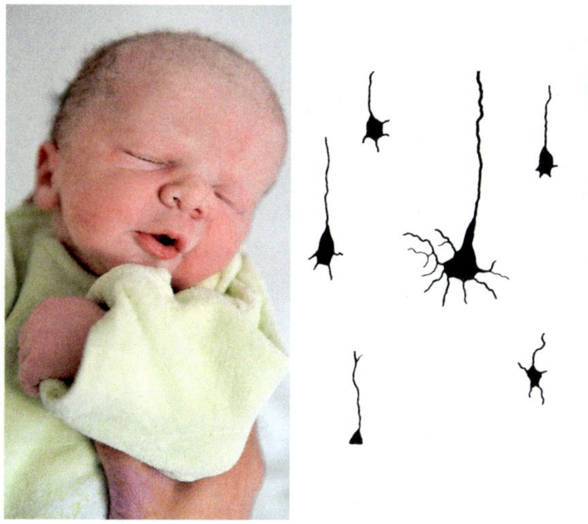

3 Verknüpfungen von Nervenzellen beim Neugeborenen

4 Verknüpfung von Nervenzellen beim Kleinkind

Entwicklung von Nervenzellen

Wenn ein Kind geboren wird, sind im Gehirn die allermeisten Nervenzellen bereits vorhanden. Im Laufe des Lebens kommen kaum weitere Nervenzellen mehr hinzu, weil ausgewachsene Nervenzellen sich nicht teilen können. Während der frühen Lebensjahre werden jedoch viele neue Verknüpfungen zwischen den Nervenzellen gebildet. → 3 Während dieser Entwicklung bilden die Nervenzellen neue Dendriten und viele Endknöpfchen aus, die die Kontakte zu anderen Nervenzellen herstellen. → 4 Diese Entwicklung der Nervenzellen findet das ganze Leben über statt, wird in den späteren Lebensjahren jedoch verlangsamt.

Freude beim Lernen

Was man gut kann, tut man gern und behält so Gelerntes besser. Wozu man weniger Lust hat, tut man nicht so gern und kann Inhalte schlechter behalten. → 5 Auch außerhalb der Schule wird gelernt. Dieses Lernen beim Musikunterricht oder Sport macht Spaß und ist freiwillig. → 6

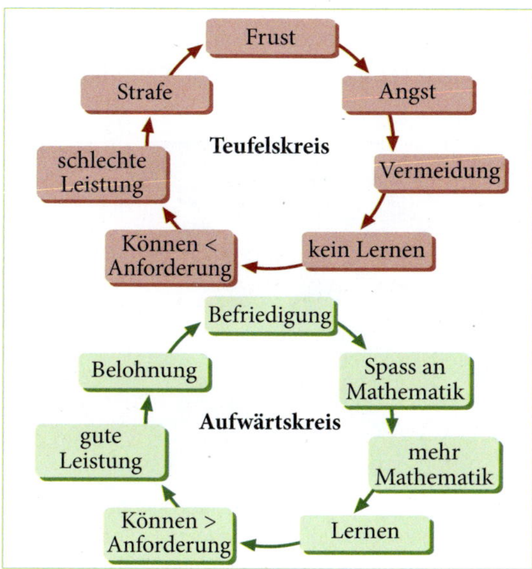

5 Freude und Frust beim Lernen

6 Beim Musikunterricht

Bei Festen wird oft viel Alkohol getrunken und geraucht. Dies soll zu einer gelockerten Stimmung beitragen. Doch spätestens am Tag danach fühlt man sich dann zumeist sehr schlecht. Welche Wirkung haben Drogen wie Alkohol und Nikotin auf den Körper?

1 Hochstimmung … und später … Katerstimmung!

Wirkung von Drogen

Was sind Drogen?

Drogen werden auch als Suchtmittel oder Rauschmittel bezeichnet. Sie können aus pflanzlichen oder chemischen Grundstoffen gewonnen werden. Sie greifen in den natürlichen Ablauf des Körpers ein und beeinflussen Stimmungen, Gefühle und Wahrnehmungen. Sie werden unterteilt in **legale** und **illegale Drogen.** → 2, 3

Warum nimmt jemand überhaupt Drogen?

Jeder Mensch muss Stress und Ärger aushalten: zu Hause, in der Schule oder am Arbeitsplatz. Die meisten Menschen können mit dieser Belastung gut umgehen. Wenn sie es nicht alleine schaffen, so holen sie sich Rat und Hilfe bei anderen Menschen.
Es gibt aber auch Menschen, die es nicht gelernt haben, mit ihren Problemen umzugehen. Gerade solche Menschen greifen leichter zu Drogen, da diese kurzfristig die Stimmung verbessern. Aber: Drogen lösen keine Probleme. Sie verschlimmern sie sogar noch. Denn Drogen kosten Geld, das beschafft werden muss. Außerdem verursachen viele Drogen körperliche Schäden.

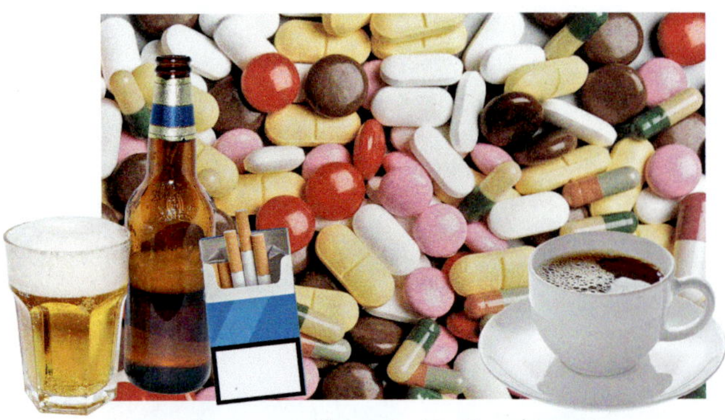

2 Legale Drogen, deren Besitz, Konsum oder Handel nicht verboten sind. Dazu gehören zum Beispiel Alkohol, Coffein, Nikotin und auch Medikamente.

3 Illegale Drogen, deren Besitz, Konsum oder Handel im Gesetz geregelt sind. Dazu gehören Cannabis (Haschisch, Marihuana), Heroin, Opium, LSD, Kokain, Crack, Ecstasy (XTC) und Speed.

legale Drogen
illegale Drogen

Droge	Wirkung	Risiken
Alkohol	entspannend, Reaktions- und Konzentrationsvermögen eingeschränkt	Gehirn und Leber werden angegriffen. Es besteht große Unfallgefahr und Kontrollverlust.
Nikotin	Nervosität sinkt, anregend	Da Nikotin Blutgefäße verengt, kann es zu unterschiedlichen Durchblutungsstörungen kommen. Durch das Kondensat können Lunge und Atemwege geschädigt werden (Krebsgefahr).
Cannabis	individuell sehr unterschiedliche Wirkung; entspannend, enthemmend, Verstärkung von Hochs und Tiefs	Die Leistungsfähigkeit von Gedächtnis und Reaktionsvermögen werden herabgesetzt. Depressionen und Desinteresse können auftreten.

4 Wirkung von Drogen

Wie wirken Drogen?

Rauschdrogen bewirken eine Änderung der Aktivität der Nervenzellen in bestimmten Hirnregionen. → 4 Dadurch kommt es zu veränderter Wahrnehmung des eigenen Selbst und der Umwelt, die als angenehm empfunden werden kann. Werden Drogen jedoch regelmäßig eingenommen, gewöhnt sich das Gehirn daran. Es kommt ohne Drogen nicht mehr aus.

Ab wann ist man süchtig?

Ein Mensch ist süchtig, wenn er nicht mehr in der Lage ist, auf den regelmäßigen Konsum von beispielsweise Zigaretten oder Alkohol zu verzichten, auch wenn er es gerne möchte. Beim Verzicht auf die Droge treten Entzugserscheinungen auf. Bei Suchtkrankheit kann man Hilfe bei seinem Arzt finden oder aber auch städtischen Beratungsstellen und kirchlichen Einrichtungen.

→ **Merk dir!** **Drogen wirken auf das Nervensystem. Man kann legale und illegale Drogen unterscheiden. Drogen lösen bei dauerhaftem Missbrauch Sucht aus und führen zu körperlichen und psychischen Problemen.**

Arbeitsaufträge

1. Anna macht sich Sorgen. Sie bemerkt, dass Jakob regelmäßig um die Wette trinkt. Am nächsten Tag kann er sich an nichts mehr erinnern.
   a Wie könnte Anna Jakob helfen?
   b Sucht mithilfe des Internets Kontaktadressen, wo ihr Beratung und Hilfestellung bei Suchtproblemen sowie weitere Informationen zu Drogen erhalten könnt.

2. Informiert euch im Internet über die Kampagne „Keine Macht den Drogen“. → 5 Stellt das Projekt vor.

3. Überlegt gemeinsam, was ihr tun könnt, um Stress, Ärger oder Probleme auch ohne Drogen zu bewältigen. Sammelt eure Vorschläge und stellt diese auf einem Plakat zusammen.

5 Keine Macht den Drogen (www.kmdd.de)

Du sitzt mit deinen Freunden in der Achterbahn eures Volksfestes. Langsam seid ihr den steilen Anstieg hochgefahren. Nun ganz oben auf dem ersten Berg neigt sich die Bahn dem Abhang zu … Dein Herz schlägt schneller, du atmest kurz und schnell und bist hellwach. Was passiert in deinem Körper?

1 Stress pur – eine Fahrt in der Achterbahn

Hormone arbeiten im Regelkreis

Nebenniere in Aktion

Bei **Stress** produziert die Nebenniere im Körper in Millisekunden das Hormon Adrenalin. Das Hormon wird von verschiedenen Zielorganen aufgenommen und löst bestimmte Körperreaktionen aus. **Adrenalin** bewirkt eine Erhöhung deines Herzschlags. Dein Blutdruck steigt. Deine Bronchien weiten sich, du atmest schneller. Dein Zuckerspiegel im Blut steigt. Welchen Sinn macht das?

Flucht oder Angriff

Wenn du Angst oder Bedrohung fühlst, möchte dein Körper dieser Situation ausweichen. Dafür gibt es zwei Möglichkeiten: Flucht oder Angriff. Um aktiv zu werden, braucht dein Körper in Form von Zucker und Sauerstoff sehr schnell Energie. Die Erhöhung der Herzfrequenz, die Steigerung des Blutdrucks und die schnellere Atmung sorgen für einen schnellen Transport des Energielieferanten Zucker in die Zellen. Wenn du die Achterbahn weder stoppen noch aus ihr aussteigen kannst, wird die Energie als Wärme frei. Der Körper muss gekühlt werden und beginnt zu schwitzen.

Irgendwann reicht's

Ist genügend Adrenalin im Blut vorhanden oder die bedrohliche Situation ausgestanden, so wird die Nebenniere informiert und stoppt ihre Produktion von Adrenalin. Herzschlag, Atemfrequenz und Blutdruck sinken auf den Normalwert zurück.

Regeln mit System

Du kennst es von der Heizung zu Hause: Die gewünschte Temperatur im Zimmer, der Sollwert, wird am Thermostat eingestellt. Ein Thermometer im Thermostat gibt als Fühler die aktuelle Temperatur, den Istwert, an den Regler in der Heizung weiter.
Sinkt die Raumtemperatur unter den gewünschten Wert, den Sollwert, so meldet der Regler an die Heizung die Information, sich einzuschalten. Die Heizung als Stellglied gibt so lange Wärme in den Raum ab, bis die gewünschte Temperatur, die Regelgröße, erreicht ist. Meldet der Fühler dem Regler das

Adrenalin
Regelkreis
Stress

2 Reaktionen des Körpers auf Stress

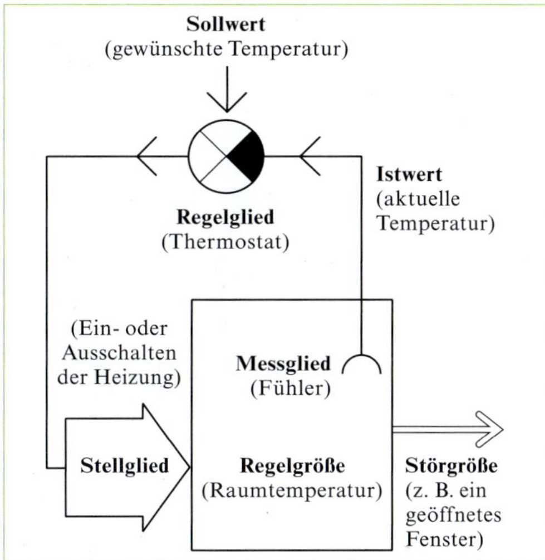

3 Darstellung eines Regelkreises

Erreichen der Temperatur, so gibt dieser die Information an die Heizung weiter, sich abzuschalten. Diesen Vorgang nennt man Rückkopplung.
Die Regelung der Temperatur in einem Raum kannst du auch in einem Bild als **Regelkreis** darstellen. → 3

Regelkreise ordnen die Prozesse im Körper

Viele Vorgänge im Körper werden durch Hormone geregelt, die in bestimmten Mengen im Körper vorhanden sein müssen, um zu wirken. Diese Systeme arbeiten als Regelkreise. Werden bestimmte Konzentrationen unter- oder überschritten, so müssen sie sofort angeglichen werden. Andernfalls kann es zu gesundheitlichen Beeinträchtigungen kommen. So führt zu wenig Adrenalin zu Müdigkeit, zu viel Adrenalin zu starker Erregtheit.

> **Merk dir!** Auf eine akute Bedrohung reagiert dein Körper mit der Erhöhung der Herz- und Atemfrequenz sowie der Steigerung des Blutdrucks. Die Nebenniere produziert jetzt das Hormon Adrenalin. Solche hormonellen Steuerungssysteme im Körper arbeiten als Regelkreise.

Arbeitsaufträge

1. Beschreibe eine weitere Situation, in der dein Körper wie im Beispiel der Achterbahn reagiert. Schildere die körperlichen Reaktionen.
2. Welche Hormondrüse reagiert in einer Angstsituation? Nenne das Hormon und seine Wirkung auf die Zielorgane.
3. Über einen Regelkreis wird die Menge des Adrenalins in deinem Blut, der Adrenalinspiegel, stetig der Situation angepasst.
   a Erstelle eine Liste der Bestandteile eines Regelkreises und ordne die für den Adrenalinspiegel nötigen Hormone und Organe zu.
   b Zeichne den Regelkreis für die Aufrechterhaltung des Adrenalinspiegels.

Sechs Stunden Schule und du hast dein Schulbrot vergessen. Außerdem sollst du eine Deutscharbeit schreiben und ganz konzentriert sein. Das ist fast nicht zu schaffen. Dein letztes Essen war das Frühstück. Mittag ist erst in zwei Stunden. Ein Stück Traubenzucker rettet dich über die Zeit.
Wie stellt dein Körper fest, was ihm fehlt?

1 Morgens Frühstück und schon wieder Hunger?

Wie kommt der Zucker ins Blut?

Du brauchst Energie

Dein Körper arbeitet ständig und verbraucht auch in Ruhe Energie, um zum Beispiel deine Körpertemperatur auf 36,6 °C zu halten. Bewegst du dich, um die Treppe in das Schulgebäude hochzusteigen, oder arbeitet dein Gehirn mit höchster Konzentration, so wird zusätzlich Energie verbraucht.

Zucker liefert Energie

In deinem Blut ist immer Zucker in einer bestimmten Konzentration enthalten, der für die normalen Körperprozesse ausreicht. Das ist dein **Blutzuckerspiegel**. Arbeitet der Körper stärker, so wird der Zucker in den Zellen zur Gewinnung von Energie verbraucht. Der Blutzuckerspiegel, die Regelgröße, sinkt. Übelkeit und Schwindelgefühl stellen sich ein.

Alarm im Regelkreis

Erkennen die Sensorzellen in der Bauchspeicheldrüse den Missstand, melden sie die Absenkung des Blutzuckerspiegels den **Langerhans'schen Inseln**. → 2 In diesen Bereichen der Bauchspeicheldrüse wird nun sofort das Hormon **Glucagon** in den Blutkreislauf abgegeben. Glucagon aktiviert die Leber, hier gespeicherten Zucker in das Blut abzugeben. Der Blutzuckerspiegel steigt. Ist die benötigte Konzentration erreicht, wird die Produktion von Glucagon wieder gestoppt (negative Rückkopplung). → 3

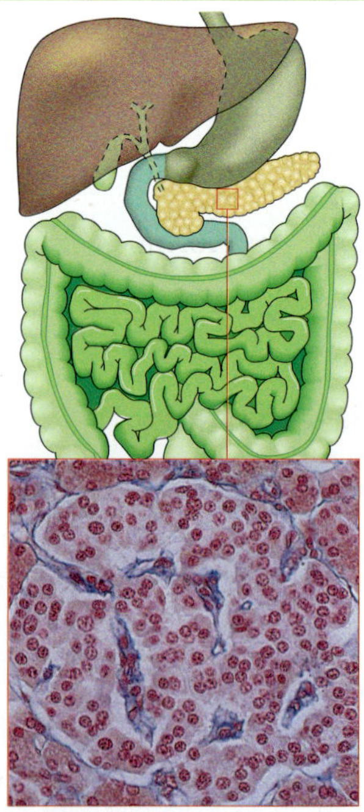

2 Lage der Bauchspeicheldrüse und der Langerhans'schen Inseln

Blutzuckerspiegel

Glucagon

Insulin

Langerhans'sche Inseln

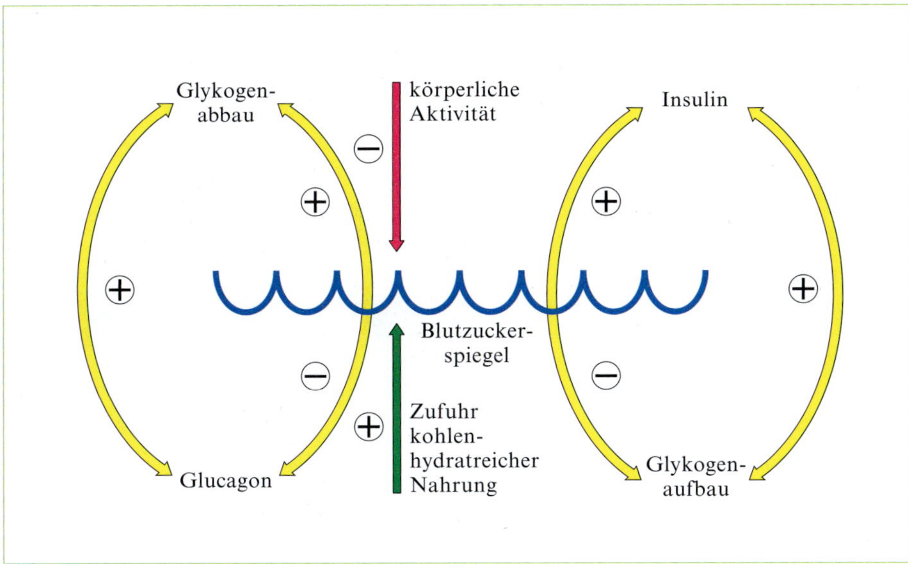

3 Regelkreis der Blutzuckerregelung

Zucker von außen

Isst du ein Stück Traubenzucker, so führst du deinem Körper den Zucker von außen zu. Da er recht schnell verdaut werden kann, gelangt die nötige Portion direkt in dein Blut und der Blutzuckerwert steigt. → 3

Was du zu viel isst, ist zu viel

Isst du allerdings ein ganzes Päckchen Traubenzucker, so steigt der Blutzuckerwert enorm an und die Langerhans'schen Inseln werden wieder alarmiert. Nun muss die Hormondrüse das Hormon Insulin produzieren, um den hohen Zuckerwert zu verringern. **Insulin** baut aus dem Zuckerüberschuss deines Blutes den Reservestoff Glykogen auf. Er wird in der Leber eingelagert. → 3

Merk dir! Der Regelkreis zur Aufrechterhaltung des Blutzuckergehalts wird durch die Hormone Glucagon und Insulin gesteuert. Zu viel Zucker im Blut wird als Reserve in der Leber gespeichert.

Arbeitsaufträge

1. Erkläre, wodurch das Gefühl von Hunger ausgelöst wird.
2. Listet Nahrungsmittel auf, die für einen schnellen bzw. für einen langsamen Zuckernachschub im Blut sorgen, und erklärt, woran das liegt.
3. Verfolge den Weg des Traubenzuckers in dein Blut. Erarbeitet zu zweit den Weg mithilfe des Buches. Erstellt dazu ein Plakat.
4. Beschreibt in Gruppen den Ablauf im Regelkreis bei einem hohen bzw. niedrigen Blutzuckergehalt. → 3 Notiert die Ergebnisse.
5. Recherchiere im Supermarkt: Welche Lebensmittel enthalten wie viel Gramm Zucker? Wie viel Energie (in kJ oder kcal) liefern diese Lebensmittel?

Jugendliche und Diabetes

Verena, 16 Jahre: *„Begonnen hat meine Krankheit schon in der Grundschule. Ich war immer schlapp und konnte mich nicht konzentrieren. Ich konnte nichts lernen und obwohl ich normal aß, wurde ich immer dünner. Nur Durst hatte ich ständig. Bei einer ärztlichen Untersuchung wurde festgestellt, dass ich zuckerkrank bin.*
Ich bin Diabetikerin. Meine Bauchspeicheldrüse produziert kein Insulin. Deshalb muss ich mir mehrmals am Tag Insulin spritzen und meinen Blutzucker testen.“ → **1**, **2**

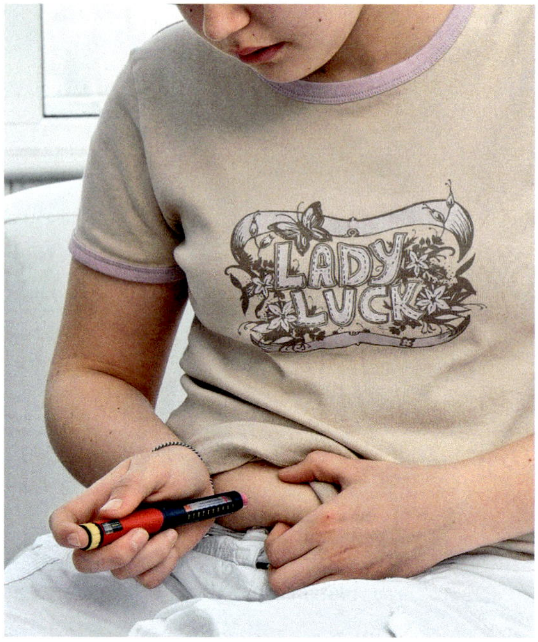

1 Verena spritzt sich mit einem Pen Insulin.

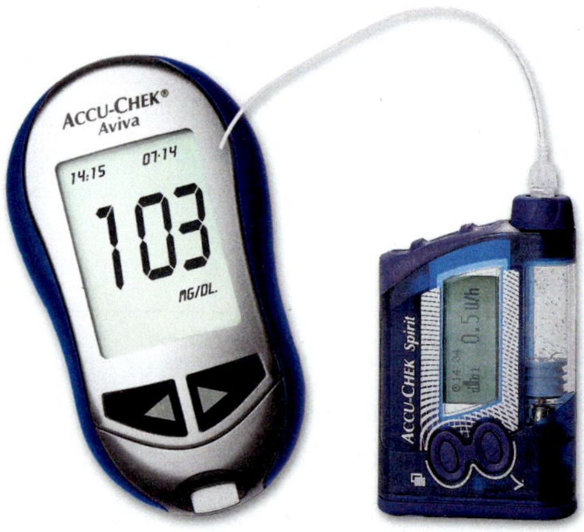

2 Blutzuckermessgeräte

Diabetes – was ist das?

Bei Kindern tritt in der Regel der sogenannte Diabetes Typ I auf. Dies ist eine Stoffwechselstörung, bei der das lebensnotwendige körpereigene Hormon Insulin in der Bauchspeicheldrüse zu wenig oder gar nicht gebildet wird.

Blutzucker

Die Kohlenhydrate aus der Nahrung werden im Darm zu Traubenzucker (Glucose) abgebaut und bei der Verdauung in das Blut aufgenommen. Dieser Zucker im Blut wird Blutzucker genannt. Je nachdem, was man isst und wie viel Zeit nach der letzten Mahlzeit vergangen ist, schwankt der Blutzuckerspiegel. Normalerweise enthalten 100 ml Blut zwischen 80 und 110 Milligramm Glucose. Das Hormon Insulin, das in der Bauchspeicheldrüse produziert wird, sorgt dafür, dass der Traubenzucker aus dem Blut in die Zellen gelangt und nicht zu stark ansteigt. Zellen verbrauchen den Zucker für ihre Arbeit. Die Zellen von Zuckerkranken können den Blutzucker nicht verwerten. Der Blutzuckerspiegel steigt auf hohe Werte an und wird mit dem Urin ausgeschieden. Dort kann er mit einem Zuckerteststäbchen nachgewiesen werden. → **3** Wenn Zucker im Urin nachgewiesen wird, muss dringend eine ärztliche Behandlung einsetzen.

3 Teststäbchen

- Insulin senkt den Blutzucker.
- Körperliche Anstrengung senkt den Blutzucker.
- Kohlenhydrate (Brot, Kuchen, Zucker, Süßigkeiten) erhöhen den Blutzucker.

4 Einflüsse auf den Blutzuckerwert

Diabetes – eine Wohlstandskrankheit?

Die Ursache für eine Zuckererkrankung bei Kindern und Jugendlichen liegt in der Regel nicht in einer falschen Ernährung. Sie kommt auch nicht von dem Genuss zu vieler Süßigkeiten. Die Veranlagung für diese Krankheit wird von den Eltern auf die Kinder vererbt.
Anders ist es beim Diabetes Typ II. Davon sind oft ältere Menschen mit Übergewicht und Bewegungsmangel betroffen. Aber auch immer mehr fettleibige Kinder und Jugendliche erkranken an Diabetes Typ II. Sie produzieren das Insulin nicht mehr in ausreichender Menge. Oft muss aber kein Insulin gespritzt werden. Manchmal helfen schon eine kohlenhydratarme Ernährung und mehr Bewegung.

Was ist Unterzuckerung?

Wenn ein Diabetiker zu wenig oder zu spät isst oder seine Mahlzeiten vergisst, kann der Blutzucker zu tief absinken. Wenn er sich körperlich außergewöhnlich anstrengt, sinkt der Blutzucker ebenfalls. Er wird müde, ist ungewohnt unaufmerksam und zerstreut. → **5** Blässe im Gesicht, Schweißausbruch und Zittern können Zeichen einer Unterzuckerung sein. Im schlimmsten Fall kann es zur Ohnmacht kommen.
Schnelle Hilfe bei einer Unterzuckerung ist das sofortige Essen von Traubenzucker oder das Trinken eines Glases Fruchtsaft oder Cola (nicht Cola light!).

5 Jugendliche mit Unterzuckerungsanzeichen

Zuckerkrank und trotzdem gesund?

Jeder Diabetiker, der den richtigen Umgang mit seiner „Gesundheitsstörung“ gelernt hat, steht einem gesunden Menschen in seiner Leistungsfähigkeit nicht nach. Voraussetzung ist aber, dass er sich richtig ernährt und gewisse Regeln und Verhaltensweisen einhält. → **6**

6 Ernährungspyramide für Diabetiker

Im Frühling ertönen in den frühen Morgenstunden lautstark Vogelstimmen, zum Beispiel die des Rotkehlchens. Wir erfreuen uns an dem Vogelgesang Aber welche Bedeutung hat er eigentlich?

1 Singendes Rotkehlchen

Lebewesen kommunizieren

Vogelgesang

Im Frühjahr bauen die meisten Vögel Nester. Die Weibchen legen Eier und der Nachwuchs wird aufgezogen. Ein Vogelpaar benutzt dafür ein bestimmtes Gebiet, ein Revier. Der laute Vogelgesang dient der Abgrenzung des Reviers. Das singende Rotkehlchen signalisiert seinen Rivalen, nicht in sein Revier einzudringen, sich mit seinem Weibchen zu paaren oder Beutetiere zu fangen. Der Gesang beinhaltet eine absichtlich erzeugte und zielgerichtete **Information**, die bei den Rivalen des Rotkehlchens eine bestimmte Reaktion auslöst. Dies bezeichnet man als **Kommunikation**. Allgemein spricht man von einem **Sender**, der eine Information sendet. Die Information gelangt zu einem **Empfänger**, der darauf in bestimmter Weise reagiert. → 2 Der Empfänger kann selbst zu einem Sender werden, wenn er eine Information sendet.

Bei den tagaktiven Vögeln werden meist akustische Kommunikationssignale, wie der Gesang, angewendet. Auch optische **Signale** dienen der Kommunikation. So wirkt die rote Brust der Rotkehlchen-Männchen als Erkennungssignal für die Weibchen bei der Paarfindung.

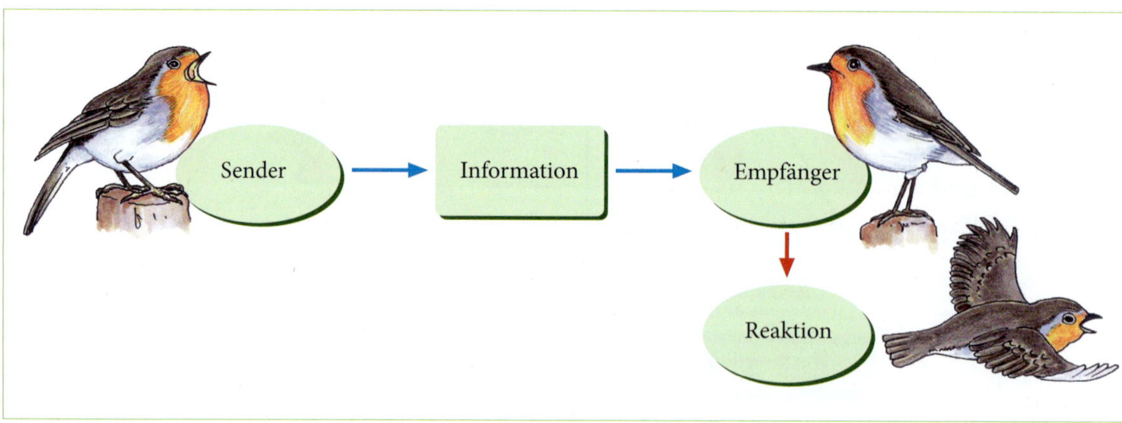

2 Kommunikation

Empfänger
Information
Kommunikation
Pheromone
Sender
Signal
Tarntracht
Warntracht

3 Hummel-Schwärmer

4 Korallenschlange

Pheromone

Nachtaktive Tiere, wie Nachtschmetterlinge, verströmen Duftstoffe, um Sexualpartner zu finden. Diese Stoffe werden **Pheromone** genannt. Um die Pheromone der Weibchen wahrnehmen zu können, besitzen die Männchen der Nachtfalter, zum Beispiel des Hummel-Schwärmers, große Fühler mit Riechhaaren. → 3 Untersuchungen haben ergeben, dass männliche Nachtschmetterlinge aus bis zu 25 Kilometern Entfernung heranfliegen, wenn sie die Pheromone eines Weibchens wahrnehmen. Den Zusammenhang zwischen Information und Kommunikation findet man bei allen Lebewesen, nicht nur bei Insekten und Vögeln. Selbst Pflanzen kommunizieren, wenn sie Blüten mit gefärbten Blütenblättern oder mit besonderen Duftstoffen ausbilden.

Tarntracht und Warntracht

Die Färbung von Tieren dient meist der Tarnung. Rotkehlchen brüten in einem Nest nahe dem Erdboden. Die geschlüpften Jungvögel besitzen unauffällig braune Federn. Die roten Federn entwickeln erst die erwachsenen Vögel. Die Jungtiere sind während ihrer Entwicklungszeit durch die **Tarntracht** gut getarnt.
Korallenschlangen werden bis zu einem Meter lang. Sie leben in Südamerika und gehören zu den Giftschlangen. Ihre Haut zeigt auffällige Farbringe. → 4 Wenn sich ein Feind, zum Beispiel ein Greifvogel oder eine Raubkatze, mit der Korallenschlange einlässt, so kann es sein, dass sie ihn beißt. Auch wenn das Gift dann nicht tödlich wirkt, so ist der Biss doch äußerst schmerzhaft. Bei einem weiteren Zusammentreffen werden die Feinde die Korallenschlange sofort erkennen und ihr ausweichen. Die Färbung der Korallenschlange ist eine **Warntracht**. Warntrachten findet man auch bei anderen Tieren, zum Beispiel bei Bienen und Wespen.

→ **Merk dir!** Lebewesen kommunizieren durch optische, akustische und Duftsignale. Zur Kommunikation gehören Sender, Information und Empfänger.

Arbeitsaufträge

1. Erläutere „Kommunikation".

2. Nenne je zwei weitere Beispiel für optische, akustische und Duftsignale.

Bei einem Waldspaziergang sieht man manchmal Stapel von gefällten Fichtenbaumstämmen. Bricht man die Rinde von den Baumstämmen ab, findet man oft auffällige Gangsysteme. Wer baut solche Gänge in die Rinde?

1 Fichtenbaumstämme und Fraßgänge unter der Rinde

Die Falle für den Borkenkäfer

Die Entwicklung des Borkenkäfers

Borkenkäfer kommen ausschließlich an Fichten vor. Ihre Entwicklung lässt sich an seinen Spuren in der Rinde von Fichten leicht nachvollziehen. → 1 Im Frühjahr bohren sich die Weibchen in die Rinde der Bäume und dringen durch die Borke bis in den Bast vor. Die Borke an einem Baumstamm besteht aus abgestorbenen und harten Zellen, die den Stamm schützen. Im darunterliegenden Bastteil werden Nährstoffe aus der Wurzel nach oben transportiert, die der Baum im Frühjahr zum Wachstum benötigt. → 2 Unter dem Bast liegt das Kambium, eine Wachstumsschicht. Das Innere des Baumstamms wird vom Holz gebildet. Wenn die Borkenkäferweibchen in der Bastschicht angekommen sind, geben sie einen Duftstoff ab, mit dem sie Männchen anlocken.

Die Eiablage

Nachdem die Begattung stattgefunden hat, frisst das Weibchen einen Fraßgang in Längsrichtung des Baumstamms. In seitli-

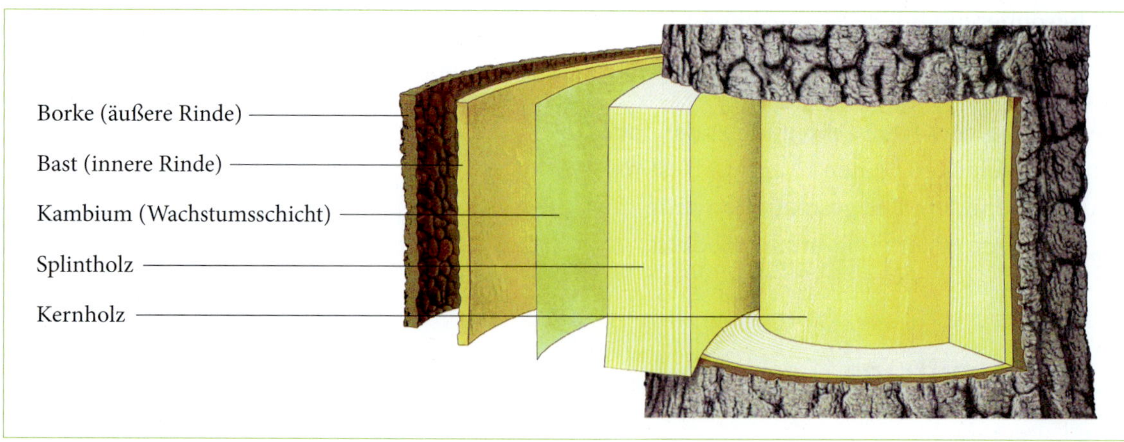

2 Schichtenaufbau eines Baumstamms

Borkenkäfer
Fichtenmonokultur
Pheromonfalle

3 Borkenkäfer

4 Pheromonfalle

chen kleinen Nischen werden 10 bis 30 Eier abgelegt. Die aus den Eiern schlüpfenden Larven fressen quer zum Muttergang weitere Fraßgänge. → 1 Jeder Fraßgang endet mit der Puppenwiege. Hier verpuppen sich die Larven. Nach dem Schlüpfen bohrt sich das erwachsene Tier nach außen und kann wieder neue Bäume anfliegen. Die Fraßgänge ergeben ein charakteristisches Bild, weshalb der Borkenkäfer manchmal auch als Buchdrucker bezeichnet wird.

Borkenkäfer als Schädlinge

Die Gesamtdauer der Entwicklung vom Ei bis zum erwachsenen Tier kann in 30 Tagen abgeschlossen sein. In Jahren mit besonders günstigen Bedingungen kann es daher zum Massenauftreten der Käfer kommen. Dann befallen sie auch gesunde Bäume, während sie sonst meist geschwächte Bäume anfliegen. Wird eine Fichte von vielen Borkenkäfern befallen, so kann die Bastschicht vollständig zerstört werden und die Fichte stirbt ab. Dies kann besonders in Wäldern, in denen viele Fichten vorkommen, zur großflächigen Vernichtung des Waldes führen. In solchen **Fichtenmonokulturen** fehlen auch die natürlichen Feinde des Borkenkäfers. Um den Borkenkäfer zu bekämpfen, werden dann oft Fallen aufgestellt, die den weiblichen Sexuallockstoff enthalten. → 4 Die Männchen folgen diesem Pheromon und fliegen die **Pheromonfalle** an. Sie können die Falle nicht wieder verlassen und sterben darin.

→ **Merk dir!** In Monokulturen können Massenvermehrungen von Schädlingen auftreten. Eine Möglichkeit der Bekämpfung stellt das Aufstellen von Pheromonfallen dar.

Arbeitsaufträge

1. Beschreibe den Entwicklungsgang des Borkenkäfers.
2. Erläutere, was an dem Ausdruck „Borken"-Käfer falsch ist.
3. Begründe, weshalb der Borkenkäfer für Fichtenforste eine besondere Gefahr darstellt.
4. Finde andere Möglichkeiten, um eine Massenvermehrung des Borkenkäfers zu verhindern.

Information und Regulation

Das Nervensystem steuert alle Aktivitäten unseres Körpers. Es ist in das Rückenmark sowie das Gehirn gegliedert und besteht aus Nervenzellen. (Siehe Seite 94.)

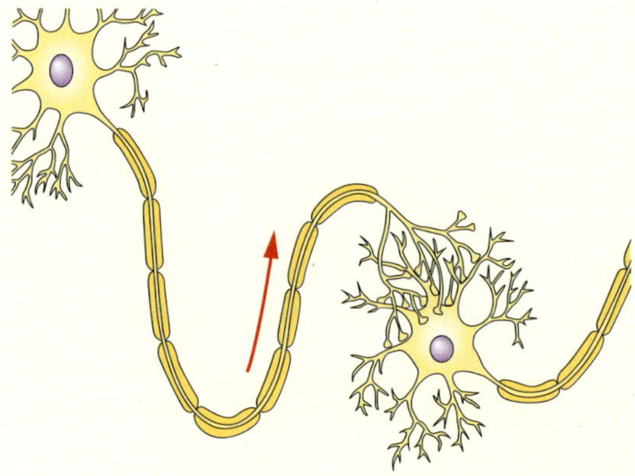

Nervenzellen sind untereinander durch Synapsen verbunden. Sie bilden lange Fortsätze aus, die sich zu Nervenfasern verbinden. (Siehe Seite 96.)

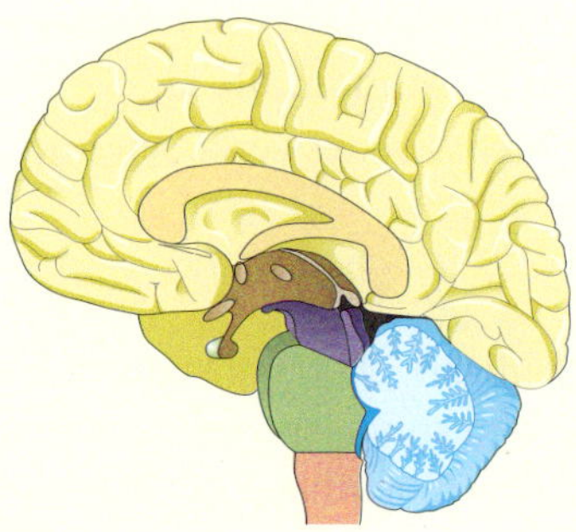

Das Gehirn kann in verschiedene Bereiche eingeteilt werden. Jeder Bereich hat eine besondere Aufgabe. Die Bereiche des Gehirns arbeiten zusammen. (Siehe Seite 98.)

Beim Lernen gelangen Informationen von den Sinnesorganen über das Kurzzeitgedächtnis in das Langzeitgedächtnis. Durch das Beachten von Lernregeln kann man das Behalten verbessern. (Siehe Seite 100.)

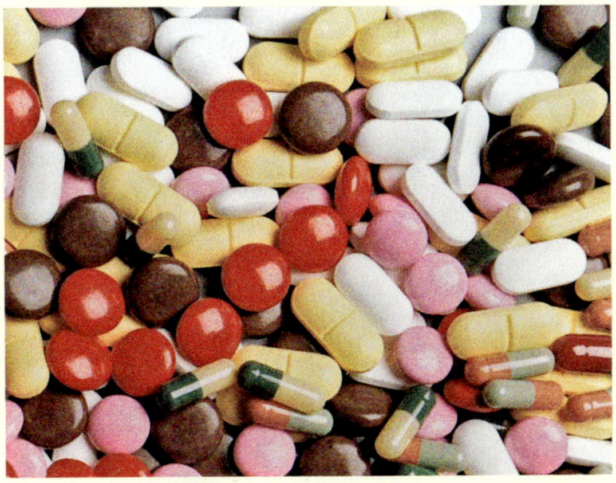

Nikotin und viele andere Drogen machen süchtig. Häufig entstehen durch den Drogenmissbrauch dauerhafte gesundheitliche Schäden. Man unterscheidet legale und illegale Drogen.
(Siehe Seite 106.)

Diabetiker leiden an einem zu hohen Blutzuckerspiegel. Sie müssen Insulin spritzen und sich besonders ernähren, damit der Blutzuckerspiegel sinkt. (Siehe Seite 112.)

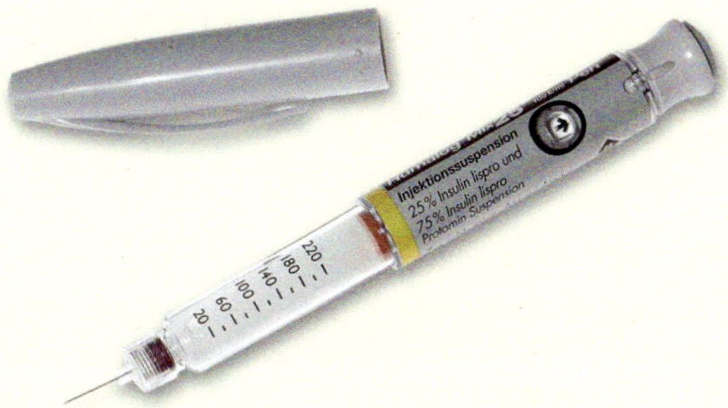

Bei der Kommunikation von Tieren können optische, akustische und Geruchssignale ausgesendet werden und beim Empfänger eine Reaktion auslösen.
(Siehe Seite 114.)

Der Borkenkäfer kann in Fichtenforsten massenhaft auftreten und große Schäden verursachen. Er kann bekämpft werden, indem Pheromone in einer Falle ausgebracht werden.
(Siehe Seite 116.)

1. Schreibe die Zahlen 1 bis 9 in dein Heft und ergänze die richtigen Fachbegriffe der Abbildung 1.

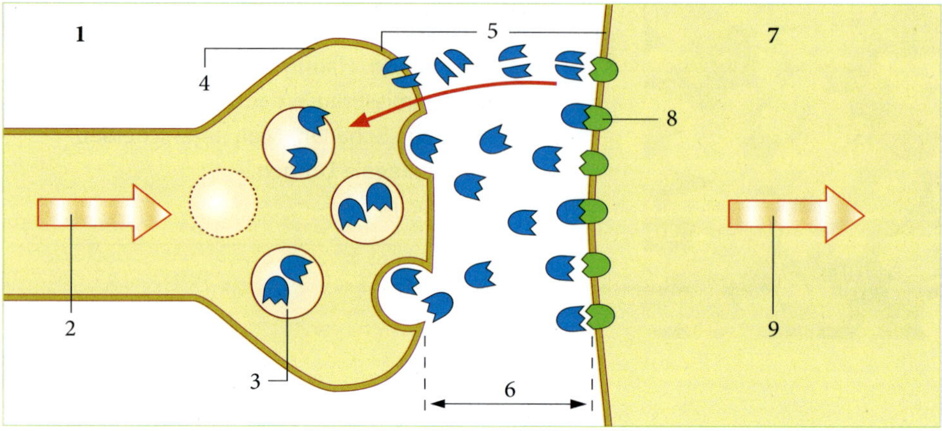

1 Synapse

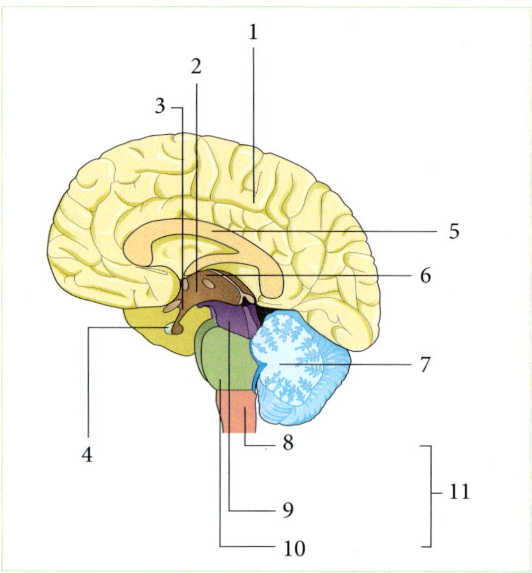

2 Gehirn

2. Schreibe die Zahlen 1 bis 11 in dein Heft und ergänze die richtigen Fachbegriffe der Abbildung 2. Erläutere die Aufgaben eines Bereichs des Gehirns.

3. Erkläre die Bedeutung des Vergessens.

4. Beschreibe, wie eine Mindmap erstellt wird, und erkläre ihre Bedeutung.

5. Beschreibe, wie Freude am Lernen entsteht.

6. Beschreibe die Veränderungen, die zwischen Abbildung 3 und 4 zu erkennen sind. Erläutere die Ursachen für die Veränderungen.

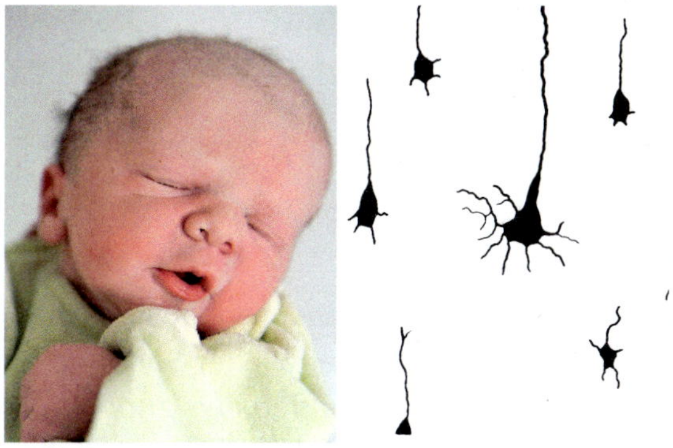

3 Verknüpfungen von Nervenzellen beim Neugeborenen 4 Verknüpfung von Nervenzellen beim Kleinkind

7. Nenne mindestens zwei legale und zwei illegale Drogen.

8. Nenne drei Möglichkeiten, wie Tiere miteinander kommunizieren können. Erkläre eine dieser Möglichkeiten genauer.

9. Erkläre, weshalb der Borkenkäfer in Fichtenmonokulturen große Schäden anrichten kann.

Ordne deiner Lösung im Heft ein Smiley zu:
☺ Ich habe die Aufgabe richtig lösen können.
😐 Ich habe die Aufgabe nicht komplett lösen können.
☹ Ich habe die Aufgabe nicht lösen können.

Aufgabe	Fähigkeit	Hilfe findest du auf Seite …
1	Ich kenne die Funktionsweise von Synapsen.	96
2	Ich kenne den Aufbau des Gehirns.	98
3	Ich kann einen Lernvorgang beschreiben.	100
4	Ich kenne den Nutzen einer Mindmap und weiß, wie sie erstellt wird.	102
5	Ich weiß, dass Freude am Lernen durch Erfolg entsteht.	105
6	Ich weiß, dass im Laufe des Lebens neue Verknüpfungen zwischen Nervenzellen entstehen.	105
7	Ich kenne legale und illegale Drogen.	106
8	Ich kenne optische, akustische und Geruchskommunikation und ihre Funktion.	114
9	Ich kenne die Bedeutung des Borkenkäfers als Schädling.	116

Gene und Vererbung

Warum entstehen aus Menschen immer wieder Menschen, aus Zebras immer wieder Zebras und aus Sonnenblumen immer wieder Sonnenblumen? Warum kommt es nie vor, dass Pferde plötzlich Hundebabys zur Welt bringen? Wie entstehen die Gemeinsamkeiten zwischen Eltern und ihren Kindern? Warum sehen sich alle Menschen ähnlich und sind doch verschieden?
Mit diesen Fragen befasst sich die Genetik. Sie erforscht, wie Ähnlichkeiten und Unterschiede zwischen Menschen, Tieren und Pflanzen entstehen. Sie beschäftigt sich außerdem damit, Krankheiten zu erkennen und zu erklären. Innerhalb der grünen Gentechnik, einem modernen Gebiet der Genetik, werden Methoden entwickelt, um neue Nutzpflanzen zu züchten. Welche Rolle die Genetik im Leben der Menschen, Tiere und Pflanzen spielt und ob neue Technologien nur nützlich oder auch mit Risiken verbunden sind, erfährst du in diesem Kapitel.

1 Ganz die Mutter?! – Wie entstehen Ähnlichkeiten und Unterschiede zwischen Eltern und Kindern? (Siehe Seite 124.)

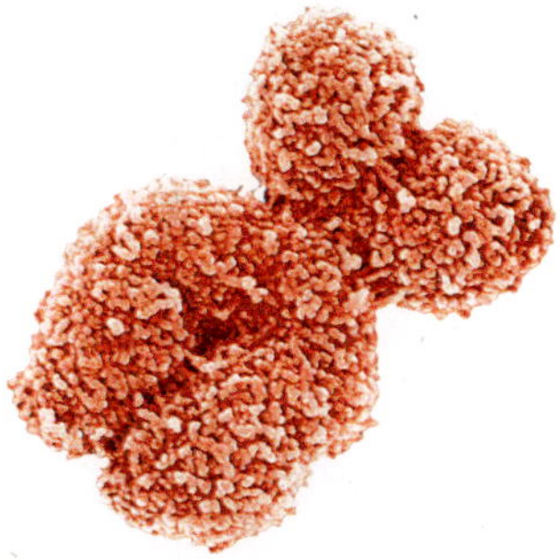

2 Wo befinden sich unsere genetischen Informationen? (Siehe Seite 126.)

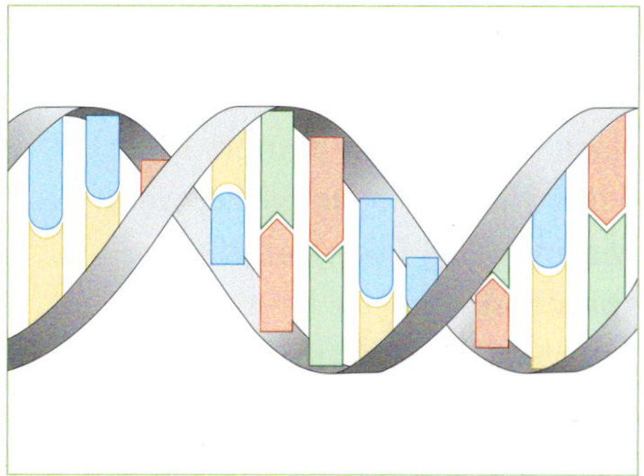

3 Wie können wir uns die Welt der Genetik vorstellen? (Siehe Seite 130, 134.)

4 Wo liegen die Wurzeln der Genetik? (Siehe Seite 138–143.)

5 Wie züchtet man Kühe? (Siehe Seite 144.)

6 Was haben Mutanten mit Genetik zu tun? (Siehe Seite 146.)

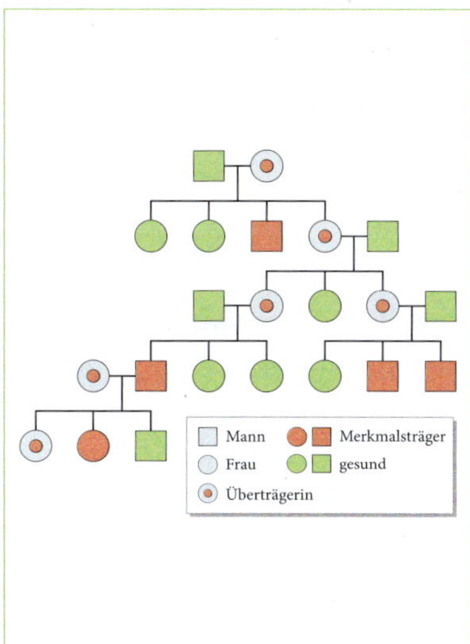

7 Wie kann man die Vererbung beim Menschen untersuchen? (Siehe Seite 148.)

8 Welche Ursache hat das Down-Syndrom? (Siehe Seite 150.)

9 Geklonte Lebewesen und mit Gentechnik veränderte Pflanzen – Fluch oder Segen? (Siehe Seite 156, 158.)

„Die blauen Augen hast du aber von deiner Mutter!" oder „Die Nase hast du von deinem Vater!" – das sind typische Sätze, wenn wir im Alltag über Vererbung sprechen.
Aber was bedeutet es eigentlich, wenn man sagt, dass man bestimmte Merkmale von seinen Eltern geerbt hat? Warum sehen Kinder ihren Eltern überhaupt ähnlich?

1 Familienmitglieder – ähnlich und doch verschieden

Was ist eigentlich Vererbung?

Vererbung im Alltag und in der Biologie

Wenn wir im Alltag über **Vererbung** sprechen, beziehen wir uns häufig auf das Erben und Vererben im rechtlichen Sinne. Vererbung bedeutet dann das Weitergeben oder Verschenken von Erbstücken.
Wenn wir über Vererbung im biologischen Sinne sprechen, dann müssen wir zwischen bestimmten **Merkmalen** (z. B. Augenfarbe, Haarfarbe, Form der Nase oder Körpergröße) und den Anlagen unterscheiden, die unter ganz bestimmten Umständen diese Merkmale bedingen. → 2
Wenn der Großvater seinen alten Schrank vererbt, hat er ihn hinterher nicht mehr. Er hat ihn an seine Kinder oder Enkel weitergegeben. Wenn wir sagen, dass wir die große Nase vom Großvater geerbt haben, ist das etwas anderes. Seine große Nase hat der Großvater ja noch. Er hat nur seine **Anlagen** dieses Merkmals an die Nachkommen vererbt. Diese Anlagen bewirken dann, dass die Kinder oder Enkel eine ähnlich große Nase haben wie der Großvater. Vererbung im biologischen Sinne bedeutet also, dass Anlagen für bestimmte Merkmale von den Eltern an die Nachkommen vererbt werden.

2 Die Anlage für eine bestimmte Haarfarbe oder einen Haartyp wird vererbt.

Was wird vererbt?

Bei Menschen werden Anlagen vererbt, die bei den Nachkommen bestimmte Merkmale bedingen. Einige dieser Merkmale, wie die Augenfarbe oder die Fähigkeit, die Zunge zu rollen, bleiben das ganze Leben gleich. → 3
Andere Merkmale, wie die Haarfarbe, können sich durch Umwelteinflüsse verändern. Im Sommer kann deine Haarfarbe zum Beispiel durch die Sonne heller werden. Viele Merkmale werden durch ein Zusammenspiel von vererbten Anlagen und Umweltfaktoren bedingt.

Anlagen
Merkmale
Neukombination
umweltbedingt
Vererbung

3 Zungenrollen

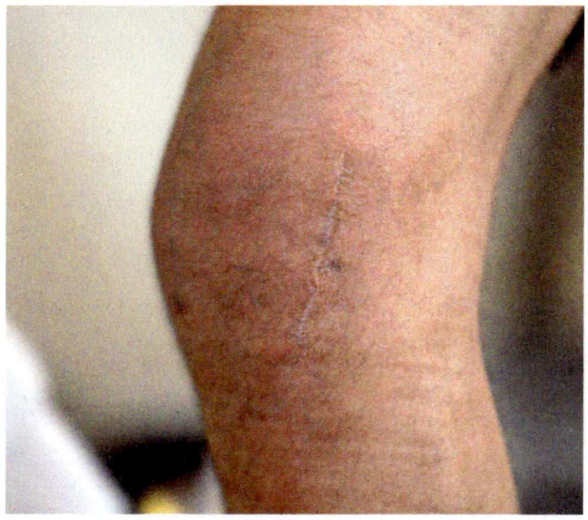

4 Merkmale, wie eine Narbe, sind umweltbedingt.

Wie werden Anlagen vererbt?

Die Vererbung von Anlagen findet durch die Fortpflanzung statt. Die geschlechtliche Fortpflanzung ist die Entstehung von Nachkommen aus einer befruchteten Eizelle. Diese entsteht durch Verschmelzung der Zellkerne einer weiblichen Geschlechtszelle (Eizelle) und einer männlichen Geschlechtszelle (Spermienzelle). Dabei kommt es zu einer **Neukombination** der Anlagen, die sich in den Zellkernen befinden. Bei der Ausprägung der Anlagen können bei den Kindern Merkmale entstehen, die den Merkmalen der Eltern entsprechen. Kinder und Eltern sind sich daher ähnlich. Aufgrund der Neukombination der Anlagen können jedoch auch neue Merkmalskombinationen ausgeprägt werden. So entstehen Unterschiede zwischen Eltern und Kindern.

Bestimmte Merkmale werden erworben

Du hast auch Merkmale, die du im Laufe deines Lebens erworben hast. Man spricht davon, dass das Merkmal **umweltbedingt** ist. → 4 Eine Narbe auf dem Schienbein hast du vielleicht durch einen Sportunfall bekommen. Die Narbe ist also nicht vererbt, sondern umweltbedingt. Dass du Fahrrad oder Snowboard fahren kannst, ist ebenfalls nicht vererbt, sondern du hast es gelernt.

→ Merk dir! Alle Lebewesen vererben Anlagen an ihre Nachkommen. Diese Anlagen bedingen ganz bestimmte Merkmale wie die Augenfarbe oder die Haarfarbe. So lässt sich erklären, dass Kinder ihren Eltern ähneln.

Arbeitsaufträge

1. Eine Bank wirbt mit dem Slogan „Damit Sie Ihren Nachkommen mehr vererben als Ihre Nase!". Erkläre anhand dieses Werbespruchs die Unterschiede zwischen rechtlicher und biologischer Vererbung.
2. Nenne die Unterschiede zwischen Merkmalen und Anlagen. Formuliere dazu einen Merksatz.
3. Die Anlage zum Zungenrollen wird vererbt. Versuche deine Zunge zusammenzurollen. Sollte es dir nicht gelingen, gehörst du zu den Menschen, denen dafür die notwendigen quer laufenden Muskeln in der Zunge fehlen. Untersuche in der Klasse, wie viele von euch „Zungenroller" und wie viele „Nichtroller" sind. → 3

Anlagen werden von den Eltern an die Nachkommen vererbt. Wo befinden sich diese Anlagen im menschlichen Körper und aus welchem Stoff bestehen sie?

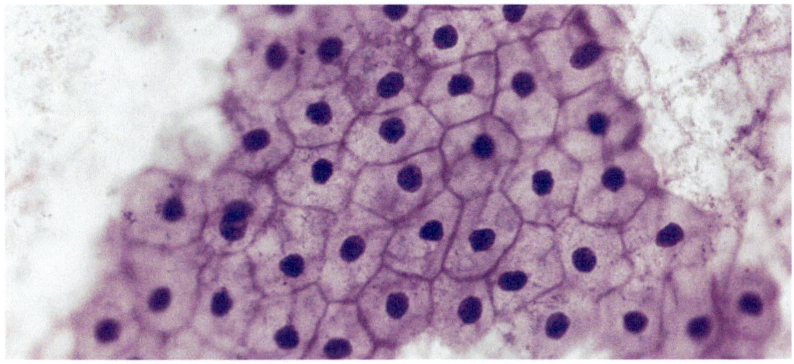

1 Zellen mit Zellkernen

Im Zellkern liegt das Geheimnis

Chromosomen liegen im Zellkern

Auf der Suche nach den Anlagen, die Ähnlichkeiten zwischen Eltern und Nachkommen bewirken, müssen wir die Zellen eines Lebewesens untersuchen. Diese sind von einer Zellmembran umschlossen. In ihrem Innern befindet sich neben vielen anderen Bestandteilen (den Organellen) ein Kern, der Zellkern genannt wird. Schaut man sich einen Zellkern unter dem Mikroskop an, sieht man meist nicht viel mehr als einen Fleck. → 1 Dieser Fleck lässt sich anfärben und wird **Chromatin** genannt. Das Chromatin besteht aus dünnen Fäden und enthält die Anlagen eines Lebewesens. Die Anlagen werden in der Biologie auch Gene genannt. Die chemische Substanz, aus der die Gene bestehen, heißt Desoxyribonukleinsäure (engl. deoxyribonucleic acid oder kurz DNA). Ist eine Zelle dabei, sich zu teilen, verdichten sich die Chromatinfäden. Man erkennt zu einem bestimmten Zeitpunkt X-förmige Strukturen, die **Chromosomen.** → 2 Jedes Chromosom besteht aus zwei identischen Hälften, den **Chromatiden.** → 3

Ein Mensch hat 46 Chromosomen

Du hast im Kern jeder deiner Körperzellen 46 Chromosomen. Schaut man sich diese 46 Chromosomen genauer an, so fällt auf, dass immer zwei gleich aussehen. Darum spricht man anstatt von 46 Chromosomen auch von 23 homologen Chromosomenpaaren. Die **homologen Chromosomen** lassen sich nummerieren von Nr. 1 bis Nr. 22. Das 23. Paar bestimmt das Geschlecht eines Menschen. Darum nennt man diese zwei Chromsomen Geschlechtschromosomen.

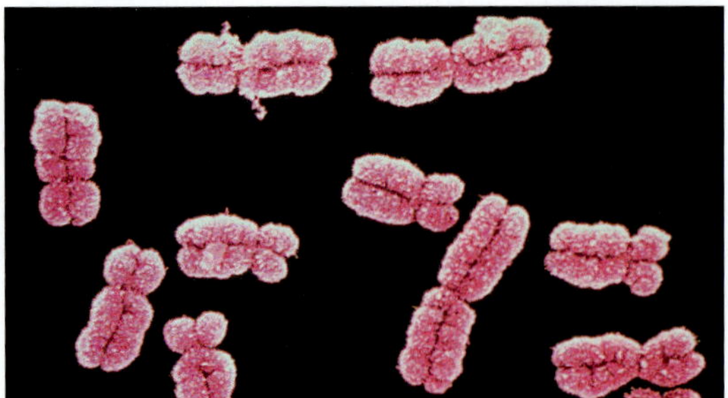

2 Mikroskopische Aufnahme von Chromosomen

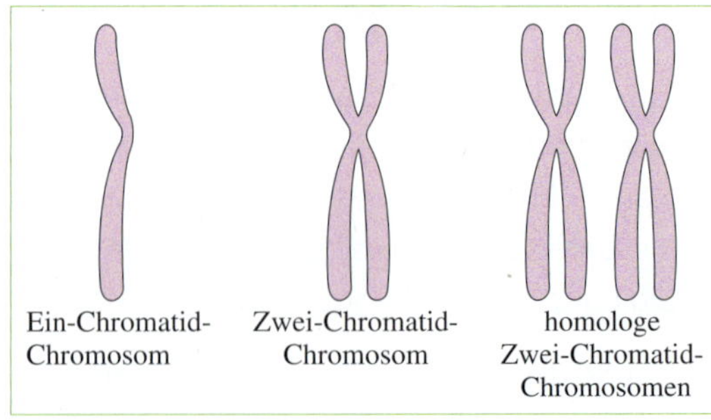

3 Chromosomenübersicht

Chromatide
Chromatin
Chromosomen
DNA
homologe Chromosomen
Karyogramm

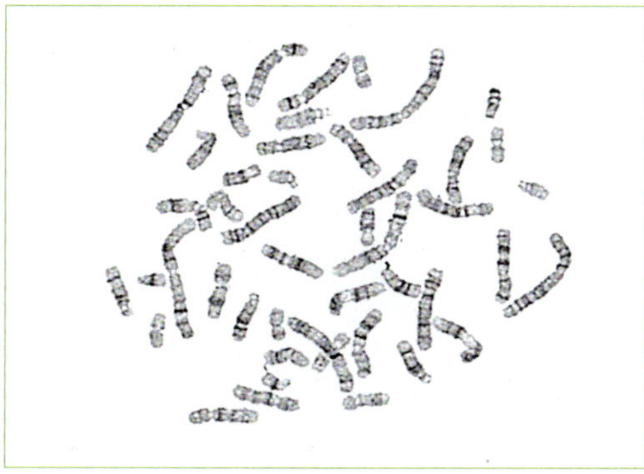

4 Unsortierter Chromosomensatz eines Menschen

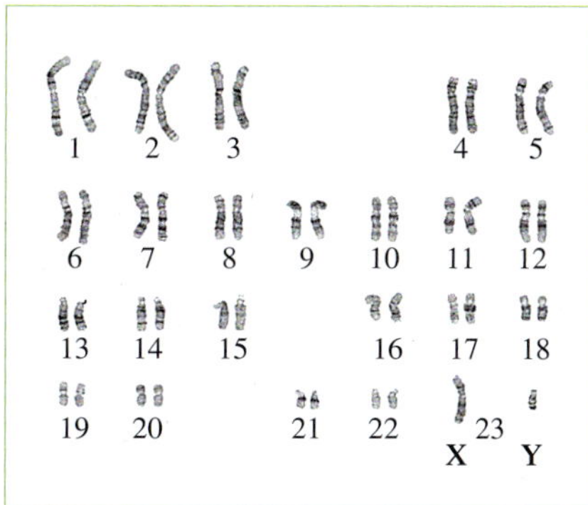

5 Karyogramm eines Mannes

Chromosomen ordnen

Die Chromosomen kann man nach Größe und Form unterscheiden. → 4 Dazu werden sie mit einem Farbstoff angefärbt und unter dem Mikroskop fotografiert. Werden die Chromosomen dann in Paare zusammengefasst, erhält man einen geordneten Chromosomensatz. Dieser geordnete Chromosomensatz wird als **Karyogramm** bezeichnet. → 5

Geschlechtszellen sind anders

Neben Körperzellen (z. B. Muskelzellen oder Hautzellen), die jeweils 46 Chromosomen (23 Chromosomenpaare) enthalten, hat der Mensch noch Geschlechtszellen. Dies sind bei der Frau die Eizellen und beim Mann die Spermienzellen. In den Geschlechtszellen enthält der Zellkern jeweils nur die Hälfte der Chromosomen, also 23 Chromosomen.

Kennzeichen XY … gelöst

Das Geschlecht des Menschen ist genetisch bedingt. Entscheidend sind die Geschlechtschromosomen. Bei Frauen liegen zwei X-Chromosomen vor, bei Männern enthalten die Zellen ein X- und ein Y-Chromosom. Die Begriffe X- und Y-Chromosom leiten sich von der Form der beiden Chromosomen ab. Enthalten die Zellkerne eines Embryos zwei X-Chromosomen, entwickelt sich ein Mädchen, bei einem X-Chromosom und einem Y-Chromosom dagegen ein Junge.

> **→ Merk dir!** Die Erbanlagen befinden sich im Zellkern. Kurz vor der Zellteilung werden sie als Chromosomen sichtbar. In den Körperzellen sind jeweils 46 Chromosomen aus Paaren von homologen Chromosomen enthalten, in den Geschlechtszellen hingegen nur 23 Chromosomen.

Arbeitsaufträge

1. Erkläre, was man unter einem Chromosom versteht.

2. Erstelle ein Karyogramm.
- **a** Fotokopiere die Abbildung 4 vergrößert.
- **b** Zerschneide die Abbildung in die einzelnen Chromosomen.
- **c** Sortiere die Chromosomen paarweise und klebe sie dann geordnet in dein Heft. Vergiss die Beschriftung nicht.

3. Erkläre, wodurch das Geschlecht eines Menschen festgelegt wird.

Wir haben einen doppelten Chromosomensatz, weil wir von jedem Elternteil die Hälfte unserer Chromosomen geerbt haben. Gäben wir unseren doppelten Chromosomensatz weiter, dann hätten unsere Kinder einen vierfachen Satz.
Wie wird eine ständige Verdopplung der Anzahl der Chromosomen verhindert?

1 Wie wird erreicht, dass der neue Korb nicht überfüllt wird?

Hälfte Mutter & Hälfte Vater

Geschlechtliche Vermehrung

Menschen pflanzen sich fort. Bei der Befruchtung werden die Anlagen von Spermienzellen und Eizelle zusammengebracht, sodass eine befruchtete Eizelle entsteht. Aus dieser befruchteten Eizelle entsteht durch Mitose ein neues Lebewesen.

Gleichbleibende Chromosomenzahl über Generationen

Untersucht man eine befruchtete Eizelle, kann man 46 Chromosomen zählen. Wie kann das sein? Wenn jede Zelle 46 Chromosomen enthält und zwei Zellen miteinander verschmelzen, müssten in der befruchteten Eizelle eigentlich 92 Chromosomen (46 + 46) sein. Die Zahl der Chromosomen bleibt jedoch bei einem Menschen stets bei 46 und vergrößert sich nicht.

Reduktion der Chromosomenzahl

Da jede Körperzelle des Menschen 46 Chromosomen enthält, muss die Anzahl der Chromosomen in den Geschlechtszellen von 46 auf 23 Chromosomen verringert werden. Dieser Vorgang wird **Meiose** genannt und besteht aus einer **1. Teilung** und einer **2. Teilung**. Bei der Frau findet der Vorgang in den Eierstöcken, beim Mann in den Hoden statt.

1. Teilung – aus eins werden zwei

Schauen wir uns eine einzelne Zelle an. Zu Beginn der Meiose wird die DNA verdoppelt. Aus jedem Ein-Chromatid-Chromosom entsteht ein Zwei-Chromatid-Chromosom. → 2 In der Anfangszelle befinden sich also 23 Chromosomenpaare, die sich zusammenlagern. Man spricht von Chromosomenpaarung. → 3

Zufällige Anordnung

Die Kernhülle löst sich auf und die 23 homologen Chromosomen ordnen sich in der Zellmitte an. Ihre Anordnung geschieht dabei rein zufällig. → 4

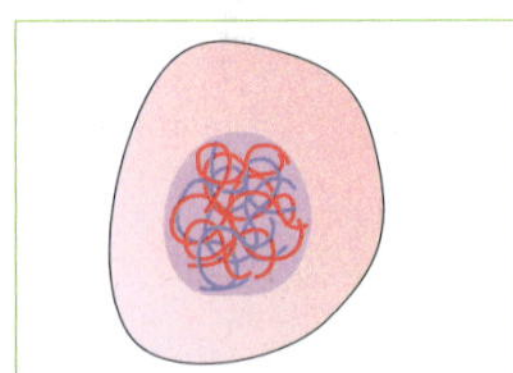

2

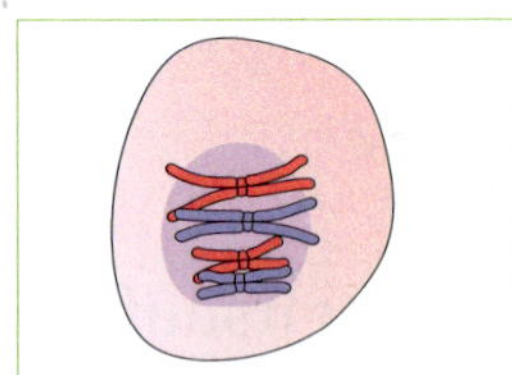

3

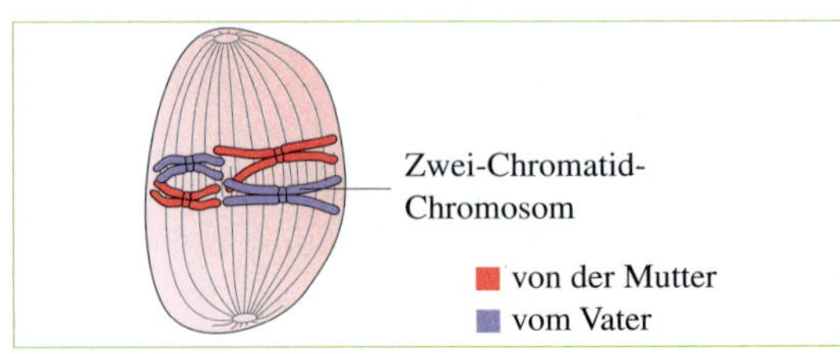

4

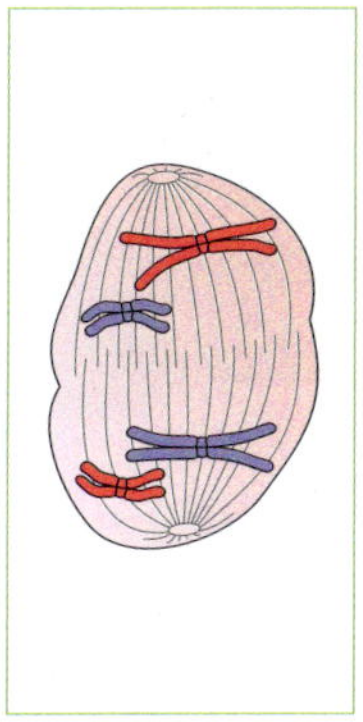

5

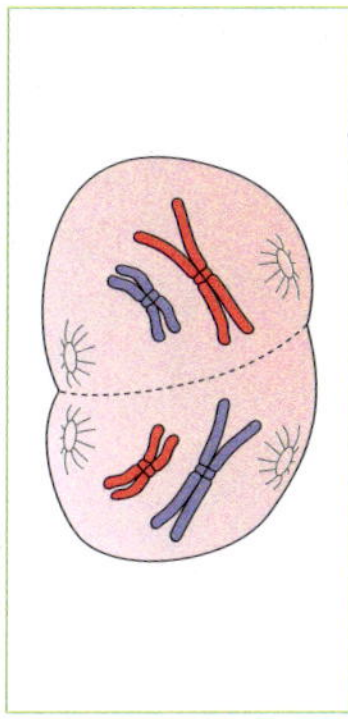

6

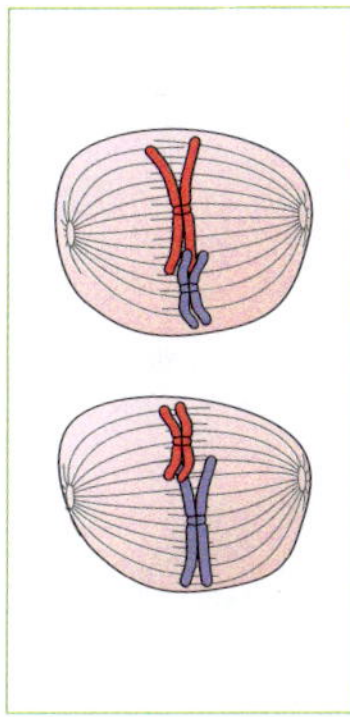

7

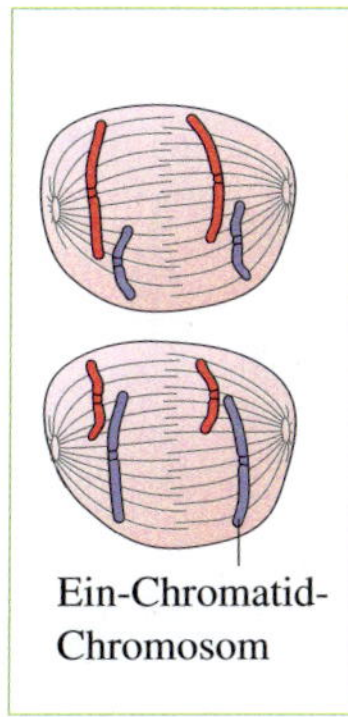

8

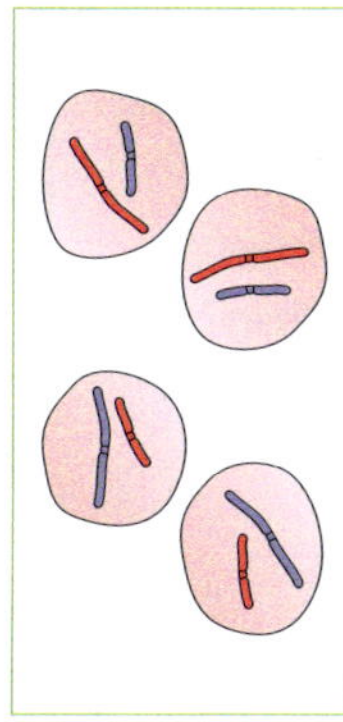

9

Zufällige Trennung

Die Zwei-Chromatid-Chromosomen werden getrennt und gleichmäßig zu den Zellenden auseinandergezogen. → 5 An jedem Zellende befindet sich anschließend von jedem homologen Chromosom ein Exemplar. Die Aufteilung der Chromosomen auf die beiden Zellenden erfolgt dabei völlig zufällig.

Zwei neue Zellen

An jedem Zellende bildet sich um die Chromosomen jeweils eine neue Kernhülle. → 6 Durch Bildung einer Zellmembran entstehen schließlich zwei Zellen mit jeweils 23 Chromosomen.

2. Teilung – aus zwei wird vier

An die erste Teilung schließt sich eine zweite Teilung an, die ähnlich verläuft wie die Mitose. Zuerst ordnen sich die Zwei-Chromatid-Chromosomen der beiden neu entstandenen Zellen in der Mitte der Zelle an. → 7 Anschließend werden die Zwei-Chromatid-Chromosomen zu zwei Ein-Chromatid-Chromosomen getrennt. Die Ein-Chromatid-Chromosomen werden zu den Zellenden gezogen. → 8 Danach teilen sich die Zellen in vier einzelne Zellen. Die vier entstandenen Zellen sind **Geschlechtszellen**. → 9

Neukombination

Da die Anordnung und Trennung der Chromosomen zufällig geschieht, sind die vier entstandenen Zellen genetisch nicht gleich. Die Meiose ist deshalb ein Vorgang, der Veränderungen erzeugt. Das Kind erhält 23 Chromosomen von der Mutter und 23 Chromosomen vom Vater. Genetisch gesehen sind Kinder also eine Kombination ihrer beiden Eltern.

→ Merk dir! Die Meiose führt zur Bildung der Geschlechtszellen. Dabei werden die 46 Chromosomen so verteilt, dass die Zellkerne der Tochterzellen nur noch die Hälfte der Chromosomen enthalten (23 Chromosomen). Die Geschechtszellen sind untereinander genetisch verschieden.

Arbeitsaufträge

1. Erläutere, weshalb Kinder und Eltern Ähnlichkeiten, jedoch auch Unterschiede aufweisen.
2. Erkläre, warum während der Meiose eine Reduzierung der Chromosomen stattfinden muss. Was würde passieren, wenn keine Reduzierung stattfände?

Die DNA wird häufig als Molekül des Lebens bezeichnet. Doch woraus besteht sie eigentlich und was ist ihre Funktion?

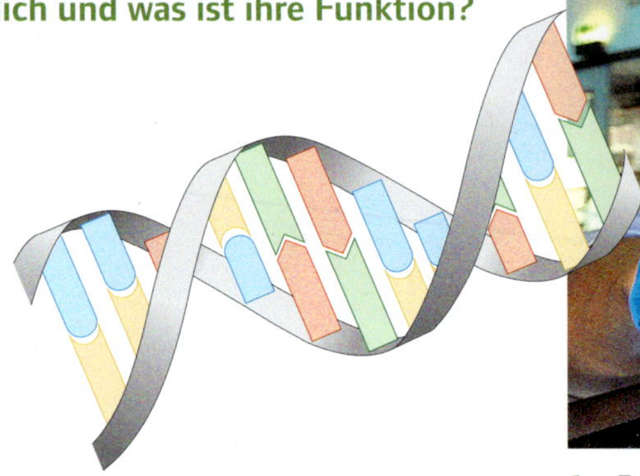

1 Forscher auf der Spur der DNA

Die Botschaft der DNA

Die DNA – ein chemisches Molekül

Jede DNA besteht aus zwei Strängen, die zu einem **Doppelstrang** umeinandergewunden sind. → 2 Man kann die Struktur der DNA mit einer gedrehten Strickleiter vergleichen. Den Seiten der Strickleiter entsprechen chemische Ketten aus Zuckermolekülen und Phosphatmolekülen. Die einzelnen Sprossen der Leiter werden in der DNA von **Basen** gebildet. → 2 Man unterscheidet die vier Basen Adenin (A), Thymin (T), Cytosin (C) und Guanin (G). Dabei können immer nur Adenin mit Thymin und Cytosin mit Guanin Paare bilden. Die Basenpaare A und T sowie C und G, die sich gegenüberliegen, sind komplementär. Sie passen zusammen wie Schlüssel und Schloss. Doch welche Funktion haben die Bestandteile der DNA?

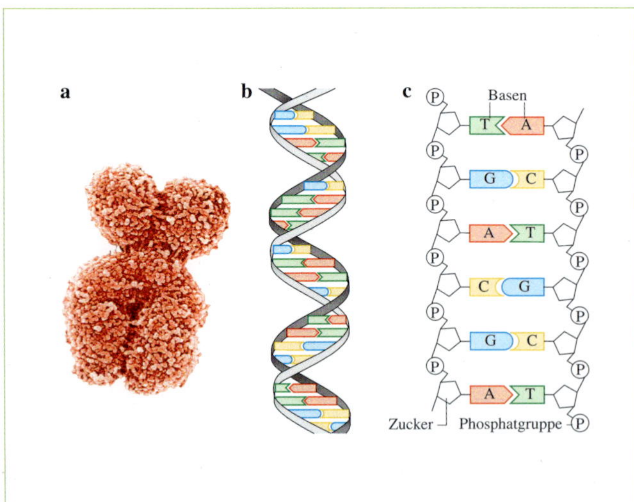

2 a Chromosomen; b DNA-Modell; c Strukturformel der DNA

Die DNA als Träger der genetischen Information

Gene sind bestimmte Abschnitte der DNA. Die DNA ist damit der Träger der genetischen Information. Doch wie ist diese Information gespeichert? Forscher fanden heraus, dass jeweils drei Basen der DNA ein Codewort bilden. Das Wort Code steht für Verschlüsselung. Wenn man diese Codewörter entschlüsselt, erkennt man, dass jedes Codewort für eine **Aminosäure** steht.
Die Aminosäuren werden zu langen Ketten verknüpft. Durch diese Verknüpfung der Aminosäuren bekommt man ein **Protein**. Proteine werden für lebenswichtige Aufga-

Aminosäure
Base
Doppelstrang
genetischer Code
Protein

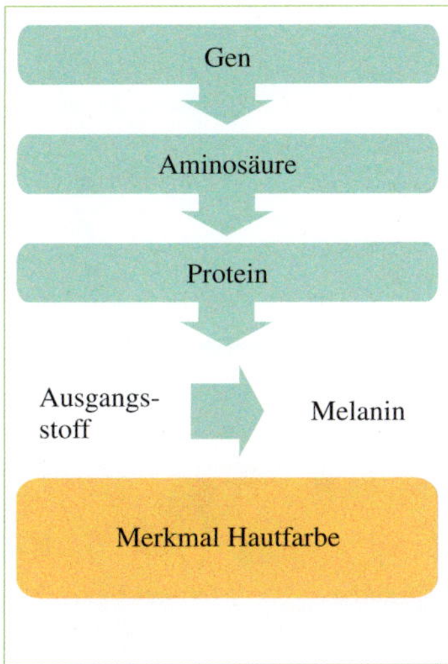

3 Der Weg vom Gen zum Merkmal

4 Die Hautfarbe wird durch mehrere Gene bestimmt.

ben im Körper benötigt. Sie wirken als Enzyme und sind wichtige Bestandteile der Haare, Muskeln und Knochen.

Wie Gene wirken

Als Wissenschaftler entdeckt hatten, dass die Reihenfolge der Basen den **genetischen Code** bildet, kam man der Wirkung von Genen auf die Spur. Die Gene enthalten die Bauanleitung für den Aufbau der Proteine aus Aminosäuren. Durch die Gene (den Abschnitt der DNA) wird festgelegt, was für ein Protein entsteht. Doch wie kommen wir nun vom Gen zu einem bestimmten Merkmal wie der Haarfarbe oder der Hautfarbe? → 3

Vom Code zum Merkmal

Die Hautfarbe wird durch einen dunklen Farbstoff, das Melanin, hervorgerufen. Für die unterschiedliche Stärke der Hautfarbe sind mehrere Gene verantwortlich. Die Gene bestehen jeweils aus einer bestimmten Abfolge von Basenpaaren der DNA. Jeweils drei Basen codieren eine Aminosäure. Die verschiedenen Aminosäuren werden zu Ketten verknüpft und bilden Proteine. Diese Proteine bilden dann aus einem Ausgangsstoff den Farbstoff Melanin, der in die Haut eingelagert wird. Die Hautfarbe wird durch mehrere Gene bestimmt. → 4 Deshalb können unterschiedliche Hautfarben auftreten. Zusätzlich kann die Produktion von Melanin durch UV-Strahlung angeregt werden. Dies kann man im Sommer beobachten.

→ **Merk dir!** Gene bestehen aus DNA-Abschnitten. Wichtige Bausteine der DNA sind die Basen. Durch ihre Reihenfolge wird die Bildung von Proteinen festgelegt, die an der Ausbildung von Merkmalen (z. B. Hautfarbe) beteiligt sind.

Arbeitsaufträge

1. In der Zeitung liest man immer wieder von der „Entschlüsselung des genetischen Codes". Erkläre, was man darunter versteht.
2. Menschen mit Albinismus fehlt der Hautfarbstoff Melanin. Stelle Vermutungen darüber auf, wie es zu diesem Phänomen kommen kann. Die Abbildung 3 kann dir helfen.

Alle Vorgänge im Körper werden von Enzymen gesteuert. In den Zellen stehen nicht immer alle Enzyme zur Verfügung, sondern sie werden bei Bedarf aus Aminosäuren auf- und abgebaut. Die Bauanleitung für Enzyme ist im Zellkern in der DNA gespeichert. Wie gelangt diese Information nun aus dem Zellkern heraus, ohne dass sie verloren geht?

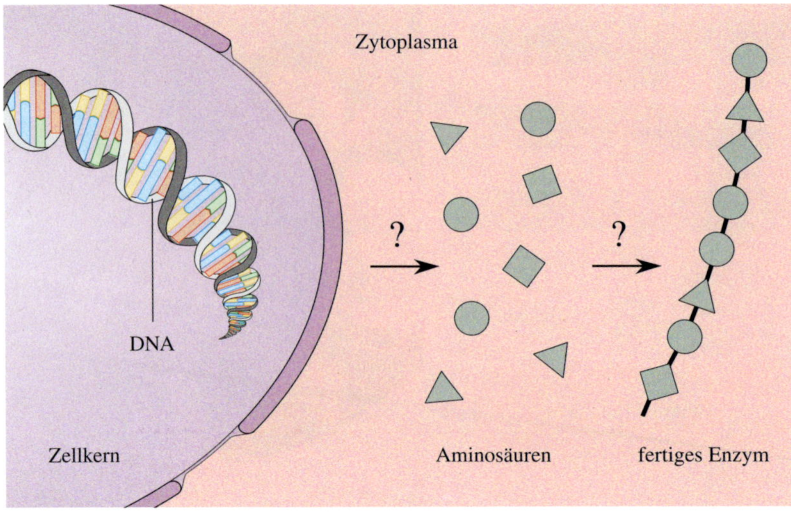

1 Informationsfluss von der DNA zum fertigen Enzym

Die Proteinbiosynthese

Abschreiben der Erbinformation

Zunächst spaltet sich der DNA-Doppelstrang auf. An die freien Basen lagern sich nun die komplementären Basen und bilden einen neuen Strang. Die DNA wird abgeschrieben. Darum wird dieser Vorgang als **Transkription** bezeichnet (transcription = Abschrift).→ 2 Der neu gebildete Strang heißt messenger-RNA. Statt der Base Thymin enthält die **mRNA** Uracil.
Die mRNA verlässt durch die Kernporen den Zellkern und gelangt so ins Zellinnere.

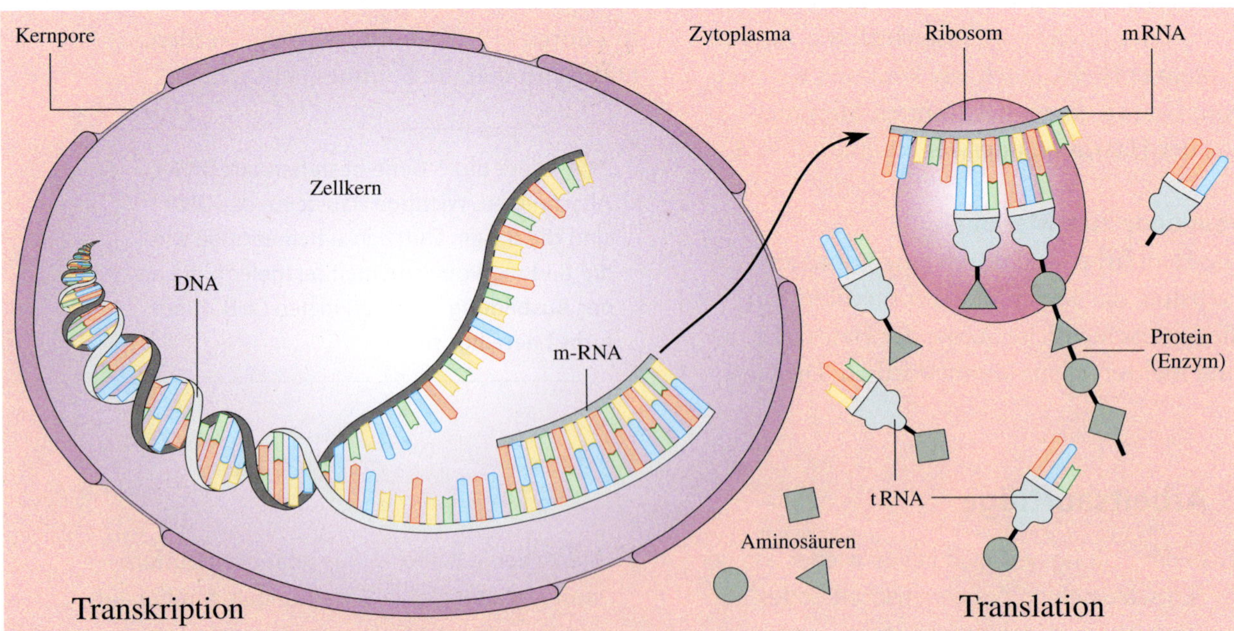

2 Die Proteinbiosynthese

Code-Sonne
mRNA
Proteinbiosynthese
Transkription
Translation

Aminosäure	Abkürzung
Alanin	Ala
Arginyl	Arg
Asparagin	Asn
Asparaginsäure	Asp
Cystein	Cys
Glutamin	Gln
Glutaminsäure	Glu
Glycin	Gly
Histidin	His
Isoleucin	Ile
Leucin	Leu
Lysin	Lys
Methionin	Met
Phenylalanin	Phe
Prolin	Pro
Serin	Ser
Threonin	Thr
Tryptophan	Trp
Tyrosin	Tyr
Valin	Val

3 Die 20 Aminosäuren und ihre Abkürzungen

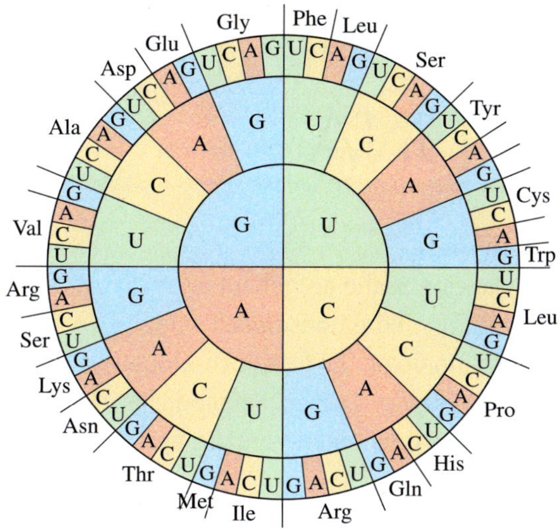

4 Code-Sonne

Übersetzung der Erbinformation

Im Zellinneren wird die mRNA nun so übersetzt, dass das benötigte Enzym entsteht. Dieser Vorgang heißt **Translation** (translation = Übersetzung) Die Orte der Proteinbiosynthese sind die sogenannten Ribosomen im Zellinneren, die sich an die mRNA anlagern. Der eigentliche Übersetzungsvorgang findet mithilfe von transfer-RNA Molekülen statt. An je drei Basen dieser **tRNA**, die an die komplementären Basen der mRNA binden, ist eine Aminosäure gekoppelt. Die Aminosäuren werden schließlich zu einer Kette zusammengefügt, bis das benötigte Enzym entstanden ist.→ 2

Die Code-Sonne

Der genetische Code, der für alle Lebewesen gilt, ermöglicht eine Zuordnung zwischen den vier Basen und den 20 Aminosäuren. → 3 Er kann in Form der **Code-Sonne** dargestellt werden. Sie wird von innen nach außen gelesen.→ 4

→ Merk dir! **Die in der DNA gespeicherte Information wird durch die mRNA aus dem Zellkern geschleust. An den Ribosomen wird mithilfe der tRNA eine Aminosäurenkette aufgebaut. Dadurch werden Proteine (Enzyme) gebildet.**

Arbeitsaufträge

1. Bringe die folgenden Begriffe in die richtige Reihenfolge bei der Proteinbiosynthese: tRNA, Aminosäuren, Stoffwechsel, DNA, Enzym, Ribosom, mRNA.
2. Notiere alle möglichen Verschlüsselungen für die Aminosäure Arginin.
3. Wandle die folgende DNA-Basenfolge zunächst in die mRNA-Folge um, danach in die tRNA und schließlich in eine Aminosäurenkette: GAGCATACTATATAG.
4. Begründe an einem Beispiel, warum aus einer Aminosäurenabfolge nicht eindeutig die DNA rekonstruiert werden kann.

Arbeit mit Modellen – Modelle der DNA

Unterschiedliche Modelltypen

Ein Strukturmodell zeigt, wie eine Sache aufgebaut ist und aus welchen Teilen sie besteht. Ein Funktionsmodell zeigt, wie bestimmte Vorgänge funktionieren. Es gibt auch Modelle, die nur in unserem Kopf entstehen. Diese Denkmodelle helfen uns dabei, sich eine Sache oder einen Vorgang besser vorstellen zu können.

Modelle unterscheiden sich vom Original

Ein Modell der DNA hilft dir, die Struktur der DNA zu verstehen, die du ohne Zusatzgeräte sonst nicht sehen könntest. → 1 Den Vergleich zwischen einem Modell und dem Original nennt man Modellkritik.

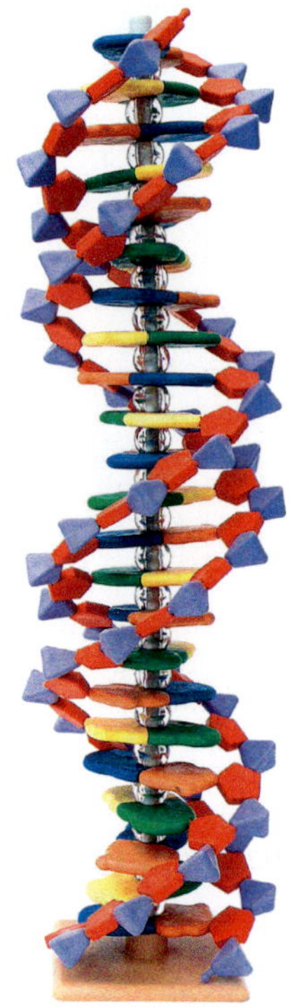

1 Strukturmodell der DNA

Anleitung zum Umgang mit einem Modell

Schritt 1 Baue ein Modell anhand einer Anleitung oder nimm ein in der Schule vorhandenes Modell. Ordne den einzelnen Modellteilen die entsprechenden Teile des Originals zu. Hilfe dazu findest du in Abbildungen oder Texten über das Original.

Schritt 2 Erkläre anhand des Modells die biologischen Strukturen und Prozesse im Original.

Schritt 3 Liste die Gemeinsamkeiten und Unterschiede zwischen dem Modell und den Strukturen des Originals auf. Gehe dabei vor allem auf folgende Punkte ein: Größe, Farben, Material.

Schritt 4 Erläutere, welche Strukturen des Originals im Modell nicht berücksichtigt werden. Stelle Vermutungen dazu auf, warum in dem Modell bestimmte Strukturen nicht berücksichtigt werden.

Anleitung zum Bau eines DNA-Puzzles

Ihr braucht: Zeichenkarton, Farbstifte, Schere.

Schritt 1 Zeichne das Zuckermolekül, die Phosphatgruppe sowie die vier Basen (Guanin, Cytosin, Adenin, Thymin) jeweils auf den Zeichenkarton. Schneide die einzelnen Teile aus und male sie wie in der Abbildung farblich aus. → 2

Schritt 2 Ordne die Moleküle zu einem DNA-Doppelstrang zusammen. Probiere unterschiedliche Variationen aus.

Schritt 3 Erkläre die Teile deines Modells und vergleiche sie mit den Bestandteilen des Originals. Welche Unterschiede stellst du fest? Achte auf die Größe, die Farben und die Formen.

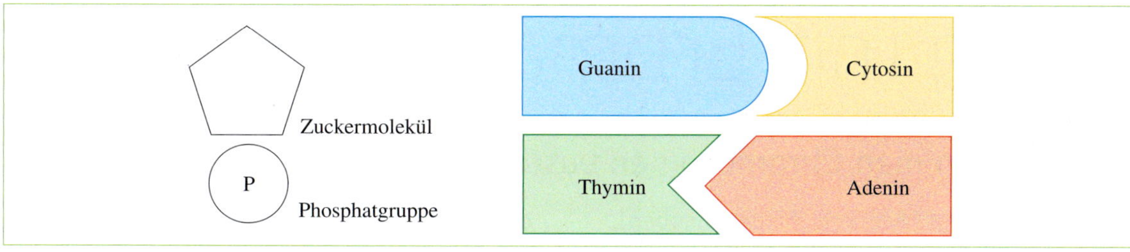

2 Chemische Bausteine der DNA

Anleitung zum Bau eines dreidimensionalen DNA-Modells

Ihr braucht: Papprolle, Draht, Stift, Knete in zwei Farben, Zahnstocher, Klebeband, Schere.

Schritt 1 Wickle den Draht spiralförmig um die Papprolle. Am besten folgst du der „Naht" auf der Rolle, um die Windungen im gleichen Abstand zu halten. Diesen Vorgang wiederholst du mit einem zweiten Stück Draht, da zwei gleich geformte spiralförmige Drähte benötigt werden.

Schritt 2 Forme aus der Knete jeweils zwölf Kugeln einer Farbe. Diese Kugeln stellen die Zuckermoleküle und Phosphatgruppen dar. Die Kugeln werden farblich abwechselnd auf den Draht gezogen. Beide Drähte sollten mit der gleichen Farbe beginnen. Damit die Kugeln nicht verrutschen, können sie mit Klebestreifen jeweils über und unter den Kugeln fixiert werden.

Schritt 3 Färbe jeden Zahnstocher bis zur Hälfte mit einem (roten) Stift. → 3 Stelle die beiden Drähte so auf, dass sie ineinandergreifen. Die Kugelpaare einer Farbe müssen mit den Stäbchen verbunden werden, wobei diese waagerecht durch das Modell verlaufen.

Schritt 4 Erkläre die Teile deines Modells und vergleiche sie mit den Bestandteilen des Originals. Gibt es Unterschiede? Nenne die Bestandteile der DNA, die in deinem Modell vereinfacht dargestellt sind.

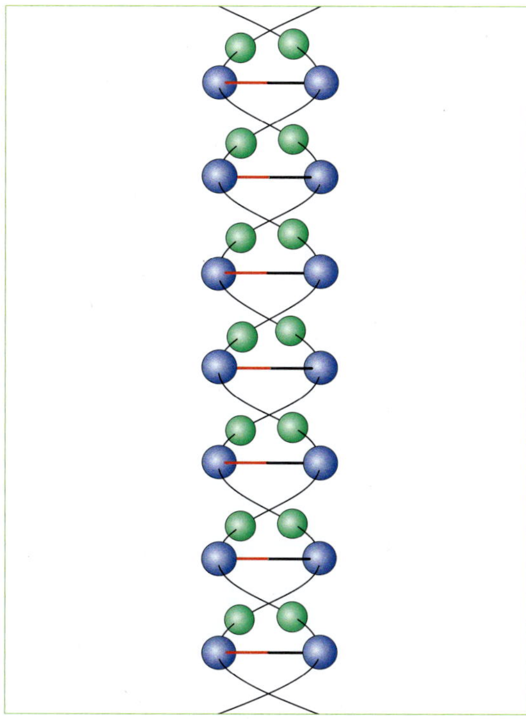

3 Dreidimensionales Modell der DNA

Arbeitsaufträge

1. Baue beide Modelle der DNA.
2. Vergleiche die Bestandteile der Modell-DNA mit dem Original. Nenne Übereinstimmungen und Unterschiede.
3. Erkläre, warum von einem Original unterschiedliche Modelle hergestellt werden. Betrachte die beiden Modelle der DNA. → 2, 3 Diskutiere, welche Aussagen über die DNA man mit dem jeweiligen Modell treffen kann.

Umgang mit Erbmaterial

1. Wie kann man Chromosomen basteln?

Ihr braucht: Draht (zwei verschiedene Farben), vier Druckknöpfe (Durchmesser 1 Zentimeter), dünner Glasstab, Schere, Lineal.

Schneide von dem Draht vier Stücke ab, die 40 Zentimeter lang sind. Ziehe die beiden gleichfarbigen Drahtstücke durch die Löcher eines Druckknopfstücks, sodass möglichst ungleich lange Hälften entstehen. Verbinde nun die beiden Druckknopfstücke. Wickle die freien Enden der Drähte um den Glasstab. Verfahre auf die gleiche Weise mit den beiden andersfarbigen Drähten.

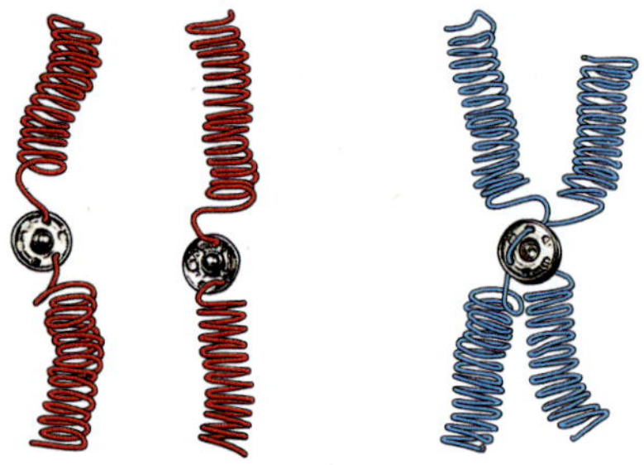

1 Chromosomenmodell

a Beschreibe, welche Teile des Modells den Teilen eines Chromosoms entsprechen.

b Veranschauliche mithilfe der Modelle die Ergebnisse der Meiose. Erkläre welche Bedeutung die Meiose bei der Chromosomenverteilung hat.

2. Wie isoliert man DNA aus einer Zelle?

Ihr braucht: Tomate, 2 Bechergläser (250 ml), Mörser mit Pistill, Spülmittel, Kochsalz, Natriumcitrat, Wasser, Ethanol (gekühlt), Toluidinblau (Farbstoff), dünner Glasstab, Glastrichter, Filterpapier, Löffelspatel, Reagenzglas, Pipette.

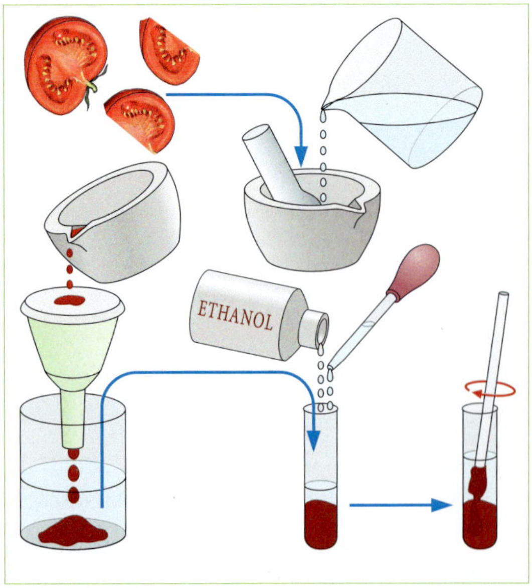

2 Versuchsdurchführung

Vermische 20 ml Spülmittel sowie je einen Löffelspatel Kochsalz und Natriumcitrat in einem Becherglas. Fülle die Mischung mit Wasser auf 100 ml auf. Schneide die Tomate klein und gib sie in den Mörser. Schütte etwas von der Mischung hinzu. Zerreibe nun das Gemisch im Mörser mit dem Pistill zu einer körnigen Masse. Filtriere den Brei in das zweite Becherglas. 2 ml der aufgefangenen Flüssigkeit werden mit der Pipette in ein Reagenzglas pipettiert. Gib 2 ml Wasser hinzu und überschütte vorsichtig mit kaltem Ethanol. Die sich bildenden Schlieren bestehen aus DNA. Sie kann mit dem Glasstab aufgewickelt und mit dem Farbstoff Toluidinblau gefärbt werden.

a Erläutere, weshalb man die DNA aufwickeln kann.

b Beschreibe den Aufbau der DNA.

3. Wie kann man Chromosomen sichtbar machen?

Ihr braucht: 5 Erlenmeyerkolben (250 ml), Küchenzwiebeln, Schere, Reagenzglasklammer, Mikroskop mit Objektträger und Deckgläschen, Pipette, Karminessigsäure, Schutzbrille, Gasbrenner.

→ ***Achtung:** Karminessigsäure ist ätzend. Arbeite mit Schutzbrille!*

Fülle die Erlenmeyerkolben bis knapp unter den Rand mit Wasser. Setze nun die Zwiebeln auf, sodass die Wurzelscheibe die Wasseroberfläche gerade nicht berührt. Nach 2 bis 4 Tagen haben sich kleine Wurzeln gebildet. → 3

Schneide die Spitze der Wurzeln etwa 1 cm vom unteren Ende mithilfe der Schere ab. Hier befindet sich das Teilungsgewebe der Wurzel. Tropfe mit der Pipette zwei Tropfen Karminessigsäure auf einen Objektträger und lege einige Wurzelspitzen hinein. → 5

Klemme den Objektträger nun in eine Reagenzglasklammer und erhitze die Karminessigsäure mit den Wurzelspitzen etwa 1 Minute lang über der Brennerflamme.

Lass den Objektträger abkühlen und bedecke die Wurzelspitzen mit einem Deckgläschen. Falls nötig, pipettiere Wasser hinzu. Presse nun leicht mit einem Bleistift auf das Deckgläschen, sodass die Wurzelspitzen gequetscht werden. → 5

a Mikroskopiere das Quetschpräparat.
b Ordne die Zellen deines mikroskopischen Präparats den Stadien der Mitose zu. Nimm dazu die Abbildung 6 zu Hilfe. → 6
c Fertige von den verschiedenen sichtbaren Stadien Zeichnungen an.

3 Wurzeln der Zwiebel

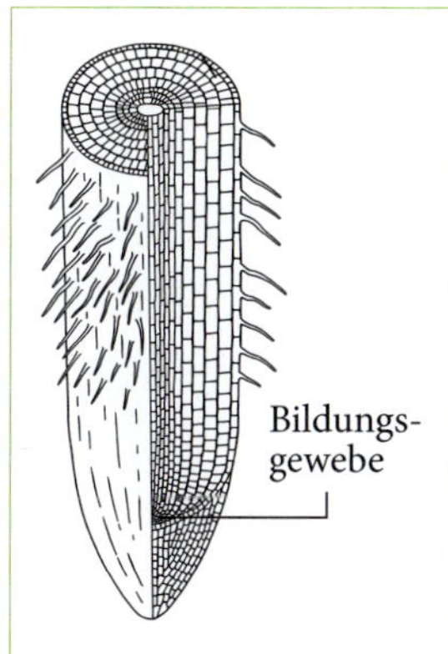

4 Wurzelbau

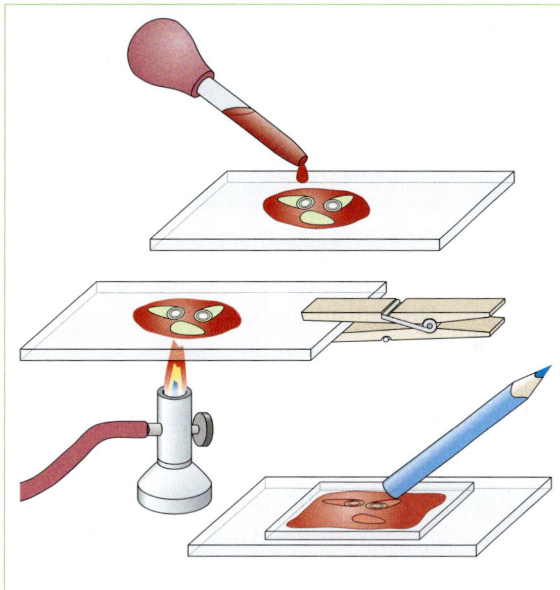

5 Versuchsdurchführung

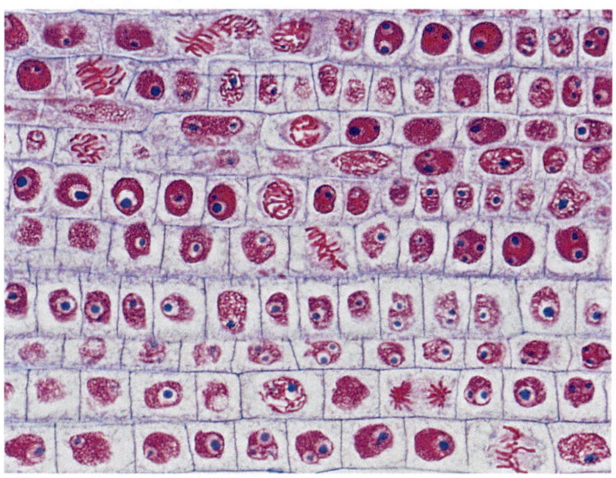

6 Mikroskopisches Bild der Wurzelspitze

Vom Klostergarten ins Genlabor

1 Gregor Mendel (1822–1884)

1860 – die Anfänge: Mendels Erbsenzählerei

Einer der Ersten, der die Vererbung von Merkmalen mit naturwissenschaftlichen Methoden untersuchte, war um 1860 der Mönch Gregor Mendel. → 1 Er säte 34 verschiedene Erbsensamen aus und ließ sie zu Pflanzen heranwachsen. Anschließend wählte er verschieden aussehende Pflanzen aus und kreuzte sie miteinander.

Mendels Vorgehen

Er konzentrierte sich zunächst auf ein Merkmal, das in mehreren Generationen hintereinander genau gleich auftrat, zum Beispiel die Blütenfarbe. Mendel bezeichnete diese Pflanzen als reinerbig. Er wählte zwei Pflanzen aus, die sich in einem Merkmal, zum Beispiel rote und weiße Blütenfarbe, reinerbig unterschieden und kreuzte sie miteinander. → 2 Dabei übertrug er die Pollen der weißen Blüte mit einem Pinsel auf den Stempel der roten Blüte. Mithilfe einer Pinzette entfernte er alle Staubblätter der roten Blüte, um eine Selbstbefruchtung zu verhindern. Diese Elterngeneration bildete nun Samen. Mendel säte sie aus und protokollierte bei der entstandenen Tochtergeneration von Erbsenpflanzen die Blütenfarbe. Die Pflanzen der 1. Tochtergeneration kreuzte er untereinander und beobachtete die Merkmale der 2. Tochtergeneration. Mendel führte Tausende solcher Kreuzungen durch und wertete die Ergebnisse statistisch aus.

1900 bis 1925 – fiktive Gene

1909 wurde der Begriff „Gen“ vom dänischen Biologen Wilhelm Johannsen eingeführt. Ein Merkmal wurde auf die Existenz bestimmter Anlagen zurückgeführt, die nicht sichtbar sind, die jedoch von Generation zu Generation weitergegeben werden. Diese nicht sichtbaren Anlagen wurden als „Gene“ bezeichnet.

2 Kreuzungsversuche von Mendel

3 Watson und Crick waren die ersten Wissenschaftler, die ein Modell der DNA anfertigten.

4 Das Merkmal Körpergröße wird von mehreren Genen bestimmt.

Ab 1925 – Gene als reale Stoffe

1926 bezeichnete der Genetiker Hermann Müller die Gene als reale Einheiten, die sich in der Zelle befinden. 1944 entdeckte der Wissenschaftler Oswald Avery, dass die Desoxyribonukleinsäure (DNA) Träger der genetischen Information ist. Damit kam es zu einer Revolution in der Genetik: Es wurde experimentell nachgewiesen, dass Gene reale Stoffe sind. Ein Meilenstein war die Beschreibung der Struktur der DNA durch James Watson und Francis Crick im Jahr 1953. → 3 Mit dem Nachweis der Gene als realen Stoffen wuchs auch die Vorstellung, dass sich in den Genen die gesamte Information befindet, die zur Ausbildung eines Lebewesens nötig ist.

Ab 1940 – Gene sind komplex

Ab 1940 zeigten Untersuchungen, dass die Zusammenhänge zwischen Genen und den Merkmalen eines Lebewesens komplizierter sind, als bisher angenommen. Die Annahme, dass ein Merkmal immer durch ein bestimmtes Gen ausgebildet wird, musste korrigiert werden. Bei zahlreichen Merkmalen sind mehrere Gene beteiligt. → 4

Ab 1980 – Gene sind Teile eines Systems

Die molekulargenetische Forschung zeigt, dass Gene keine unabhängigen Einheiten sind. Gene sind vernetzt. Sie können ihre Funktion nur dann ausüben, wenn sie mit anderen Teilen der Zelle zusammenarbeiten. Von der Vorstellung, dass Gene für sich alleine die Merkmale eines Lebewesens bestimmen, wird deshalb Abschied genommen.

Gene haben viele Funktionen

2003 wurde das menschliche Genom entschlüsselt. Die Forscher stellten fest, dass das Wissen über die Struktur der Gene allein nicht dabei hilft, zu verstehen, wie sich ein Lebewesen entwickelt. Untersuchungen zeigten, dass es so etwas wie „das Gen“ gar nicht gibt. Es existieren vielmehr viele verschiedene Gene, die jeweils ganz unterschiedliche Funktionen haben. Heutzutage versuchen Forscher deshalb herauszufinden, wie einzelne Gene genau funktionieren und zusammenwirken. → 5

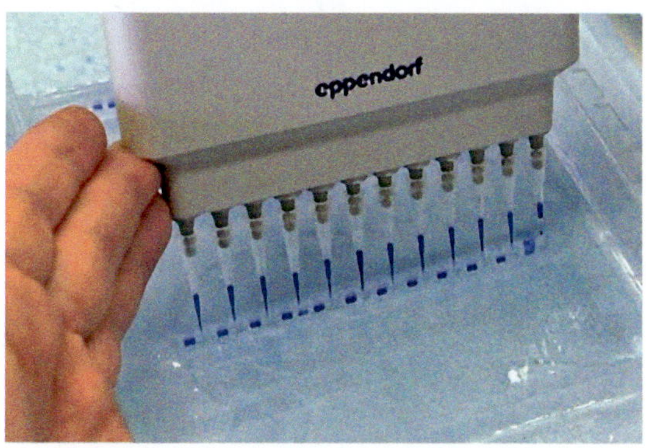

5 Die genetische Forschung ist heute komplex geworden.

**Mendel kreuzte reinerbige Erbsenpflanzen miteinander, die rote und weiße Blüten hatten.
Welche Schlussfolgerungen zog er aus seinen Untersuchungen?**

1 Erbsenpflanzen mit roten und weißen Blüten

Mendels Kreuzungsversuche

Entdeckung der Erbanlagen

Mendel kreuzte reinerbige Erbsenpflanzen, die rote und weiße Blüten hatten. Diese Elternpflanzen bildeten Samen aus und Mendel säte sie aus. Als die Pflanzen dieser Tochtergeneration Blüten ausbildeten, wertete Mendel die Blütenfarbe aus. Alle Blüten hatten eine rote Farbe. Anschließend kreuzte er die Pflanzen dieser 1. Tochtergeneration untereinander und wertete die Blütenfarben der 2. Tochtergeneration aus. Er zählte Pflanzen mit roten und weißen Blüten im Verhältnis von 3 : 1. Wie ist dieses Ergebnis zu erklären? Mendel schloss aus seinen Ergebnissen, dass es Erbanlagen geben müsse, die für die Ausprägung der roten und der weißen Blütenfarbe verantwortlich sind. Jede Zelle der Erbsenpflanze enthält zwei dieser Anlagen. Bei der Bildung von Geschlechtszellen werden diese Anlagen voneinander getrennt und auf die Geschlechtszellen verteilt. Wir wissen heute, dass dies im Verlauf der Meiose geschieht. Wenn ein Pollen auf eine Samenanlage gelangt, erfolgt eine Befruchtung. Dabei werden die Anlagen neu kombiniert. Die Kombinationsmöglichkeiten lassen sich in einem Kreuzungsschema darstellen. Trifft eine Anlage für die Ausbildung der weißen Blütenfarbe auf eine Anlage für eine Ausbildung

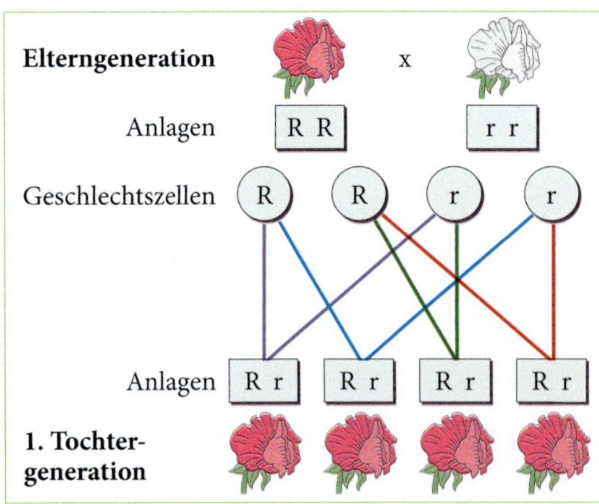

2 Kreuzungsschema zur 1. mendelschen Regel

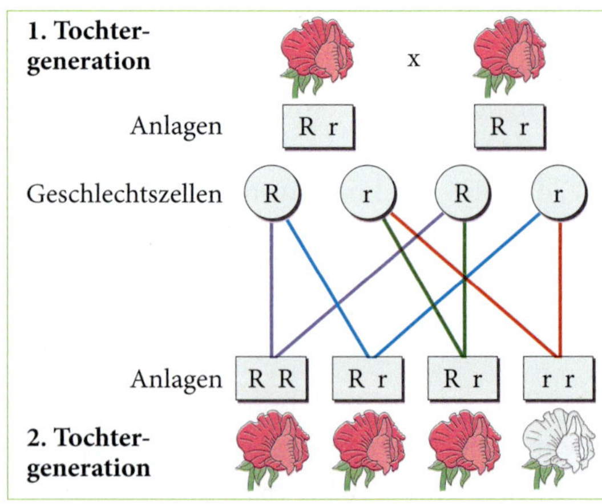

3 Kreuzungsschema zur 2. mendelschen Regel

1. Mendelsche Regel: Uniformitätsregel

Kreuzt man zwei reinerbige Lebewesen, die sich in einem Merkmal unterscheiden, so sind die Nachkommen der 1. Tochtergeneration untereinander alle gleich – uniform.

2. Mendelsche Regel: Spaltungsregel

Kreuzt man die Lebewesen der 1. Tochtergeneration untereinander, so treten beim dominant-rezessiven Erbgang die Nachkommen in der 2. Tochtergeneration im Zahlenverhältnis 3 : 1 auf.

4 Mendelsche Regeln

Allele
dominant
mischerbig
reinerbig
rezessiv
Spaltungsregel
Uniformitätsregel

der roten Blütenfarbe, so wird sie nicht ausgeprägt. Sie ist **rezessiv** gegenüber der Anlage für die rote Blütenfarbe. Deshalb sind in der 1. Tochtergeneration keine Pflanzen mit weißen Blüten zu beobachten. → **2** Alle Pflanzen enthalten eine **dominante** Anlage für die rote Blütenfarbe, die sich gegenüber der rezessiven Anlage für die weiße Blütenfarbe durchsetzt. Man spricht von einem dominant-rezessiven Erbgang. Im Kreuzungsschema werden dominante Anlagen mit Großbuchstaben und rezessive durch Kleinbuchstaben dargestellt.

Mendelsche Regeln

In der zweiten Tochtergeneration entstehen nach den Kombinationsmöglichkeiten der Geschlechtszellen Pflanzen mit roten und weißen Blüten im Verhältnis 3 : 1. → **3** Obwohl sich die Anlage für die weiße Blütenfarbe in der 1. Tochtergeneration nicht durchsetzen konnte, kann sie an die nächste Generation weitergegeben und bei Pflanzen, die für das Merkmal weiße Blütenfarbe reinerbig sind, ausgeprägt werden. **Reinerbig** bedeutet also, dass ein Lebewesen für ein Merkmal zwei gleiche Anlagen besitzt, **mischerbig** steht für zwei verschiedene Anlagen. Diese Anlagen werden heute auch als **Allele** bezeichnet. Mendels Untersuchungen wurden später mit den gleichen Ergebnissen auch bei anderen Lebewesen wiederholt. Diese Ergebnisse führten zur Formulierung der mendelschen Regeln, der **Uniformitätsregel** und der **Spaltungsregel**. → **4**

➔ **Merk dir!** Bei Kreuzungsversuchen fand Mendel Gesetzmäßigkeiten der Vererbung, die heute als mendelsche Regeln bezeichnet werden.

Arbeitsaufträge

1. Erkläre die Begriffe reinerbig, mischerbig, dominant und rezessiv.

2. Auch bei der Kreuzung von Tieren lassen sich die mendelschen Regeln beobachten. Bei der Zucht von Kaninchen werden reinerbig langhaarige Kaninchen (L) mit kurzhaarigen Kaninchen (l) gepaart.

a Erstelle ein Kreuzungsschema für die Vererbung dieses Merkmals von der Elterngeneration bis zur 2. Tochtergeneration.

b Erkläre an diesem Beispiel die mendelschen Regeln.

Als Mendels Forschungen an anderen Lebewesen wiederholt wurden, fand man bei der Wunderblume rosa Blüten. Sie entstanden in der 1. Tochtergeneration, als reinerbige Pflanzen mit roten und mit weißen Blüten gekreuzt wurden.
Wie ist dieses Ergebnis zu erklären?

1 Wunderblume mit weißen, rosa und roten Blüten

Anlagen werden kombiniert

Intermediärer Erbgang

Bei der Wunderblume treten in der 1. Tochtergeneration rosa Blüten auf, wenn reinerbige Pflanzen mit roten und mit weißen Blüten gekreuzt werden. Dieses Ergebnis ist dadurch zu erklären, dass beide Anlagen ausgeprägt werden. Keine von beiden ist dominant oder rezessiv. Das Erscheinungsbild der Pflanzen der 1. Tochtergeneration liegt zwischen den Erscheinungsbildern der Elterngeneration. Man spricht vom **intermediären Erbgang**.

Diese Erklärung wird bestätigt, wenn man die Blütenfarben der 2. Tochtergeneration betrachtet: Hier treten neben den Pflanzen mit rosa Blüten auch solche mit roten und mit weißen Blüten auf. Pflanzen mit rosa Blüten sind mischerbig, die anderen sind reinerbig. → 2

Neukombinationsregel

Mendel untersuchte in weiteren Experimenten Pflanzen, die sich in zwei Merkmalen unterschieden. Dabei kreuzte er reinerbige

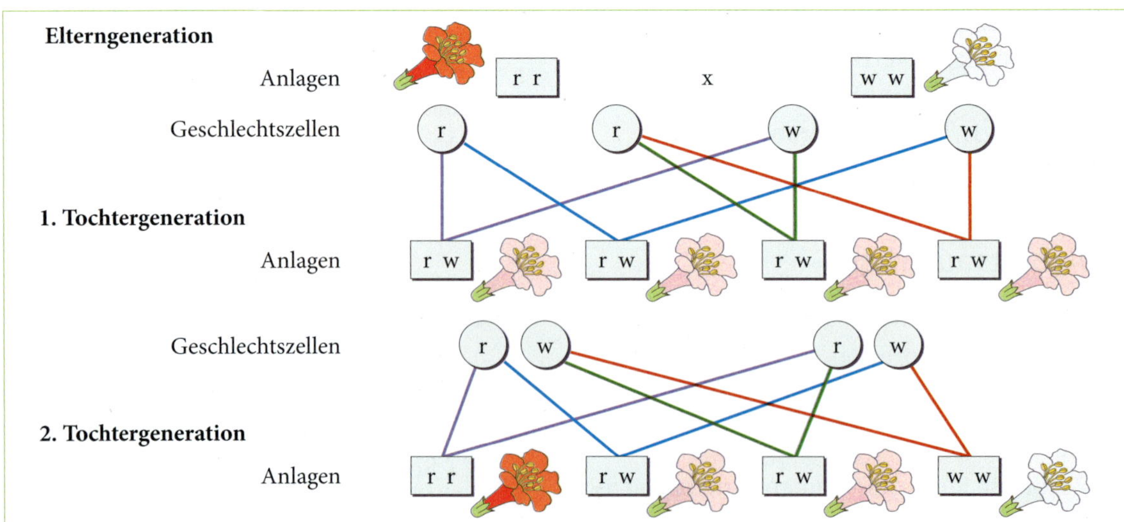

2 Kreuzungsschemata zum intermediären Erbgang bei der Wunderblume

intermediärer Erbgang

Neukombinationsregel

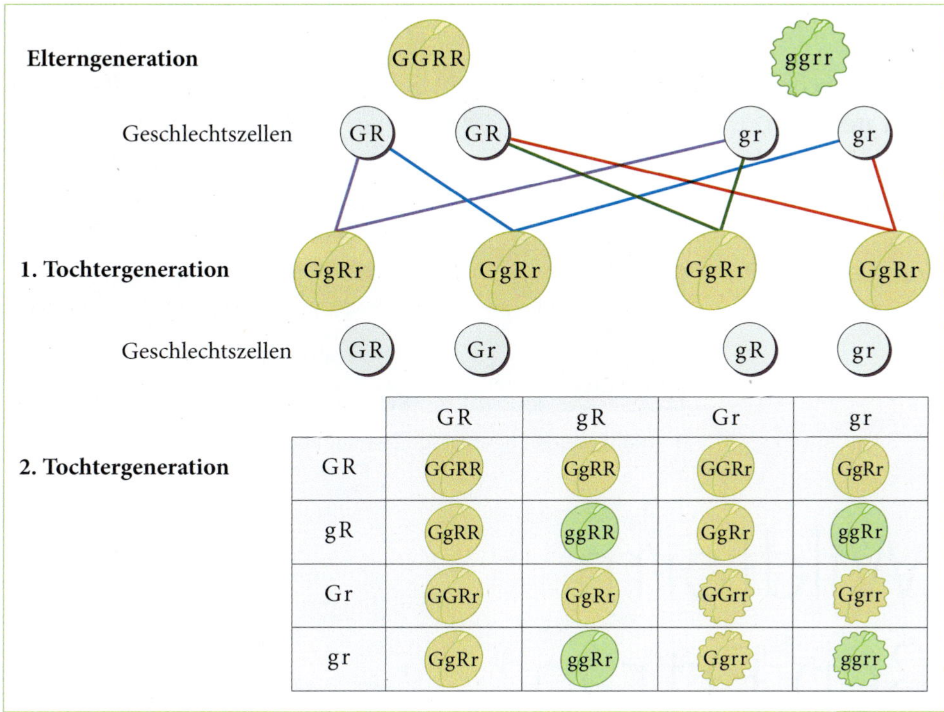

3 Erbgang mit zwei Merkmalen

Pflanzen, die gelbe und runde Samen aufwiesen, mit reinerbigen Pflanzen, die grüne und runzlige Samen besaßen. → 3 Die Samen der 1. Tochtergeneration sahen alle gleich aus: Sie waren gelb und rund. In der 2. Tochtergeneration trat nun jedoch eine Überraschung auf: Neben dem Erscheinungsbild der Elterngeneration gab es auch Pflanzen mit gelben und runzligen sowie grünen und runden Samen. Dieses Ergebnis lässt sich erklären, wenn man annimmt, dass die Anlagen für die Farbe und die Form der Samen neu kombiniert wurden. Dieses Ergebnis konnte später vielfach wiederholt werden, sodass sich die 3. mendelsche Regel, die **Neukombinationsregel**, ergibt:
Kreuzt man zwei reinerbige Lebewesen, die sich in mehr als einem Merkmal unterscheiden, so können die Merkmale in neuen Kombinationen auftreten.

Merk dir! Anlagen können kombiniert werden. Beim intermediären Erbgang treten Merkmale auf, die zwischen denen der Eltern liegen. Verfolgt man bei einem Erbgang zwei Merkmale, so können diese neu kombiniert werden.

Arbeitsaufträge

1. Betrachte den Erbgang in der Abbildung 3.
   a Bestimme wie viele unterschiedliche Erscheinungsbilder bei den Erbsen der 2. Tochtergeneration auftreten.
   b Berechne das Zahlenverhältnis dieser Erscheinungsbilder zueinander.

2. Erkläre folgende Begriffe: intermediärer Erbgang, Neukombinationsregel.

**Vor 50 Jahren hat eine Kuh durchschnittlich 3000 Liter Milch pro Jahr gegeben, heute hat sich diese Zahl fast verdoppelt: Eine gute Milchkuh liefert heute pro Jahr etwa 6000 Liter Milch.
Wie lässt sich diese Steigerung erklären?**

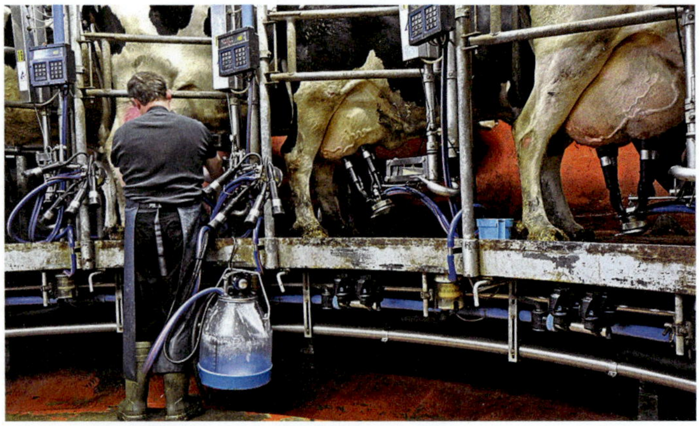

1 Kühe werden heutzutage fast nur noch maschinell gemolken.

Von der Wildform zum großen Ertrag

Ziele der Zucht

Seit Jahrtausenden nutzt der Mensch die Vielfalt von wild lebenden Pflanzen und Tieren zur **Züchtung** von Kulturpflanzen und Nutztieren. Diese Kulturpflanzen und Nutztiere haben verbesserte Eigenschaften.
Ein Beispiel für eine wichtige Kulturpflanze ist der Mais. → 2 Das wichtigste Zuchtziel beim Mais ist die Ertragssteigerung. Dies bedeutet, dass neu gezüchtete Maispflanzen eine größere Anzahl an Maiskolben hervorbringen oder Kolben mit einer höheren Anzahl an Maiskörnern ausbilden.

In der Tierzucht ist das wichtigste Ziel die Verbesserung und Erhaltung vorteilhafter Eigenschaften von Nutztieren. Bei Rindern ist das vor allem die Steigerung der Milchleistung. → 3 Daneben will man aber auch die Fleischleistung verbessern. Das bedeutet, dass Rinder gezüchtet werden, die möglichst schnell ein großes Körpergewicht erreichen. Sowohl in der Tierzucht als auch in der Pflanzenzucht wurden und werden grundsätzlich die gleichen Züchtungsmethoden angewandt. Doch wie funktioniert die Züchtung genau?

2 Mais stammt von einem Wildgras ab.

3 Milchleistung 1950 und heute

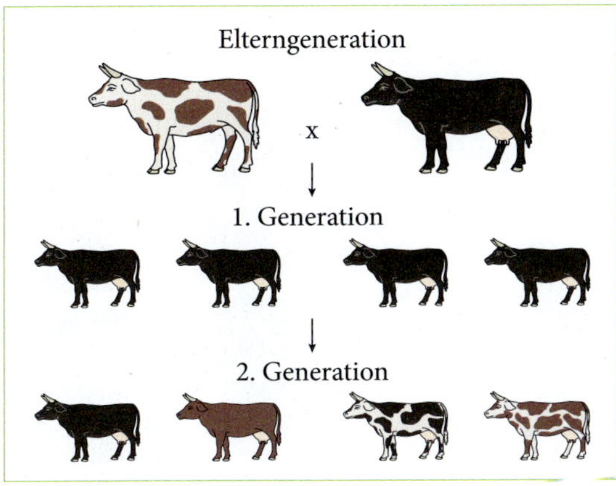

4 Neue Merkmale bei den Nachkommen

5 Wie entstehen bunte Maiskolben?

Auslese

Die älteste Züchtungsmethode ist die **Auslese** von Tieren und Pflanzen mit günstigen Eigenschaften. Bei einer Pflanze wie dem Mais werden aus einem Feld mit vielen Pflanzen nur diejenigen ausgelesen, d. h. ausgesucht, und weiter fortgepflanzt, die für den Menschen wertvolle Eigenschaften haben. Beim Mais sind das zum Beispiel die Pflanzen, die besonders große Maiskolben mit vielen Körnern besitzen.

Kreuzen von Rindern

Eine weitere Züchtungsmethode ist das **Kreuzen**. Zuerst werden mehrere Rinder aufgezogen und unterschiedliche Männchen und Weibchen miteinander verpaart. Wenn sich die Merkmale des weiblichen Rindes (z. B. schwarzes Fell) von den Merkmalen des männlichen Rindes (z. B. rotbraun geschecktes Fell) unterscheiden, entstehen bei den Nachkommen der 2. Generation, also den Enkeln, völlig neue Merkmalskombinationen. → **4, 5**

Zucht von Pflanzen und Haustieren

Die Methoden der Züchtung werden aber auch bei Haustieren und Gartenpflanzen angewendet. Durch Züchtung sind zum Beispiel unterschiedlich duftende Rosensorten oder verschiedene Hunderassen entstanden.

→ Merk dir! **Der Mensch züchtet durch Auslese und Kreuzen Tier- und Pflanzenarten mit Eigenschaften, die ihm nützlich sind.**

Arbeitsaufträge

1. Erläutere anhand der Abbildung 4, wie durch Züchtung Rinder mit unterschiedlichem Fellmuster entstehen.

2. Alex und Anton finden auf einem Maisfeld eine Maispflanze mit bunt gemusterten Maiskolben. Die Maiskolben bestehen aus gelben und roten Maiskörnern. Die beiden stehen vor einem Rätsel. Kannst du ihnen erklären, wie eine Pflanze mit solchen bunten Maiskolben entsteht? → **5**

3. Im kommenden Jahr findet ein Wettbewerb mit dem Titel „Wer hat die beste Kuh?“ statt. Bauer Klaus möchte gern teilnehmen, weiß jedoch nicht, wie er die Milchleistung seiner Kühe steigern kann. Entwickle einen Plan, mit dem du die Milchleistung von Bauer Klaus Kühen verbesserst.

In Science-Fiction-Filmen sind Mutanten meist Menschen mit verändertem Aussehen und ungewöhnlichen Eigenschaften. Sie sehen oft unheimlich oder merkwürdig aus oder haben besondere Fähigkeiten. Sind diese Veränderungen bei Menschen erfunden oder gibt es sie wirklich?

1 Mutant im Film mit verändertem Aussehen und veränderten Eigenschaften

Veränderung von Genen

Mutation heißt Veränderung

Die Veränderungen bei Mutanten in Filmen sind fast immer erfunden. Im Kino sehen die Mutanten meist besonders unheimlich aus. In der Biologie wird ein Lebewesen als Mutante bezeichnet, wenn es genetisch verändert ist. Der Prozess, bei dem eine solche genetische Veränderung entsteht, heißt **Mutation**. Mutationen entstehen zufällig und ungerichtet. Die Faktoren, die eine Mutation auslösen können, sind vielfältig.

Veränderungen von Körperzellen

Eine Mutation kann dazu führen, dass Gene in dieser Zelle nicht mehr funktionstüchtig sind. Manche Mutationen stören den Stoffwechsel der Zelle so stark, dass die Zelle abstirbt. Sie kann aber auch zu einer Krebszelle entarten. → 2 Viele Mutationen haben jedoch keine Auswirkungen auf die Lebensfähigkeit der Zelle, da die Zelle über Mechanismen verfügt, mit denen die Veränderungen repariert werden können. Mutationen in Körperzellen werden nicht an die nächste Generation vererbt. Sie betreffen immer nur das Lebewesen, bei dem sie auftreten.

Veränderungen von Geschlechtszellen

Findet eine Mutation in einer Geschlechtszelle statt, wirkt sich das jedoch nicht auf das betroffene Lebewesen aus. Erst in der nächsten Generation können solche Geschlechtszellenmutationen in Erscheinung treten. Sie werden also vererbt.

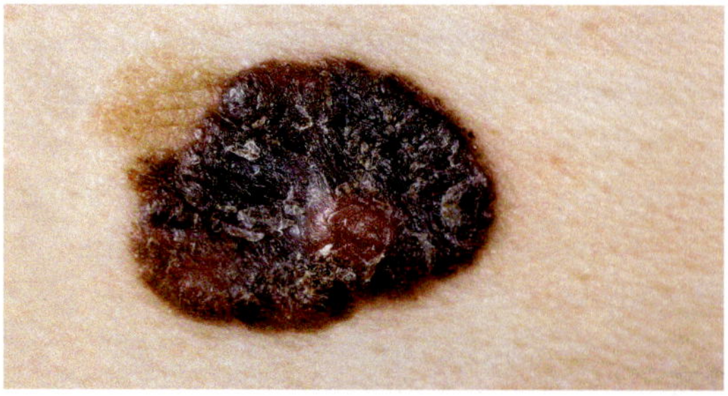

2 Hautkrebs

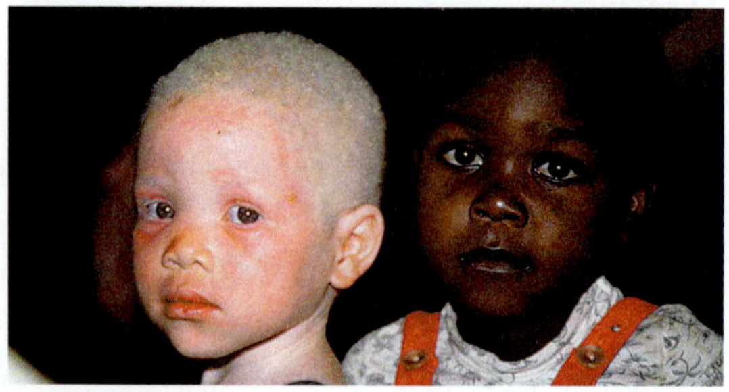

3 Albinomädchen

Modifikation
Mutation

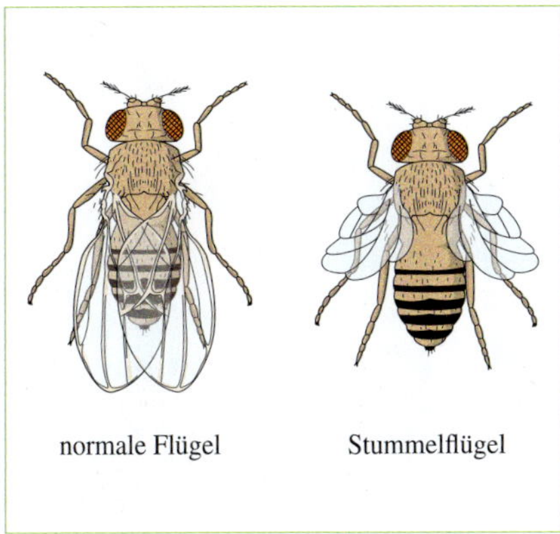

4 Stummelflügel bei der Fruchtfliege

5 Chinesische Primeln

Mutation ist nicht gleich Mutation

Beim Albinismus tritt die Mutation nur an einem einzigen Gen auf. Dabei ist das Gen, das für die Produktion des Hautfarbstoffes Melanin zuständig ist, verändert. Fehlt der Hautfarbstoff Melanin, sehen Haut, Fell oder Federn von Menschen und Tieren weiß aus. → 3 Neben Genen können auch Chromosomen mutieren. Ein berühmtes Beispiel ist die Fruchtfliege mit Stummelflügeln. → 4 Bei der Zellteilung kann es außerdem vorkommen, dass sich die Chromosomen nicht gleichmäßig auf die Zellkerne der neu entstehenden Zellen verteilen. Dies führt dazu, dass im Zellkern einer Zelle weniger oder mehr Chromosomen vorhanden sind. Ein Beispiel dafür ist das Down-Syndrom.

Mutationen schaffen Vielfalt

Mutationen können nachteilig, vorteilhaft oder ohne erkennbare Auswirkungen sein. Mutationen sind in der Geschichte der Lebewesen, der Evolution, eine Ursache für Neues. Sie tragen wesentlich zur genetischen Verschiedenheit einer Art bei.

Umweltfaktoren schaffen Veränderungen

Nicht alle Veränderungen von Lebewesen sind genetisch bedingt. Bei der Chinesischen Primel hängt zum Beispiel die Blütenfarbe von der Umgebungstemperatur ab. Wächst sie bei Temperaturen unter 30 °C, blüht sie rot, oberhalb von 30 °C dagegen weiß. → 5 Veränderungen von Merkmalen, die nicht genetisch bedingt sind, sondern durch unterschiedliche Umweltfaktoren wie Temperatur, Licht oder Nahrung, hervorgerufen werden, nennt man **Modifikationen**.

Merk dir! Mutationen sind Veränderungen im Erbgut. Sie treten zufällig auf. Modifikationen sind hingegen durch die Umwelt bedingte Merkmalsveränderungen.

Arbeitsaufträge

1. In vielen Science-Fiction-Filmen werden Mutanten, das heißt genetisch veränderte Lebewesen, gezeigt. Erkläre den Unterschied zwischen der Darstellung von Mutationen in Filmen und der biologischen Beschreibung von Mutationen.
2. Suche nach weiteren Beispielen für Modifikationen. Erkläre jeweils, woran man erkennt, dass es sich um eine Modifikation handelt.

Nicht alle Menschen können die rote und die grüne Farbe der Ampel erkennen. Sie sehen stattdessen grau. Dabei handelt es sich um eine genetisch bedingte Krankheit, die meist bei Männern auftritt. Wie ist die Häufung der Krankheit bei Männern zu erklären? Und wie lässt sich das Auftreten der Krankheit beim Menschen untersuchen?

1 Ampel: bei Normalsichtigen und bei Rot-Grün-Blinden

Vererbung beim Menschen

Rot-Grün-Blindheit

Bei Menschen, die die Farben Rot und Grün nicht sehen können, fehlen in der Netzhaut die Sehsinneszellen, die für die Wahrnehmung dieser beiden Farben verantwortlich sind. Die Erbanlagen für diese **Rot-Grün-Blindheit** sind rezessiv und liegen auf dem X-Chromosom. Auf dem zweiten Geschlechtschromosom, dem Y-Chromosom, befinden sich keine entsprechenden Erbanlagen. Wenn bei einer Befruchtung ein defektes X-Chromosom auf ein Y-Chromosom trifft, so entstehen männliche Nachkommen, die diese Krankheit ausbilden. Frauen erkranken nur dann, wenn zwei defekte X-Chromosomen bei einer Befruchtung aufeinandertreffen, was selten der Fall ist. → 2 Daher erkranken Männer häufiger an dieser Krankheit als Frauen. Frauen, die nur ein rezessives Gen tragen, treten jedoch als Überträgerinnen auf, weil sie die Information an die nächste Generation weitergeben. Bei diesem Erbgang treten bei den Nachkommen andere Zahlenverhältnisse auf, als dies nach den mendelschen Regeln zu erwarten ist. Deshalb spricht man heute von mendelschen Regeln, nicht mehr von mendelschen Gesetzen.

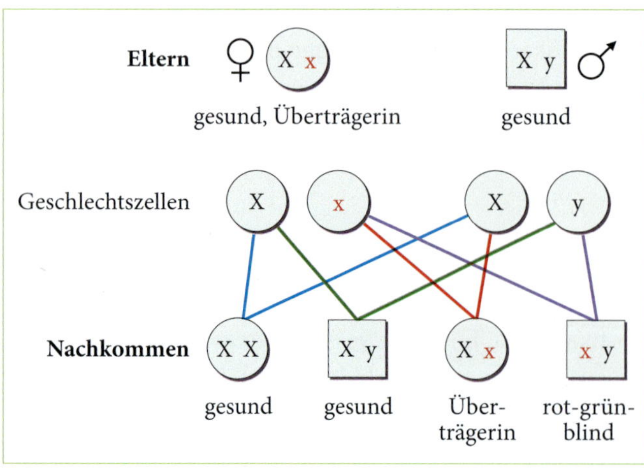

2 Vererbung der Rot-Grün-Blindheit

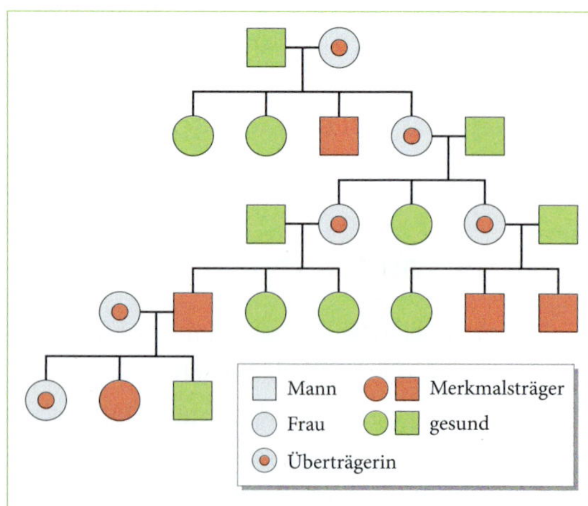

3 Familienstammbaum Rot-Grün-Blindheit

Familienstammbaum
Rot-Grün-Blindheit

X-Chromosom-gebundener Erbgang

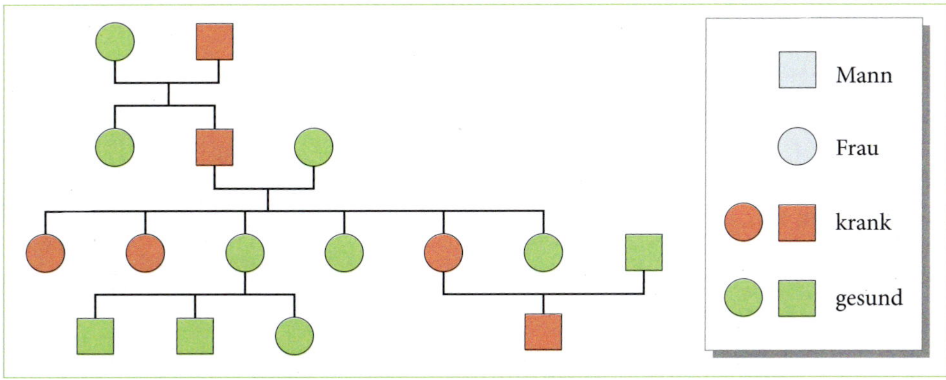

4 Familienstammbaum Kurzfingrigkeit

Familienstammbaum

Wenn man untersuchen will, wie eine Erbanlage wie die Information für die Rot-Grün-Blindheit oder die Kurzfingrigkeit vererbt wird, kann man Familienforschung betreiben. Dabei wird das Auftreten eines Merkmals über viele Generationen hinweg untersucht. Aus diesen Informationen lässt sich ein **Familienstammbaum** aufstellen, in dem die Merkmalsträger, die gesunden Personen, die Überträgerinnen sowie das Geschlecht der untersuchten Personen eingetragen werden. → **3**, **4** Aus diesem Stammbaum lassen sich wichtige Informationen über die Vererbung einer Erbanlage ablesen. Im Stammbaum für die Rot-Grün-Blindheit treten viele Männer als Träger des Merkmals auf. Dies ist ein Hinweis darauf, dass sich die betreffende Erbanlage auf dem X-Chromosom befindet. Man spricht von **X-Chromosom-gebundenem Erbgang.** Es ist ebenfalls zu beobachten, dass sich im Stammbaum relativ wenige Merkmalsträger finden. Dies ist ein Hinweis darauf, dass die betreffende Erbanlage rezessiv ist.

→ **Merk dir!** Wenn Erbanlagen auf dem X-Chromosom liegen, so spricht man vom X-Chromosom-gebundenen Erbgang. Die Vererbung beim Menschen kann man in Familienstammbäumen darstellen.

Arbeitsaufträge

1. Beschreibe den Erbgang für die Rot-Grün-Blindheit.

2. Analysiere den Stammbaum in Abbildung 4 und beantworte folgende Fragen:

- **a** Ist die Anlage für das Merkmal dominant oder rezessiv?
- **b** Liegt die Anlage auf einem X-Chromosom?
- **c** Begründe deine Entscheidungen.
- **d** Erstelle für alle im Stammbaum dargestellten Personen den Genotyp.

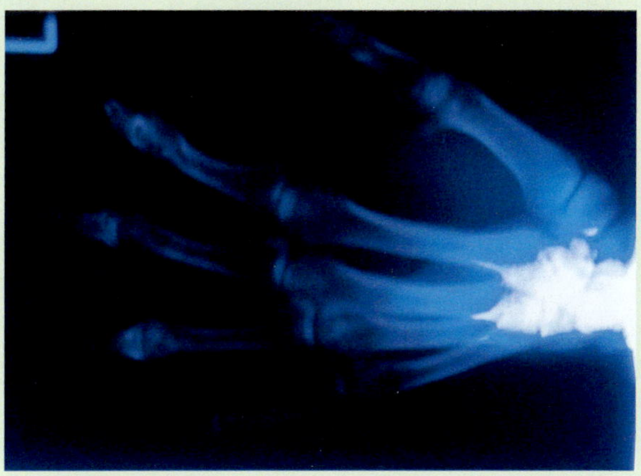

5 Kurzfingrigkeit

Anders normal leben

„Mein Name ist Max. Ich gehe in die 9. Klasse der Integrierten Gesamtschule und bin 16 Jahre alt. Als ich klein war, war ich häufig krank und musste wegen eines Herzfehlers operiert werden. Heute geht es mir gut. In der Grundschulzeit war ich nachmittags beim Sprachtraining, da ich nicht so gut sprechen konnte wie die anderen Kinder. Heute bringt mir die Schule viel Spaß. Besonders mag ich den Sportunterricht. Schreiben und Lesen fällt mir immer noch viel schwerer als den anderen in meiner Klasse. Zum Glück hilft mir mein Freund Alex im Unterricht sehr gut. Dafür muntere ich ihn auf, wenn er mal traurig ist. In der Schule habe ich Elena kennengelernt. Sie hat wie ich das Down-Syndrom. Sie ist seit ein paar Wochen meine Freundin."

1 Max

2 Menschen mit Down-Syndrom

Eine häufige Behinderung

Das Down-Syndrom ist eines der verbreitetsten angeborenen Syndrome. Weltweit leben zirka fünf Millionen Menschen mit dem Down-Syndrom. Der englische Arzt John Langdon Down war der Erste, der im Jahr 1866 Menschen mit den Merkmalen dieses Syndroms beschrieb. Als Syndrom wird eine Reihe von Merkmalen bezeichnet, die auf eine ganz bestimmte Ursache zurückzuführen sind. Die Kombination mehrerer dieser Merkmale ist typisch für das Syndrom.

Ein Chromosom zu viel

Menschen mit Down-Syndrom haben in jeder Zelle 47 Chromosomen statt der üblichen 46. Das Chromosom Nr. 21 ist dreifach in jeder Zelle vorhanden statt üblicherweise zweimal. → 3 Diese Entdeckung führte zur Bezeichnung Trisomie 21.
Trisomie 21 bezeichnet die genetische Ursache. Sie entsteht durch eine fehlerhafte Verteilung der Chromosomen bei der Meiose, der Eizellenbildung.

Vielfältige Anzeichen

Man kennt viele verschiedene Eigenschaften, die für Menschen mit dem Down-Syndrom typisch sind. Niemand zeigt jedoch alle diese

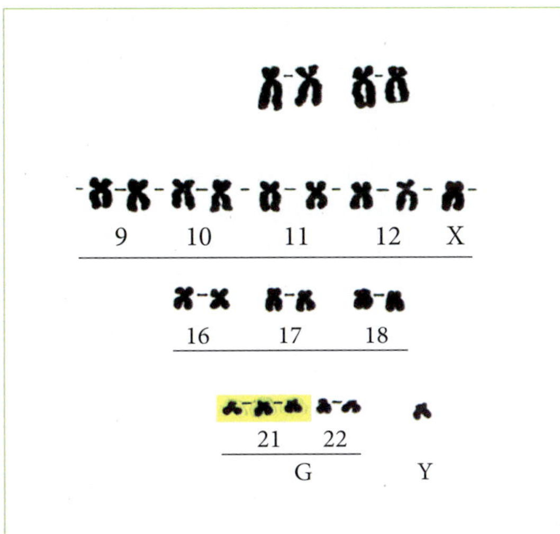

3 Karyogramm eines Menschen mit Down-Syndrom

4 Auch Behinderte können einen Beruf erlernen.

Eigenschaften. Häufig sind: ein rundes Gesicht, eine leicht schräg aufwärtsgerichtete Augenstellung, eine breite Hand mit kurzen Fingern, eine Muskelschwäche, oft anatomische Herzfehler (die meist früh operiert werden müssen), eine geringere Körpergröße als in der restlichen Familie und in der Regel eine verminderte Intelligenz.

Einzigartige Persönlichkeit

Menschen mit Down-Syndrom haben viele persönliche Merkmale, die sie unverwechselbar machen. Unterschiede gibt es auch bei ihren Fähigkeiten. Einige lieben es zu tanzen, andere zeigen daran kein Interesse. Manche sind beim Theaterspielen oder Malen sehr kreativ, andere sind dazu nicht in der Lage. Ihr Charakter wird häufig als offen, liebevoll und fröhlich beschrieben.

Erfolgreiche Förderung

Bei einigen Menschen ist die geistige Behinderung stark, bei anderen nur schwach ausgeprägt. Wenn die Kinder früh gefördert werden, können sie in vielen Fällen eine Schule besuchen, einen Abschluss machen und am Berufsleben teilnehmen.

Was passiert beim Menschen, wenn die Gene verändert sind? Sieht oder merkt man die genetische Veränderung? Machen genetische Veränderungen krank? Sind Menschen genetischen Veränderungen schicksalhaft ausgeliefert?

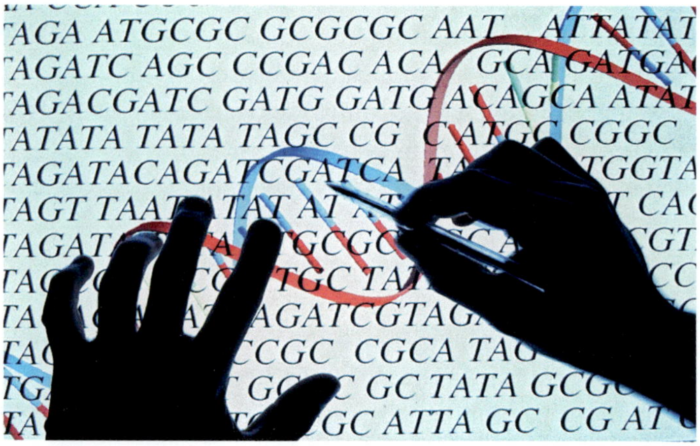

1 Sind veränderte Gene unser Schicksal?

Gene und Gesundheit

Krankheitsgene gibt es nicht

Häufig wird gesagt, Krankheiten beim Menschen würden durch kranke Gene ausgelöst. Dies ist jedoch nicht richtig. Gene selbst können nicht krank sein. Krank sein kann nur der Mensch. Gene können aber durch eine Mutation so verändert sein, dass bestimmte Proteine, die für den Körper wichtig sind, nicht mehr oder nicht mehr ausreichend produziert werden. Dann kann es zu einer **genetisch bedingten Krankheit** kommen.

Gene und Merkmale

Wenn wir über Gene sprechen, dann beziehen wir uns auf den Genotyp. Der Begriff **Genotyp** bezeichnet alle Erbanlagen eines Lebewesens. Das Erscheinungsbild eines Menschen wird hingegen als **Phänotyp** bezeichnet. Der Phänotyp umfasst die Merkmale und Eigenschaften eines Lebewesens, die wir sehen und beobachten können. Krankheiten gehören immer zum Phänotyp. Die Gene (= Genotyp) bewirken über eine komplexe Kette mit chemischen Reaktionen bestimmte Merkmale im Phänotyp. → 2

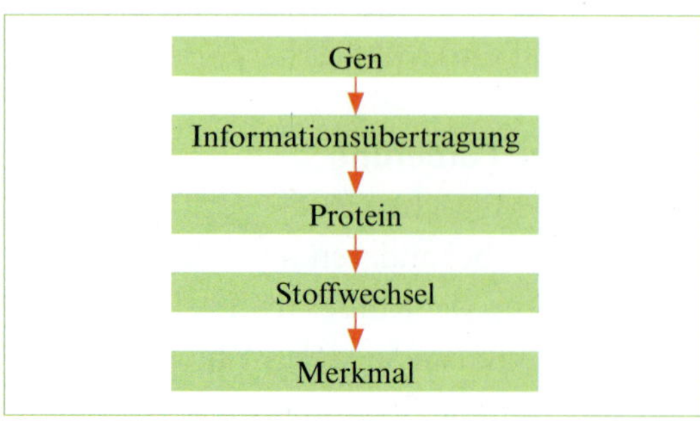

2 Vereinfachte Genwirkkette

Glücklich mit Milch

Bei ganz wenigen und meist auch seltenen Krankheiten reicht eine einzige Veränderung in nur einem einzigen Gen aus, um eine Krankheit auszulösen. Eine Genveränderung ist auch dafür verantwortlich, dass jemand laktosetolerant oder -intolerant ist. Laktoseintoleranz bezeichnet die Unverträglichkeit von Milch und Milchprodukten. Das Gegenteil ist die Laktosetoleranz. Laktosetoleranz äußert sich darin, dass Erwachsene Milch und Milchprodukte zu sich nehmen können, ohne Verdauungsbeschwerden zu bekommen. Dafür ist ein mutiertes Gen verantwortlich. Es sorgt dafür, dass genügend Laktase (Enzym) gebildet wird, um den in der Milch enthaltenen Milchzucker abzu-

genetisch bedingte Krankheit

Genotyp

Phänotyp

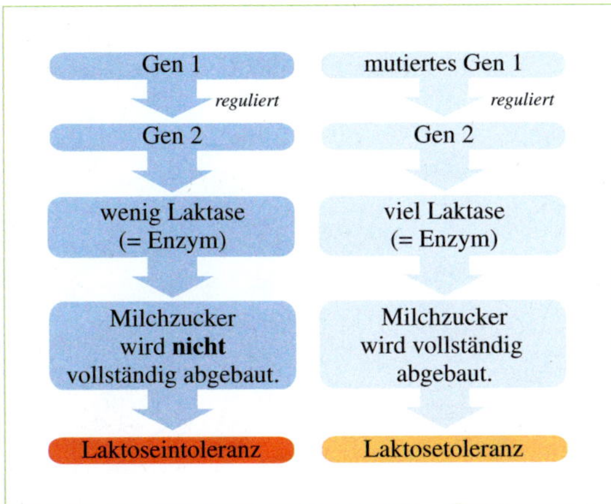

3 Eln mutiertes Gen und seine Folgen – Laktosetoleranz

4 Glücklich mit Milch?

bauen. → 3 Menschen mit Laktoseintoleranz fehlt das mutierte Gen, das die Laktasebildung reguliert. Es wird wenig Laktase gebildet, was dazu führt, dass nur wenig Milchzucker abgebaut werden kann. → 4 Nehmen diese Menschen viel Milchzucker zu sich, bekommen sie schweren Durchfall. Dieses Beispiel zeigt, dass ein mutiertes Gen auch einen Vorteil bedeuten kann.

Vielfältige Genwirkungen

Meist sind mehrere mutierte Gene an einer Veränderung des Phänotyps beteiligt. Diese führen dann zum Beispiel zu einer Anfälligkeit für eine Krankheit. Ob und in welchem Ausmaß eine Krankheit ausbricht, hängt auch von Umweltfaktoren wie der Ernährung oder von Stress ab. Dies ist z. B. bei Herz-Kreislauf-Erkrankungen oder Adipositas der Fall.

→ **Merk dir!** Der Genotyp bezeichnet die genetischen Eigenschaften eines Lebewesens. Der Phänotyp umfasst die Merkmale, die wir sehen können. Bei der Entstehung von genetisch bedingten Krankheiten sind in den meisten Fällen mehrere Gene und zusätzlich Umweltfaktoren beteiligt.

Arbeitsaufträge

1. In einer Zeitung erscheint ein Artikel mit dem Titel „Laktoseintoleranz – eine weitverbreitete Krankheit". Nimm Stellung zum Titel des Zeitungsartikels.
Begründe, was bei der Laktoseintoleranz für die Bezeichnung „Krankheit" spricht und was dagegen. Erörtere, welche Faktoren bei der Beantwortung der Frage eine Rolle spielen (z. B. Symptome, Vorliegen einer Mutation).

2. Alex muss eine Diät einhalten, da er das in der Nahrung enthaltene Phenylalanin (eine Aminosäure) nicht im Körper abbauen kann. Medizinisch wird dies als Phenylketonurie (PKU) bezeichnet.

a Recherchiere zum Thema PKU im Internet. Suche Informationen zu den Ursachen und Symptomen.

b Erkläre die genetischen Zusammenhänge, die dazu führen, dass Menschen kein Phenylalanin abbauen können. Nenne die Folgen, die entstehen, wenn PKU nicht behandelt wird.

Klaus weiß, dass in seiner Familie Fälle von Chorea Huntington, dem erblichen Veitstanz, aufgetreten sind. Deshalb besucht er mit seiner Frau eine Beratungsstelle zur genetischen Familienberatung. Sie möchten wissen, welches Risiko für Klaus und seine Kinder besteht, dass sie ebenfalls an dieser Erbkrankheit leiden. Wie verläuft eine genetische Familienberatung?

1 Bei der genetischen Familienberatung

Genetische Familienberatung

Chorea Huntington

Die Krankheit **Chorea Huntington** ist nach dem amerikanischen Arzt George Huntington benannt, der sie 1872 erstmals vollständig beschrieb. Die Krankheit äußert sich durch unwillkürliche Zuckungen und unkontrollierte Bewegungen der Arme, Beine und der Gesichtsmuskeln. Sie bricht etwa ab dem 40. Lebensjahr aus und führt mit ihrem Fortschreiten auch zum Verlust geistiger Fähigkeiten. Huntington verfolgte die Krankheit über mehr als 12 Generationen zurück und stellte eine familiäre Häufung fest. Damit lag der Verdacht nahe, dass es sich um eine Erbkrankheit handelt. Die Beschreibung der Krankheitssymptome lässt sich bis ins Mittelalter zurückverfolgen. Damals sprach man von **Veitstanz.** → 2 Auch der Begriff Chorea lässt sich auf diesen Begriff zurückführen (griech. choreia = Tanz).

Ein Gendefekt als Ursache

Heute weiß man, dass die Krankheit durch ein dominantes Gen ausgelöst wird, das sich auf dem Chromosom Nr. 4 befindet. Das defekte Gen ist dafür verantwortlich, dass bestimmte Nervenzellen im Gehirn nicht mehr richtig funktionieren und schließlich absterben. Diese Vorgänge verlaufen sehr langsam, sodass etwa bis zum 40. Lebensjahr keine Krankheitszeichen auftreten. Die Krankheit ist nicht heilbar.

Genetische Familienberatung

Wenn in einer Familie eine Erbkrankheit wie Chorea Huntington auftritt, so werden durch eine **genetische Familienberatung** zunächst die genauen Verwandtschaftsverhältnisse der Betroffenen erforscht und in einem Familienstammbaum dargestellt. → 3 Klaus und Marion können aus dem Familienstammbaum ablesen, ob eine Wahrscheinlichkeit besteht, dass Klaus das krank machende Gen in sich trägt. Um ganz sicher zu sein, muss bei den möglicherweise Betroffenen eine **Genanalyse** durchgeführt werden. Dazu wird eine Blutprobe entnommen und die DNA aus den Zellen isoliert. Die DNA wird mit geeigneten Methoden aufgetrennt und sichtbar gemacht. Da man das Gen, das Chorea Huntington verursacht, genau kennt, lässt sich exakt feststellen, ob Klaus dieses Gen in seinen Zellen hat oder nicht.

Chorea Huntington
Genanalyse
genetische Familienberatung
Veitstanz

2 Veitstanz im Mittelalter

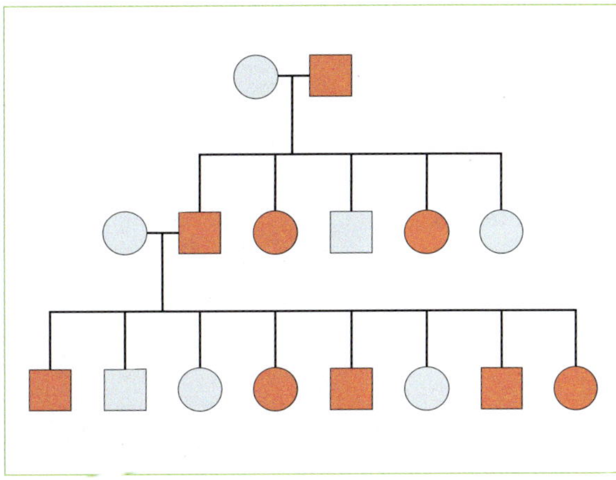

3 Familienstammbaum Chorea Huntington

Konsequenzen der Beratung

Nur etwa fünf bis zehn Prozent der in einer Beratungsstelle Ratsuchenden entscheiden sich dafür, eine Genanalyse durchführen zu lassen. Die meisten möchten diese Sicherheit nicht haben. Das verdeutlicht, dass die genetische Beratung für Menschen mit möglichen genetisch bedingten Krankheiten eine große psychische Belastung darstellt.

> **Merk dir!** Chorea Huntington ist eine der häufigsten genetisch bedingten Krankheiten des Nervensystems. Wenn jemand befürchtet, die Erbanlagen für diese oder andere genetisch bedingte Krankheiten in sich zu tragen, kann er eine genetische Beratungsstelle aufsuchen. Die Beratung geht mit großen psychischen Belastungen einher.

Arbeitsaufträge

1. Beschreibe den Stammbaum in Abbildung 3.
- **a** Begründe, dass das Gen, das Chorea Huntington verursacht, dominant ist.
- **b** Begründe, dass das Gen, das Chorea Huntington verursacht, nicht auf einem X-Chromosom liegt.
- **c** Erläutere, weshalb man bei der Analyse von Stammbäumen nur von Wahrscheinlichkeiten sprechen kann.

2. Chorea Huntington gehört zu den am häufigsten auftretenden genetisch bedingten Krankheiten des Nervensystems. → 4
- **a** Berechne den Anteil der Erkrankten in der Gesamtbevölkerung und in der Verwandtschaft des Betroffenen in Prozent.
- **b** Erläutere an diesem Beispiel den Begriff „familiäre Häufung".

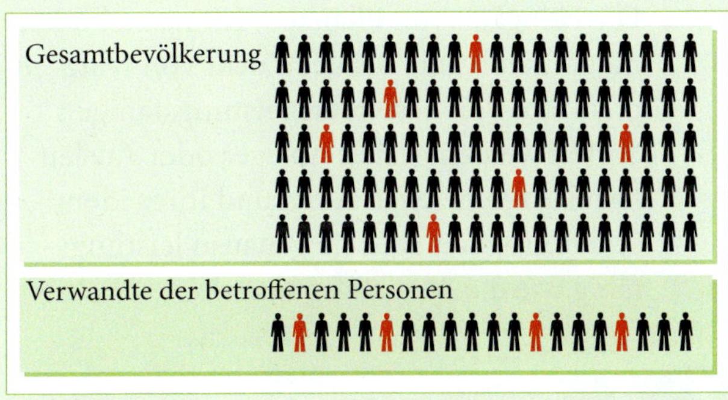

4 Häufigkeit von Chorea Huntington

3. Gib Klaus einen Rat: Soll er eine Genanalyse durchführen lassen? Soll er bei positivem Befund Vater werden? Setzt euch in Gruppen zu vier Schülern zusammen und beantwortet die beiden Fragen nach der Placemat-Methode.

Im Jahr 1996 wurde der Öffentlichkeit ein Schaf vorgestellt. Es hieß Dolly. Dolly unterschied sich nicht besonders von anderen Schafen, aber sie war die identische Kopie eines anderen Schafes. Wie ist das möglich?

1 Dolly

Geklonte Lebewesen

Identische Nachkommen

Viele Pflanzen bilden Ableger oder Ausläufer, aus denen sich neue Pflanzen bilden. Beispiele hierfür sind Grünlilien, Kartoffeln oder Erdbeeren. Da die neuen Pflanzen auf ungeschlechtlichem Wege entstanden sind, ist ihr Erbgut mit dem der Mutterpflanze identisch, es handelt sich um **Klone**.

Klonen von Pflanzen

Die Fähigkeit von Pflanzen, Klone zu bilden, nutzt man häufig bei der Zucht von Nutzpflanzen. Von besonders leistungsfähigen Sorten werden gezielt Ableger oder Ausläuferpflanzen erzeugt. Aufgrund ihres identischen Erbgutes sind sie genauso leistungsfähig wie die Ausgangspflanzen.

Vervielfachung von Nachkommen

Rinder bekommen normalerweise ein Kalb pro Jahr. Landwirte möchten jedoch von Rindern, die besonders viel Milch geben oder die viel Fleisch erzeugen, möglichst schnell möglichst viele Nachkommen erhalten. Mit den herkömmlichen Zuchtmethoden ist dieses Ziel nicht zu erreichen. Eine Vervielfachung der Anzahl der Nachkommen wird durch das **Klonen mit embryonalen Stammzellen** erreicht. Dabei wird eine befruchtete Eizelle aus der Gebärmutter des weiblichen Rindes herausgespült. Die Eizelle teilt sich, wobei ein Keim mit embryonalen Stammzellen entsteht. Jede Stammzelle besitzt die Fähigkeit, einen eigenständigen Embryo aus sich hervorgehen zu lassen.

2 Klonen mit embryonalen Stammzellen

Klone

Klonen mit embryonalen Stammzellen

Klonen mit Körperzellen

therapeutisches Klonen

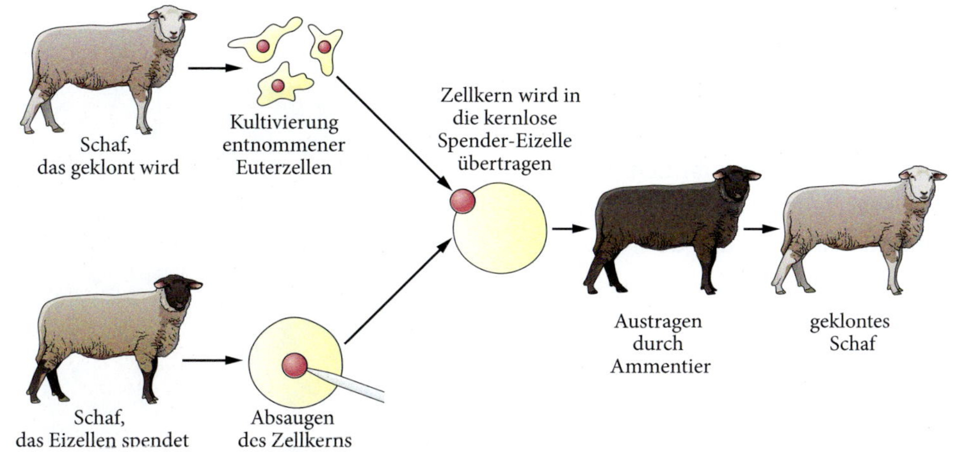

3 Klone aus Körperzellen

Sie werden Ammenkühen eingesetzt und entwickeln sich dort zu vollständigen, erbgleichen Tieren. → 2

Klonen von Körperzellen

Die Nachkommen, die durch das Klonen aus Stammzellen entstehen, sind zwar untereinander genetisch gleich, ihr Erbgut unterscheidet sich jedoch von dem ihrer Mutter. Bei der Befruchtung der Eizelle wird die Hälfte des Erbgutes von den beteiligten Spermien beigesteuert. Es lassen sich auch Nachkommen erzeugen, deren Erbgut mit dem Erbgut des Spendertieres identisch ist. Dazu werden zunächst unbefruchtete Eizellen aus dem Eierstock eines Rindes gewonnen. Der Zellkern dieser Eizellen wird entfernt. Zellkerne aus Körperzellen eines Spendertieres, zum Beispiel aus dem Euter, werden in diese Eizellen übertragen. Anschließend wird deren Teilung angeregt. Das von einem Ammentier ausgetragene Kalb ist mit dem Spendertier des Zellkerns erbgleich. Das Klonschaf Dolly war das erste Säugetier, das so entstanden ist. → 1, 3 Seit 1996 wurden viele weitere Tiere durch **Klonen mit Körperzellen** erzeugt.

Klonen beim Menschen

Menschen wurden bisher noch nirgendwo auf der Welt geklont. Ob dieses Klonen technisch möglich ist, ist ungeklärt. Aus embryonalen Stammzellen lassen sich theoretisch Gewebe und Organe erzeugen, die für medizinische Zwecke eingesetzt werden können. Dies wird als **therapeutisches Klonen** bezeichnet. Sowohl das Klonen von Menschen als auch das therapeutische Klonen sind in Deutschland verboten.

→ **Merk dir!** **Zellen oder Lebewesen, die genetisch identisch sind, bezeichnet man als Klone. Durch das Klonen mit embryonalen Stammzellen, beispielsweise bei der Tierzucht, kann eine Vervielfachung von Nachkommen erreicht werden.**

Arbeitsaufträge

1. Beschreibe das Klonen mit Körperzellen.
2. Erläutere, weshalb die Nachkommen beim Klonen mit Körperzellen mit den Spendertieren des Zellkerns genetisch identisch sind.
3. Erläutere, weshalb die Nachkommen beim Klonen mit embryonalen Stammzellen nur untereinander, nicht aber mit dem Spendertier der befruchteten Eizelle genetisch identisch sind.

Grüne Gentechnik

Die sogenannte grüne Gentechnik ist seit Jahren in aller Munde. Zuerst war sie nur in der Diskussion, inzwischen sind einige Produkte auf dem europäischen Markt, die Teile gentechnisch veränderter Pflanzen enthalten.
Gentechnisch veränderte Pflanzen sollen den Hunger in der Welt besiegen. Sie sind immun gegen Schädlinge und bringen mehr Ertrag – sagen ihre Befürworter. Gegner fürchten dagegen unkontrollierbare Gefahren für Natur und Gesundheit. Ist die grüne Gentechnik ein Fluch oder ein Segen? Die Frage ist nicht leicht zu beantworten. Wichtig ist vor allem, dass man sich genau informiert und weiß, worüber man spricht.

1 Ist dieser Mais gentechnisch verändert oder nicht?

2 Der Begriff „Genfood" ist in aller Munde – doch was genau ist Genfood eigentlich?

3 Anhänger einer Umweltorganisation protestieren gegen den Anbau von Genmais.

Schritte und Tipps für das Projekt „Grüne Gentechnik“

Vorbereitung

Besprecht gemeinsam, wie ihr euch über das Thema grüne Gentechnik informieren und wie ihr am Ende ein eigenes Urteil über die Thematik fällen könnt. Klärt, was ihr bereits über das Thema wisst und bei welchen Fragen ihr euch noch nicht sicher seid. Sammelt eure offenen Fragen.

Planung

Bildet Interessengruppen, die sich verschiedenen Themenbereichen zuordnen. Haltet eure Planung schriftlich fest.

- Notiert das Ziel eures Projekts.
- Teilt den einzelnen Gruppen verschiedene Aufgaben zu.
- Überlegt euch, wo ihr Informationen zu eurem Thema erhaltet. Tipp für die Internetrecherche: Naturschutzverbände, Organisationen, Landwirtschafts- und Umweltministerium
- Erstellt einen Zeitplan.
- Wie soll eure Präsentation aussehen?

Durchführung

Beginnt mit der Beantwortung eurer Fragen. Neben der Recherche im Internet und in Büchern könnt ihr euch Broschüren bei Organisationen (z. B. Ministerium, Greenpeace) besorgen. Um herauszufinden, was die Bewohner eures Heimatortes zum Thema denken, führt Interviews. Befragt auch Experten wie Ökolandwirte, Biologen oder Vorsitzende von Umweltschutzorganisationen. Achtet darauf, dass ihr Informationen zu den Chancen und Risiken der grünen Gentechnik zusammenstellt.

Abschluss und Präsentation

- Stellt eure Ergebnisse auf Plakaten, einer Wandzeitung, in einer PowerPoint-Präsentation, einem Rollenspiel oder einem kurzen Film dar.
- Gestaltet eine Ausstellung zum Thema grüne Gentechnik, in der ihr Mitschüler, Eltern und andere Interessierte informiert.
- Führt eine Podiumsdiskussion zum Thema durch. Sammelt Argumente für und gegen den Einsatz der grünen Gentechnik und fällt am Ende der Diskussion ein eigenes Urteil.

4 Mindmap zur grünen Gentechnik

Gene und Vererbung

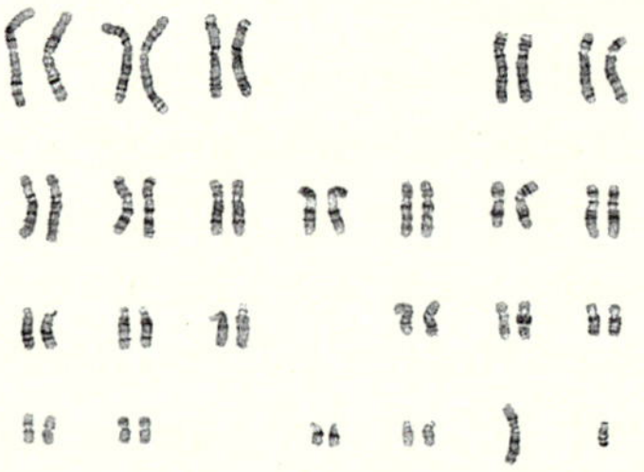

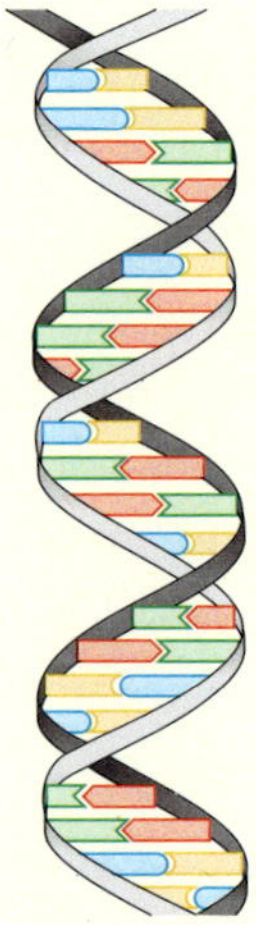

Die Chromosomen eines Lebewesens befinden sich im Zellkern jeder Zelle. Die Körperzellen des Menschen enthalten 46 Chromosomen, die Geschlechtszellen nur 23 Chromosomen. (Siehe Seite 126.)

Die Gene befinden sich auf den Chromosomen. Sie bestehen aus einem fadenförmigen chemischen Molekül, der DNA. (Siehe Seite 126, 130.)

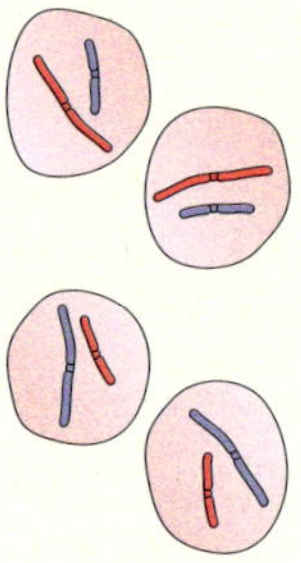

Die Meiose führt zur Bildung der Geschlechtszellen. Dabei werden die 46 Chromosomen so verteilt, dass die Zellkerne der Tochterzellen nur noch die Hälfte der Chromosomen enthalten (23 Chromosomen). (Siehe Seite 128.)

Als Erster beschäftige sich Johann Gregor Mendel ab 1860 wissenschaftlich mit der Vererbung. Seine Forschungsergebnisse sind als mendelsche Regeln heute noch gültig. (Siehe Seite 138–143.)

Bei der Züchtung werden Methoden angewandt, um die Eigenschaften von Pflanzen und Tieren zu verbessern. (Siehe Seite 144.)

→ Gene und Chromosomen können sich verändern. Diese Mutationen können nachteilig, vorteilhaft oder ohne Auswirkungen sein. (Siehe Seite 146.)

→ Bei Menschen mit Down-Syndrom ist das Chromosom 21 dreifach vorhanden. (Siehe Seite 150.)

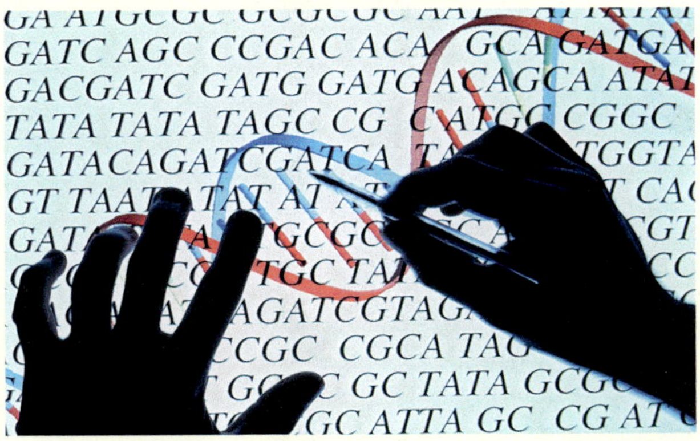

→ Die Entstehung von genetisch bedingten Krankheiten ist sehr komplex. In den meisten Fällen sind mehrere Gene und zusätzlich Umweltfaktoren an der Krankheitsentstehung beteiligt. (Siehe Seite 152.)

→ Die grüne Gentechnik beschäftigt sich mit modernen Methoden der Pflanzenzucht. Die Methoden sind mit Chancen und Risiken verbunden. (Siehe Seite 158.)

1. Erkläre mit eigenen Worten, was man in der Biologie unter dem Begriff Vererbung versteht.

2. 1966 hat der Biologe John Gurdon Versuche an Krallenfröschen durchgeführt.
- **a** Beschreibe die Versuche von John Gurdon.
- **b** Werte die Ergebnisse der Versuche aus und erläutere die Bedeutung des Zellkerns.

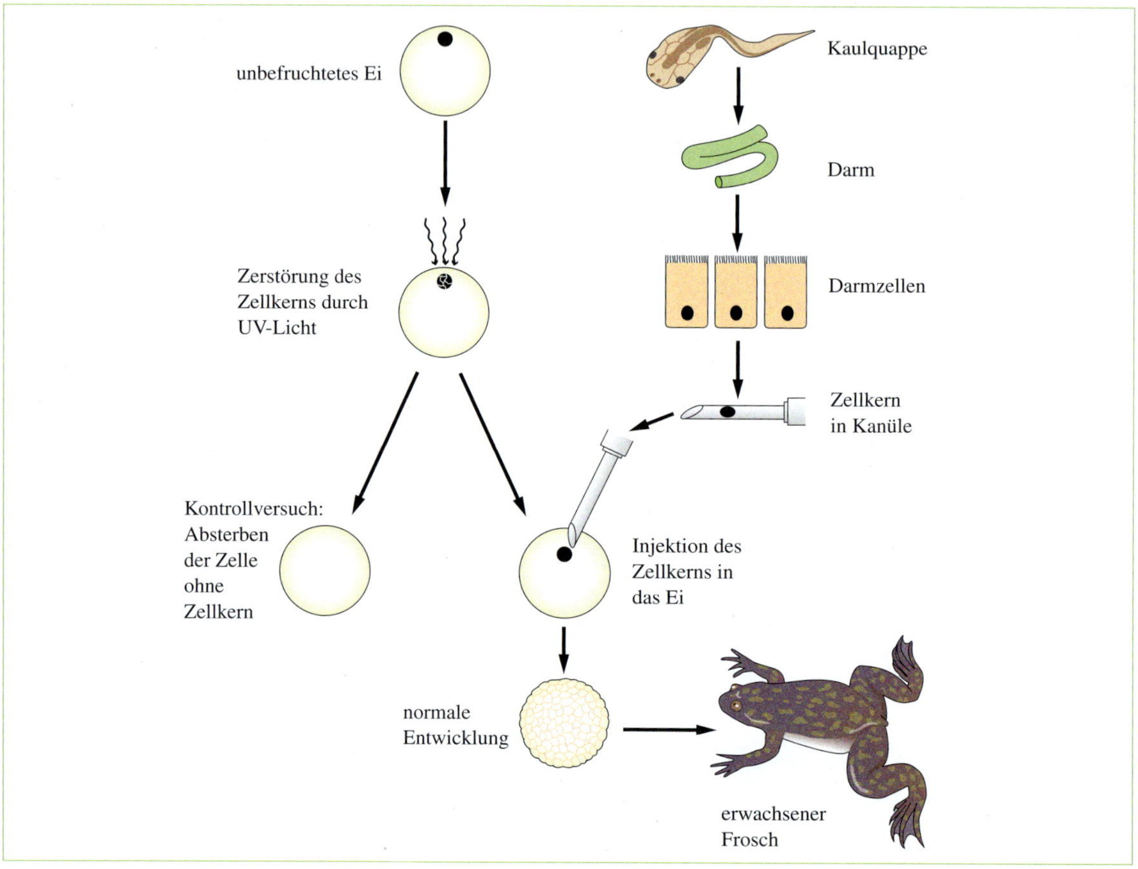

1 Ergebnisse der Versuche mit Krallenfröschen

3. Die Abbildung 2 zeigt verschiedene Formen von Chromosomen.
- **a** Nenne die Fachbegriffe für die verschiedenen Chromosomen in den Abbildungen a bis c.

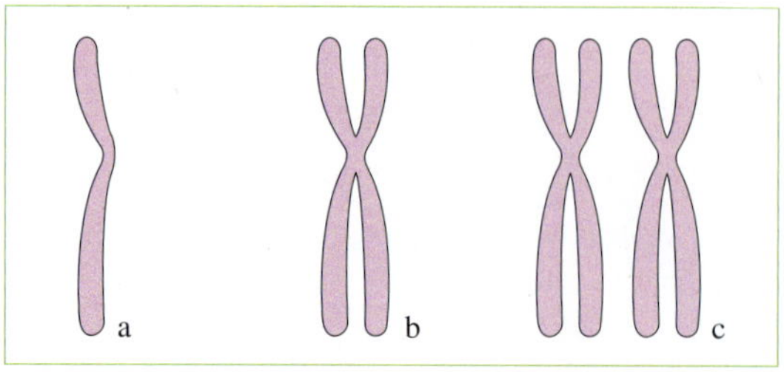

2 Chromosomen

- **b** Erläutere, in welchen Zellen man die verschiedenen Chromosomenformen finden kann.

4. Braune und schwarze Mäuse werden miteinander gekreuzt. Beide Mäuse sind für das Merkmal Fellfarbe reinerbig. Die Anlage für die schwarze Fellfarbe ist dominant.
- **a** Erstelle ein Kreuzungsschema zur 2. Tochtergeneration.
- **b** Erläutere an diesem Beispiel die ersten beiden mendelschen Regeln.

5. Im Urlaub geht Anton mit seinen Eltern im Gebirge wandern. Er findet dort Löwenzahnpflanzen, die wesentlich kleiner sind als die Pflanzen zu Hause. → 3 Anton wundert sich über die großen Unterschiede zwischen den Löwenzahnpflanzen im Gebirge und denen zu Hause im Tiefland. Er fragt sich, ob es an den Wachstumsbedingungen liegt oder ob es bleibende genetisch bedingte Merkmale sind.
Plane einen Versuch, mit dem man Antons Frage beantworten kann, und beschreibe den Versuchsaufbau und die Durchführung.

6. Die Wahrscheinlichkeit, dass ein Kind mit Trisomie 21 geboren wird, hängt vom Alter der Mutter bei der Geburt des Kindes ab.
- **a** Beschreibe die Grafik in Abbildung 4.
- **b** Erläutere, wie Trisomie 21 zustande kommen kann und welche Auswirkungen sie auf die Betroffenen hat.
- **c** Das Alter von Frauen, die ein Kind bekommen, hat in der Vergangenheit kontinuierlich zugenommen. Erläutere mögliche Folgen dieser Zunahme.

3 Löwenzahn

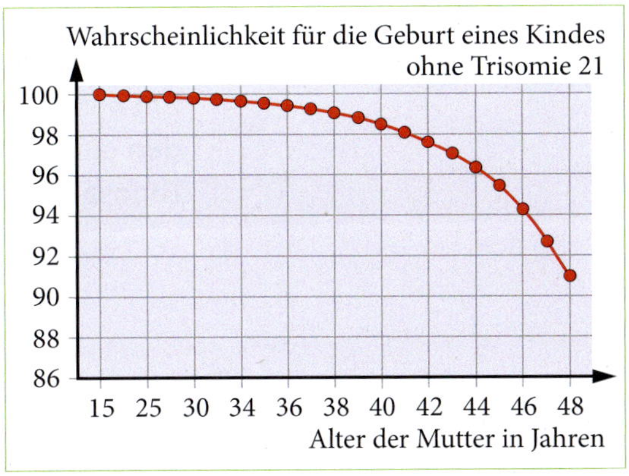

4 Häufigkeit von Trisomie 21

Ordne deiner Lösung im Heft ein Smiley zu:
☺ Ich habe die Aufgabe richtig lösen können.
😐 Ich habe die Aufgabe nicht komplett lösen können.
☹ Ich habe die Aufgabe nicht lösen können.

Aufgabe	Fähigkeit	Hilfe findest du auf Seite …
1	Ich kann den Begriff der biologischen Vererbung erklären.	124
2	Ich kann Versuchsergebnisse erklären und kenne die Bedeutung des Zellkerns.	126
3	Ich kenne verschiedene Formen von Chromosomen und weiß, in welchen Zellen sie vorkommen.	126, 128
4	Ich kenne die ersten beiden mendelschen Vererbungsregeln und kann ein Kreuzungsschema bis zur 2. Tochtergeneration aufstellen.	140
5	Ich kenne den Unterschied zwischen genetisch bedingten und umweltbedingten Veränderungen.	146
6	Ich weiß, wie Trisomie 21 zustande kommt, welche Auswirkungen sie auf die Betroffenen hat und welche Risikofaktoren es gibt.	150

Evolutionäre Entwicklung

Die Anfänge unserer Erde liegen lange vor unserer Zeitrechnung. Die Erde entstand vor etwa 4,5 Milliarden Jahren. Ihre Geschichte, die Entstehung und Entwicklung, wird von den Paläontologen untersucht und erforscht.
Die Forschung liefert uns Beweise für die unterschiedlichsten Lebensformen, die die Erde über Milliarden von Jahren bis in die heutige Gegenwart besiedelt haben. Dabei geht die Entwicklung von den kleinsten Lebewesen, den Bakterien, den einzelligen Pflanzen und Tieren über Mammutbäume und Dinosaurier zu den heutigen Pflanzen, Tieren und Menschen.

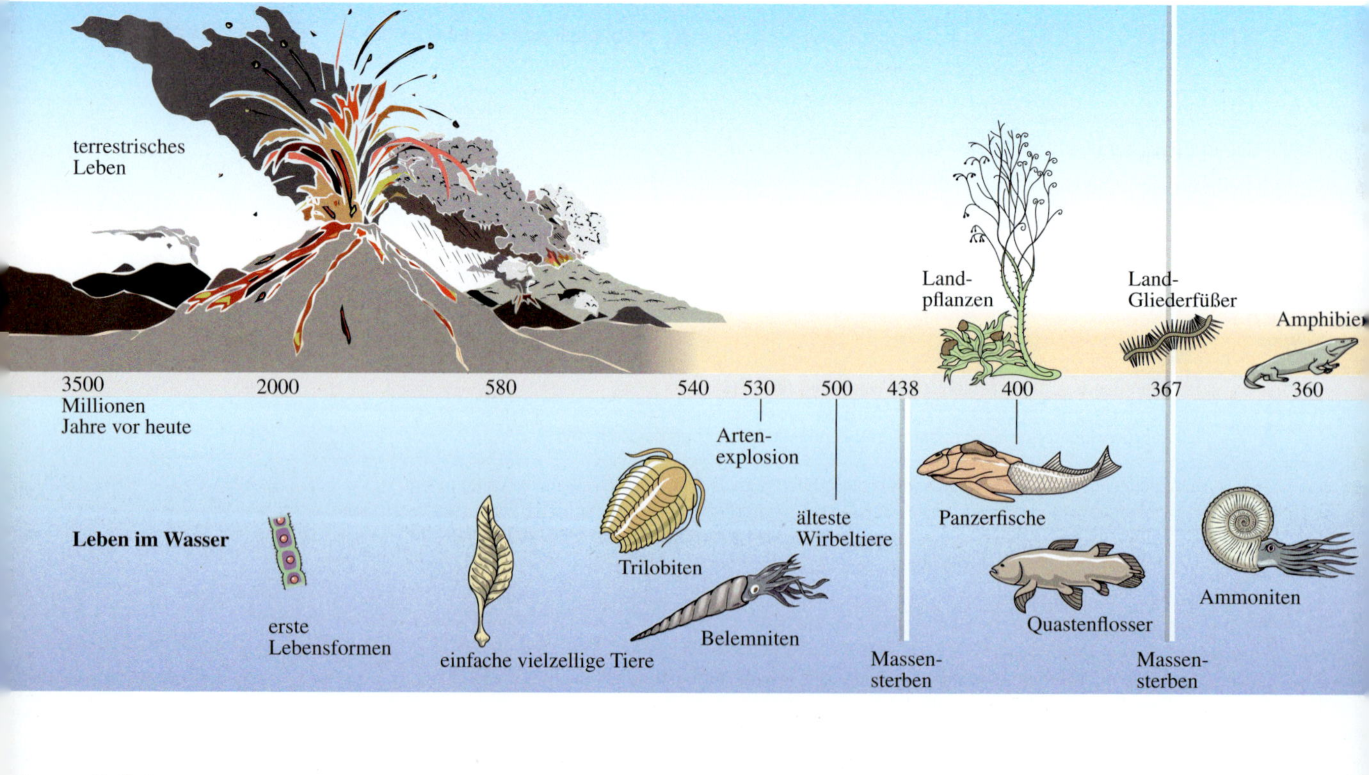

1 Welche Beweise längst vergangenen Lebens gibt es? (Siehe Seite 166.)

2 Wie entstand unser Planet? (Siehe Seite 176.)

3 Welche Lebewesen haben die besten Überlebenschancen? (Siehe Seite 186.)

4 Stammt der Mensch tatsächlich vom Affen ab? (Siehe Seite 196.)

5 Veränderten sich bei der Entwicklung zum Homo sapiens auch die Werkzeuge und die Moral? (Siehe Seite 200.)

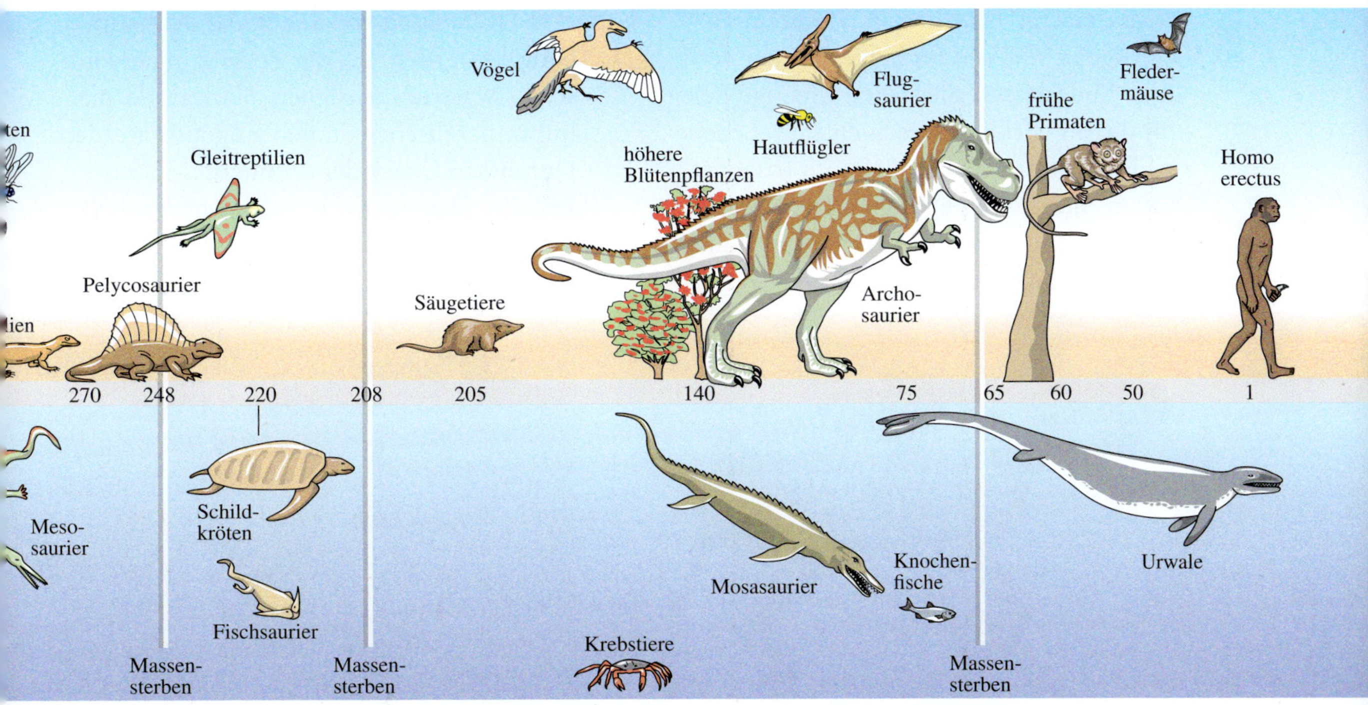

6 Welche Voraussetzungen ermöglichten die Besiedlung der Erde? (Siehe Seite 178.)

Wenn Forscher Fossilien finden, stellen sich ihnen immer wieder die gleichen Fragen: Zu welcher Tierart gehören die gefundenen Knochen oder Skelettteile? Wie alt sind sie und wie wurden sie über viele Jahre erhalten?

1 An einer Ausgrabungsstelle

Fossilien – auf den Spuren der Urzeit

Spurensuche

Normalerweise werden organische Stoffe, beispielsweise Lebewesen, nach ihrem Tod rasch zersetzt. **Fossilien** sind Spuren, die einstige Lebewesen für lange Zeit auf der Erde hinterlassen. Sie stellen wichtige Belege für die Entwicklungsgeschichte des Lebens in der Evolution dar. Zeitzeugen früheren Lebens findet man überall in Deutschland. Die Entstehung von Fossilien nennt man **Fossilisation**.

Versteinerungen und Abdrücke

Es gibt verschiedene Arten der Fossilisation. So entstehen **Versteinerungen**, wenn organische Stoffe rasch von Sand oder Schlamm bedeckt werden. Bei der Zersetzung organischen Materials entstehen Hohlräume, die mit mineralischen Stoffen aufgefüllt werden. Durch den Druck der darüberliegenden Erdschichten versteinern diese allmählich. Beispiele für Versteinerungen sind Urfarne, das Urpferdchen oder der Urvogel. → 2, 3

2 Urpferdchen

3 Archaeopteryx

Abdrücke
Einschluss
Fossilien
Fossilisation
Mumifikation
Versteinerungen

4 Bernstein mit Einschlüssen

5 Ötzi, die Gletschermumie

Abdrücke, beispielsweise Fußspuren, die Lebewesen im Schlamm der Urzeit zurückgelassen haben, entstehen auf ähnliche Weise. In Tansania wurden Fußspuren in der Asche eines erloschenen Vulkans gefunden, die etwa 3,6 Millionen Jahre alt sind.

Bernstein – nicht nur hübscher Schmuck

Bei Streifzügen am Flutsaum der Ostseeküste findet man manchmal Naturbernstein. Bernstein ist versteinertes Baumharz. Mit etwas Glück enthält der Bernstein **Einschlüsse** von Pflanzenteilen oder Kleintieren, die im Harz der Nadelhölzer aus der Urzeit gefangen wurden. → 4 Die eingeschlossenen Pflanzen und Tiere stammen aus einer Zeit vor 30–40 Millionen Jahren.

Mumifizierung

Bei dieser Art der Fossilisation bleibt ein Körper fast vollständig erhalten und zeigt keine wesentlichen Verwesungserscheinungen. Eine natürliche **Mumifikation** erfolgt unter Luftabschluss, zum Beispiel im heißen Wüstensand, im Moor oder im Eis. So fand man in der russischen Tundra ein mumifiziertes Mammutbaby und in den Alpen eine Gletschermumie aus der Jungsteinzeit. → 5

→ **Merk dir!** Abdrücke, Versteinerungen, Bernsteineinschlüsse und Mumien sind Zeugen des Lebens in vorgeschichtlicher Zeit.

Arbeitsaufträge

1. Erläutere, weshalb Fossilien Belege für die Entwicklungsgeschichte des Lebens auf der Erde sind.
2. Begründe, dass es sich bei dem abgebildeten Fossil um einen Abdruck handelt. Erläutere seine Entstehung. → 6
3. Beschreibe die Entstehung von Bernsteineinschlüssen und Mumien.

6 Versteinerter Urfarn

Arbeiten wie ein Paläontologe

1. Wie entstehen Abdrücke?

In diesem Modellversuch vollziehst du die Einbettung toten organischen Materials und die Sedimentation.

Ihr braucht: einen leeren Getränkekarton (Tetrapak, 1 l oder größer), Becherglas (500 ml), organisches Material (Muschelschalen, kleine Äste, Blätter ...), je 100 ml Sand, Kies, Gips und Wasser, zusätzlich etwas Öl zum Einfetten des Materials. → 1

Schneide die Oberseite des Kartons ab. Mische im Becherglas den Sand, den Kies, den Gips und das Wasser. Fülle dieses Gemisch als Untergrund in den Tetrapak. Wenn die Masse angetrocknet, aber noch feucht ist, legst du deine eingeölten organischen Stückchen (maximal 3 Teile) darauf. Dann gießt du die nächste Sedimentschicht darüber. Je nach Größe des Tetrapaks kannst du das Einbetten einige Male wiederholen.

Der Kies-Sand-Gipsblock muss nun gut durchtrocknen. Danach kannst du den Karton entfernen und erkennst die unterschiedlichen Sedimentschichten im Block.

Klopfe vorsichtig mit einem Hammer auf den Block. Er teilt sich an den Stellen, an denen deine „Fossilien" liegen. → 2 Du erhältst Abdrücke im Sediment, da sich die eingeölten Materialien lösen.

a Beschreibe deine „Fossilien".
b Vergleiche dein Vorgehen mit der Entstehung von Fossilien in der Erdgeschichte.
c Nenne ein mögliches Ergebnis, wenn eine tote Qualle eingebettet worden wäre. Begründe deine Auffassung.
Erläutere, welche Bedeutung dieses Ergebnis für unser Verständnis von der Entwicklungsgeschichte des Lebens auf der Erde hat.

1 Material für die Herstellung von Abdrücken

2 Sedimentblock und aufgeschlagener Block mit Abdruck

2. Wie entstehen Versteinerungen?

Ihr braucht: Öl, Gips und Wasser, Schneckengehäuse, passende Muschelschalen …

Streiche Gehäuse und Schalen mit Öl ein und gieße ein Gips-Wasser-Gemisch in die Schalen.

Löse das Gehäuse oder die Schalen vorsichtig von dem ausgehärteten Gips. Du erhältst eine „Versteinerung". → 3

a Beschreibe deine „Fossilien".

b Vergleiche dein Vorgehen mit der Entstehung von Fossilien in der Erdgeschichte.

3 Beim Auslösen einer „Versteinerung"

3. Wie sammelt und ordnet man Fossilien?

Wenn Fossilien gefunden werden, so möchte man sie in die Entwicklungsgeschichte der Lebewesen einordnen und ihr Alter bestimmen. Dazu liefert die Schichtfolge des Gesteins einen ersten Hinweis. Manche Fossilien kommen nur in ganz bestimmten Gesteinsschichten vor. Sie werden als Leitfossilien bezeichnet. → 4 Weitere Fossilfunde der gleichen Arten lassen sich anhand der Leitfossilien ohne genauere Untersuchung zeitlich einordnen.

Ihr braucht: Arbeitshandschuhe, Hammer, Sammelbehälter, Lupe, Schreibmaterial, Bestimmungsbücher, Schutzbrille, Helm.

Setze die Schutzbrille auf und suche im Schutt des Steinbruchs. Schlage größere Steine mit dem Hammer auf. Bewahre jedes Fundstück in dem Sammelbehälter auf. Bestimme in der Schule die Fundstücke mithilfe der Leitfossilientafel und anhand von Bestimmungsbüchern.

a Erstelle zu jedem Fundstück eine Beschriftungskarte. Nenne Namen, Ort und Datum, zeitliche Einordnung und den Namen des Finders.

b Bereite mit allen Fundstücken in der Klasse eine Ausstellung vor. Ergänze die Ausstellung durch Bildmaterial aus Büchern.

c Begründe, weshalb die zeitliche Einordnung der Fundstücke mithilfe von Leitfossilien ungenau ist.

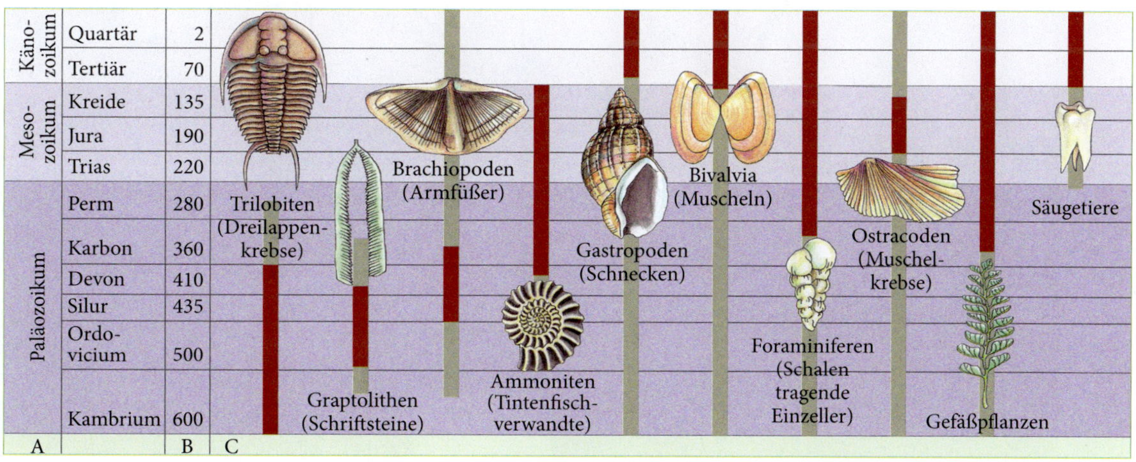

4 Leitfossilientafel. A Namen der Erdzeitalter; B Zeit in Millionen Jahren; C wichtige Leitfossilien

Jeder kennt heute Bilder oder Filme von Dinosauriern. Sie gehören zu den bekanntesten Tieren, die je auf der Erde gelebt haben. Und doch hat niemand Dinosaurier je lebend gesehen. Sie sind ausgestorben. Man findet nur noch versteinerte Reste von ihnen.
Wie entsteht aus versteinerten Skelettresten das Bild eines Dinosauriers?

1 Ausgrabung eines Saurierskeletts

Dinosaurier werden lebendig

Das Knochenpuzzle

Immer wieder finden Forscher in den verschiedenen Erdschichten Knochen und Versteinerungen von Dinosauriern. Vollständige oder nahezu vollständige Funde sind äußerst selten. Deshalb müssen die Einzelfunde in mühseliger Kleinarbeit zu einem vollständigen Skelett rekonstruiert werden. Moderne Kenntnisse und Computertechnik helfen, das Puzzle zusammenzusetzen. → 2

2 Tyrannosaurus Rex – eine vollständige Rekonstruktion

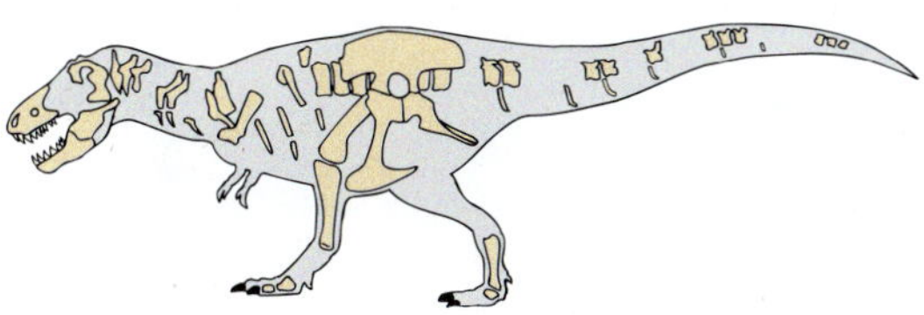

3 Die gefundenen Skelettteile werden zugeordnet.

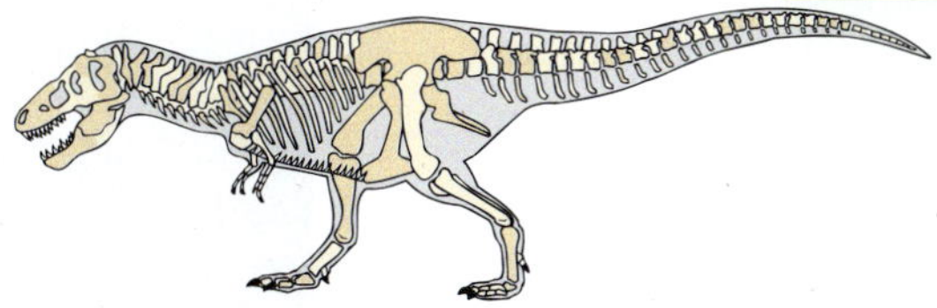

4 Das gesamte Skelett wird rekonstruiert.

5 Muskeln, Sehnen und Bänder werden hinzugefügt.

6 Die Körperoberfläche wird ergänzt.

Ein Dinosaurier entsteht

Die **Rekonstruktion** eines Dinosauriers erfolgt in mehreren Schritten. Bei ihrer Arbeit greifen die Forscher auf ihre Kenntnisse über heute lebende Tierarten und deren typische Knochenformen zurück. So kann beispielsweise die Form der Wirbelkörper und Rippen heute lebender Wirbeltiere auf Fossilfunde übertragen werden. Skelettteile können auf diese Weise richtig zugeordnet werden. → 3 Aus einzelnen Skelettteilen kann so schließlich das ganze Skelett rekonstruiert werden. → 4 Das Skelett wird durch Muskeln, Bänder und Sehnen zusammengehalten und bewegt. Auch hier wird das anatomische Wissen heute lebender Tierarten auf die Fossilfunde übertragen. → 5 Der Dinosaurier bekommt schließlich noch eine Reptilienhaut. → 6 Über die tatsächliche Färbung der Dinosaurier lassen sich allerdings keine sicheren Aussagen machen. Mithilfe der Computeranimation werden schließlich alle zusammengetragenen Informationen verarbeitet. So können neben dem Aussehen auch mögliche Bewegungsabläufe der Dinosaurier errechnet und bildlich dargestellt werden. Die ausgestorbenen Giganten werden auf diese Weise wieder zum Leben erweckt. Nach der Rekonstruktion lassen sich Rückschlüsse auf die Lebensweise ziehen. So zeigt zum Beispiel die Zahnform, ob es sich um einen Pflanzen- und Fleischfresser handelt.

→ **Merk dir!** **Ein Lebendbild von ausgestorbenen Tierarten kommt durch die Rekonstruktion zustande. Dabei werden anatomische Kenntnisse über Skelett, Muskeln und Bewegungsabläufe verwendet.**

Arbeitsaufträge

1. Paläontologen können beim Fund eines Saurierkopfes sehr gut Aussagen zum Nahrungserwerb ihres Fossils machen. Begründe diese Aussage.

2. Forscher können mithilfe von Knochenfunden und Computeranimation Skelett und Körperbau von Sauriern rekonstruieren. Nenne Daten und Fakten, die Auskunft über Fortpflanzung und mögliches Verhalten geben.

Sicherlich ist dir bei einem Besuch im Tierpark schon die Ähnlichkeit zwischen einem Menschen und einem Schimpansen aufgefallen. Weniger deutlich werden dir vermutlich die Gemeinsamkeiten zwischen dem Menschen und der Fledermaus geworden sein.
Sind denn Fledermäuse und Menschen überhaupt verwandt und wie lässt sich das belegen?

1 Die Fledermaus – eine Verwandte des Menschen?

Verwandt oder nicht?

Umbau statt Neubau

Fledermäuse begeben sich bei Einbruch der Dämmerung fliegend auf Nahrungssuche. Ihre verlängerten Fingerknochen sind von einer dünnen Haut überzogen, die Flughaut spannt sich von den verlängerten Fingerknochen zum Hals und zu den Hinterbeinen. Abbildung 2 zeigt die Vordergliedmaßen weiterer Wirbeltiere. Ihre Aufgaben sind jeweils völlig verschieden: Der Wal hat Flossen zum Schwimmen, der Vogel nutzt die Armschwingen zum Fliegen, der Mensch hat seine Hand zum Greifen, das Pferd Vorderbeine zum schellen Laufen und der Maulwurf zum Graben. Wo sind also die Gemeinsamkeiten? Sieht man genau hin, entdeckt man, dass der Grundbauplan der Vorderextremitäten und die Lage der einzelnen Knochen im Skelett bei allen Wirbeltieren gleich ist. In der Abbildung haben Knochen mit gleichem Grundbauplan jeweils die gleiche Farbe. → 2

Lebewesen mit einem identischen Grundbauplan stammen von einem gemeinsamen Vorfahren ab. Sie sind miteinander verwandt. Die Gleichwertigkeit im Grundbauplan aller nahe verwandten Arten nennt man **Homologie**, die Organe werden als

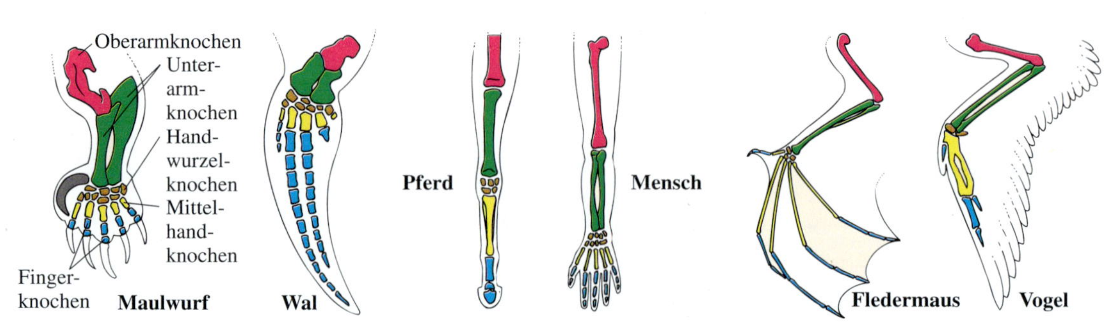

2 Homologie der Vordergliedmaßen der Wirbeltiere

3 Analoge Organe bei Vogel und Insekt

4 Stromlinienformen

homologe, das heißt ursprungsgleiche Organe bezeichnet.
Bei Wirbeltieren lässt sich die Homologie nicht nur am Skelett, sondern zum Beispiel auch an der Lage der inneren Organe nachweisen.

Unterschiedlicher Start – gleiches Ergebnis

Sowohl Insekten als auch Vögel besitzen Flügel und bewegen sich fliegend fort. Der Aufbau der Flügel aber ist grundlegend verschieden. Vögel haben ein knöchernes Innenskelett, der Insektenflügel besteht aus einer Hautausstülpung aus Chitin. → 3
Haben sich bestimmte Organe als Anpassung an einen bestimmten Lebensraum mit gleichen Umweltbedingungen ähnlich entwickelt, sind aber nicht miteinander verwandt, handelt es sich um analoge Organe. Man spricht von **Analogie**.

Gleicher Lebensraum – ähnlicher Körperbau

Die Stromlinienform ist eine Anpassung an den Lebensraum Wasser und kennzeichnet alle schnellen Schwimmer. → 4 Entwickeln nicht verwandte Arten aufgrund ihrer Anpassung an ähnliche Lebensräume ähnliche Strukturen, so spricht man auch von konvergenten Entwicklungen oder von **Konvergenz**. Auch die sehr ähnlich gebauten Augen bei Wirbeltieren sind konvergente Entwicklungen.

> → **Merk dir!** Verwandte Lebewesen besitzen homologe Organe mit einem identischen Grundbauplan. Ähnliche Lebensräume und Umweltbedingungen bringen funktional gleiche (analoge) Organe hervor, die im Bauplan verschieden sind.

Arbeitsaufträge

1. Vergleiche die Vorderextremitäten von Pferd, Mensch und Fledermaus und erkläre mit eigenen Worten, wieso Wissenschaftler bei so unterschiedlichem Bau dennoch von gleichem Bauplan sprechen.
2. Bastle aus Folie, Pfeifenreinigern und Federn je einen Schmetterlings-, einen Libellen- und einen Vogelflügel. Vergleiche die Flügel. Welche Flügel sind homolog?

Pferde gehörten in der Vergangenheit zu den wichtigsten Nutztieren des Menschen. Für die verschiedenen Verwendungszwecke wurde viele unterschiedliche Rassen gezüchtet. Heute dienen Pferde meist als Reittiere in der Freizeit.
Welche Vorfahren haben Pferde und woher stammen sie?

1 Wildpferd

Stammbäume – Spiegel der Verwandtschaft

Abstammung der Pferde

Die heutigen Hauspferde stammen von Wildpferden ab. → 1 Ihre Vorfahren sind ausgestorben. Pferde sind Zehenspitzengänger. Das bedeutet, sie gehen auf den ersten Finger- beziehungsweise Zehenknochen. Diese stecken in einem Huf. Die andere Zehen- und Fingerknochen sind zurückgebildet, sie finden sich jedoch noch als Reste an den Beinen. Pferde müssen also von mehrzehigen Vorfahren abstammen.

Was Fossilfunde sagen

Fossilfunde aus Nordamerika zeigen, dass der Urahn der heutigen Pferde ein etwa katzengroßes Tier war, das vor 50 Millionen Jahren in Wäldern lebte und sich von Laub ernährte. Dieses Tier wird Hyracotherium, das Urpferdchen, genannt. → 2 Es hatte vier Zehen an den Vorderfüßen und drei an den Hinterfüßen. In der folgenden Zeit breiteten sich in Nordamerika Grassteppen aus.
Vor 36 Millionen Jahren lebte Mesohippus und vor 25 Millionen Jahren Merychippus in der Grassteppe. → 2 Sie besaßen längere Gliedmaßen und ihr mittlerer Zeh war größer als die anderen. Diese Entwicklung setzte sich über Pliohippus, das vor etwa 10 Millionen Jahren lebte, fort, bis vor etwa 2 Millionen Jahren die ersten Pferde, Equus, entstanden. → 2 Gleichzeitig mit der Verlängerung der Beine und der Vergrößerung des mittleren Zehs veränderte sich auch das Gebiss. Besonders die Backenzähne wurden größer und entwickelten einen harten Zahnschmelz. Damit konnten die Tiere die im Vergleich zum Laub des Waldes harten Gräser der Steppe zerkleinern. Das Pferd war zu einem Steppenbewohner geworden.

Stammbaum der Pferde

Die Ahnenreihe der Pferde und ihre verwandtschaftlichen Beziehungen können in einem **Stammbaum** angeordnet werden. → 2 Stammbäume geben auch für andere Lebewesen die stammesgeschichtliche Entwicklung wieder.

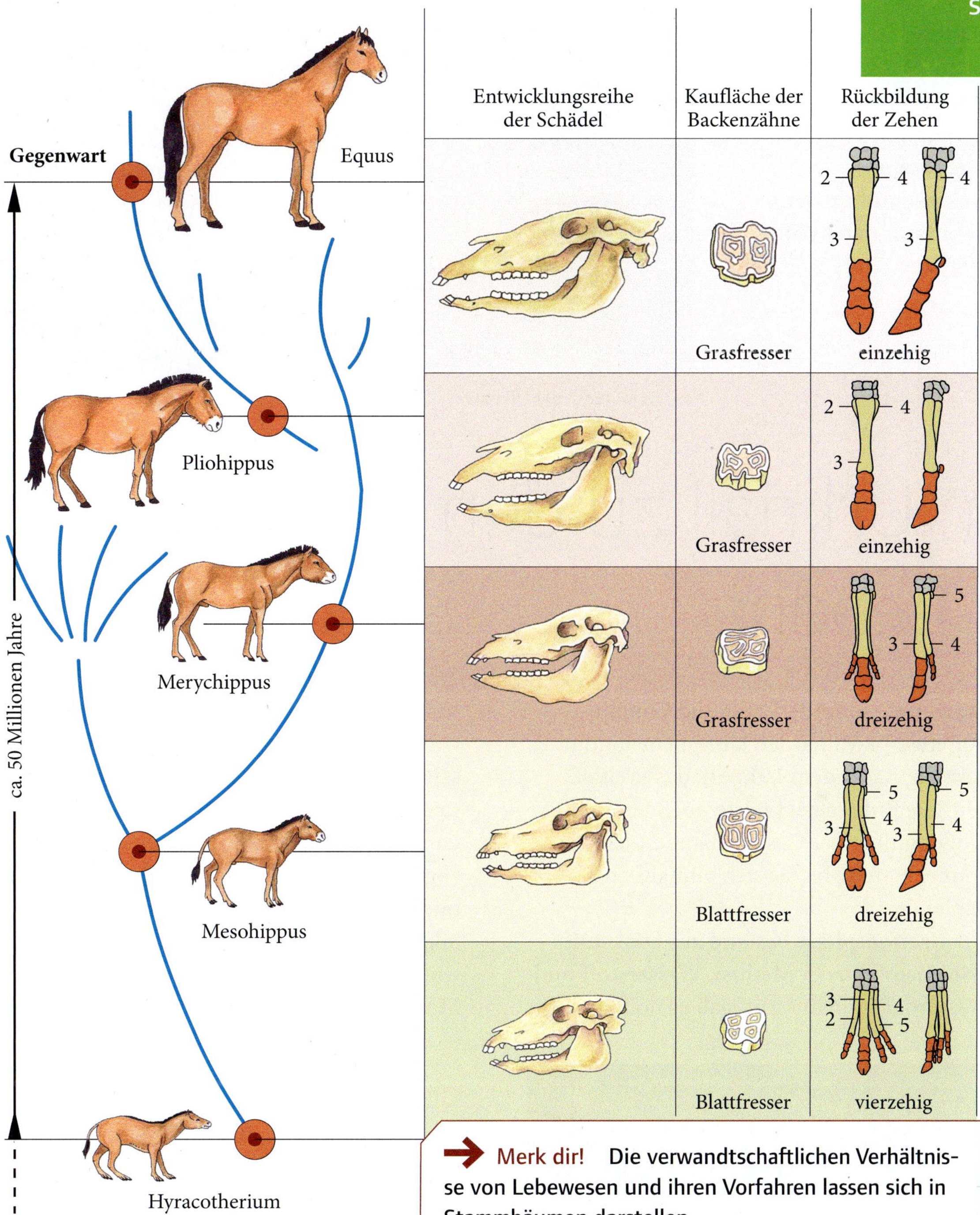

2 Stammbaum des Pferdes

→ **Merk dir!** **Die verwandtschaftlichen Verhältnisse von Lebewesen und ihren Vorfahren lassen sich in Stammbäumen darstellen.**

Arbeitsaufträge

1. Beschreibe die Veränderungen in der Ahnenreihe der Pferde, die in Abbildung 2 dargestellt sind.

2. Erläutere, weshalb lange Beine in der Steppe von Vorteil sind.

Kaum zu glauben, aber unsere Erde ist aus einer Reihe von Explosionen, Zusammenstößen und aus chemischen Verbindungen hervorgegangen.
Wie ist das Leben auf unserer Erde genau entstanden? Woher kommen Pflanzen, Tiere und der Mensch?

1 Big Bang – der Urknall

Vom Urknall zu den Anfängen des Lebens

Big Bang – ein Ausflug in die Chemie

Vor etwa 14 Milliarden Jahren entstand mit dem Big Bang, dem **Urknall**, das Weltall. → 1 Die Erde selbst kreiste noch lange als großer glühender Gesteinsball in unserem Sonnensystem, bis sie sich allmählich abkühlte.
Die **Uratmosphäre** bestand aus Stickstoff, Kohlenstoffdioxid, Methan, Wasserstoff und Wasserdampf. Sauerstoff gab es noch nicht. Vulkane waren aktiv und die Atmosphäre wurde durch häufige schwere Gewitter erschüttert. Vor etwa 3,7 Milliarden Jahren sank die Temperatur unter 100 °C. Wasserdampf kondensierte und Regen fiel auf die abgekühlte Erdoberfläche. → 2 Ozeane, Seen und Flüsse entstanden. In den Gewässern bildeten sich erste organische Verbindungen wie Aminosäuren und andere organische Moleküle. Man spricht von der **Ursuppe**.

2 Sintflutartige Regenfälle ließen das Urmeer entstehen.

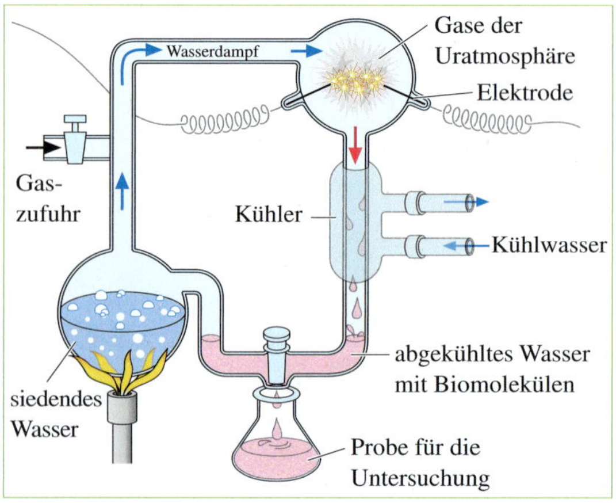

3 Miller-Apparatur

Uratmosphäre
Urknall
Ursuppe

4 Die Kugelalge Volvox

Die Entstehung der Ursuppe

Das berühmte Experiment des Chemiestudenten Stanley Miller von 1953 stellt das Atmosphäre-Ozean-System der frühen Erde dar. → 3

Der mit Wasser gefüllte Kolben symbolisiert den Ozean. Beim Erhitzen entsteht Wasserdampf, der in den großen Kolben aufsteigt. Dieser enthält Gase, die die Uratmosphäre darstellen. Die elektrischen Entladungen imitieren die Blitze von Gewittern. Unter dem Einfluss dieser Energie reagieren die Gase miteinander. Das Wasser verfärbt sich von Rosa über Rot bis zu Braun und wird trübe. Analysen zeigen, dass unter diesen Bedingungen tatsächlich Aminosäuren, die Bausteine pflanzlichen und tierischen Lebens, entstehen.

Aus dem Chaos entsteht ein Kosmos

Die organischen Verbindungen, die sich in der Ursuppe gebildet hatten, reagierten unter dem Einfluss von ultravioletter Strahlung, elektrischer Entladung, Wärme und Gasen aus der Atmosphäre zu größeren Biomolekülen. Es bildeten sich Nukleinsäuren und Proteine. Aus diesen Bausteinen und organischen Verbindungen entstanden einfache einzellige Lebewesen.

Die Entstehung der Vielzelligkeit

Einzellige Lebewesen schlossen sich zu losen Verbänden zusammen. Aus den zunächst noch selbstständigen Einzellern entstanden Kolonien von Vielzellern mit einer gewissen Arbeitsteilung, ähnlich der Kugelalge Volvox, einer pflanzlichen Zellkugel unserer Süßgewässer. → 4 Damit war der Weg zu höheren Lebensformen, die aus einer Vielzahl von Zellen mit unterschiedlichen Aufgaben bestehen, bereitet.

→ Merk dir! Die Erde ist als glühender Planet entstanden. Die Erdkruste erstarrte und kühlte sich ab. Chemische Stoffe reagierten miteinander zu den Grundbausteinen von Lebewesen. Die Basis für die Entwicklung des Lebens war geschaffen.

Arbeitsaufträge

1. Erläutere die Begriffe Urknall, Uratmosphäre und Ursuppe.
2. Stelle eine Vermutung an, weshalb es in der Uratmosphäre keinen Sauerstoff gab.

Eine lebensfeindliche Umwelt – und doch erobern zunächst die Pflanzen, später die Tiere langsam die Erdoberfläche. Wie konnten sie sich vor der feindlichen Umwelt schützen?

1 Die Welt vor etwa 400 Millionen Jahren

Das Leben erobert die Erde

Die Erfindung der Fotosynthese

Vor etwa 3,7 Milliarden Jahren gelang es einer Gruppe von Bakterien, den **Cyanobakterien**, mithilfe von chlorophyllähnlichen Molekülen und dem Sonnenlicht Wassermoleküle zu zerlegen. → 2 Aus den entstandenen Wassermolekülen und dem Kohlenstoffdioxid konnten sie große Mengen an Biomolekülen herstellen. Als Abfallprodukt entstand Sauerstoff, der sich allmählich im Wasser und in der Luft anreicherte. Langsam stieg der Sauerstoff dabei auch in höhere Luftschichten auf. Dort bildet sich Ozon, eine besondere Form des Sauerstoffs. Ozon nimmt UV-Licht auf und schützt die Erde so vor den schädlichen UV-Strahlen. Mit der Ausbildung der Ozonschicht waren die Voraussetzungen für Leben auf der gesamten Erdoberfläche geschaffen.

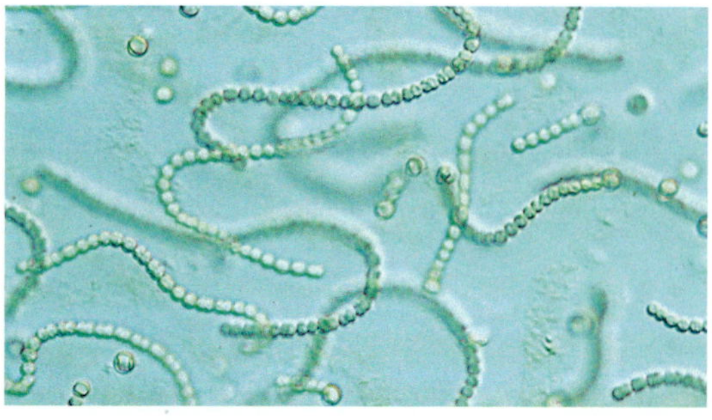

2 Cyanobakterien

Vom Wasser zum Land

Der Landgang der Pflanzen erfolgte vermutlich vor ca. 480–460 Millionen Jahren. Algen und Meerespflanzen der Urmeere hatten noch keinen ausreichenden Verdunstungsschutz und waren somit nicht an das Leben außerhalb des Wassers angepasst. Moose konnten als erste Pflanzen an Land leben. Sie besitzen einen Verdunstungsschutz. Mit ihren feinen Wurzelfäden, den Rhizoiden, halten sie sich im Erdreich fest und nehmen Wasser auf. Nach den Moosen eroberte eine kleine Pflanze, Cooksonia, das Festland. → 3 Sie besaß einen nackten Stiel, an dem sich Spaltöffnungen befanden. Anstelle von Blättern besaß sie Kapseln mit Sporen. Die Wasser- und Nährstoffaufnahme erfolgte über Rhizoide aus dem Boden. Aus diesen ersten Landpflanzen entwickelten sich Farne,

3 Cooksonia, Versteinerung

Archaeopteryx
Cyanobakterien
Mosaiktier

4 Ichthyostega

5 Archaeopteryx

Schachtelhalme, Nadelgehölze, Laubbäume und die Blütenpflanzen.

Der Landgang der Tiere

Etwa 10 Millionen Jahre nach dem Landgang der Pflanzen verließen die ersten Wirbellosen das Urmeer. Sie ähnelten unseren heutigen Tausendfüßern und Skorpionen. Würmer und Spinnentiere folgten. Der Luftraum gehörte fliegenden Insekten mit libellen- und schmetterlingsartigem Aussehen. Die ursprünglichste Wirbeltiergruppe wird heute durch die Fische gebildet. Erste amphibienartige Wirbeltiere wie Ichthyostega, der Fischschädellurch, verließen vor mehr als 355 Millionen Jahren das Wasser. → 4 Reptilien, die sich Jahrtausende später entwickelten, besaßen eine feste Haut mit Verdunstungsschutz und legten Eier mit fester Eischale. Es begann die Zeit der Dinosaurier.

Mosaiktiere

Aus den frühen Reptiliengruppen entwickelten sich unabhängig voneinander die Säugetiere und die Vögel. Einen Beweis dieser stammesgeschichtlichen Entwicklung liefern die sogenannten **Mosaiktiere** oder Missing Links. So stellt der Urvogel **Archaeopteryx** ein Bindeglied zwischen Reptilien und Vögeln dar. Er vereinigt Reptilien- und Vogelmerkmale in einem Lebewesen. → 5 Die Säugetiere entwickelten sich ebenfalls aus Reptilienvorläufern.

→ Merk dir! **Nachdem sich die Uratmosphäre mit Sauerstoff angereichert hatte und eine dichte Ozonschicht die schädlichen UV-Strahlen abhielt, entstand eine große Vielfalt an pflanzlichem und tierischem Leben auf der Erdoberfläche.**

Arbeitsaufträge

1. Moose gelten als Wasserspeicher. Überprüfe mit folgendem Langzeitversuch (etwa 14 Tage), ob diese Aussage stimmt.

a Suche ein kleines Moospolster (5 cm · 5 cm) im Wald und wiege es. Lass es unter Sonneneinstrahlung oder an der Heizung 14 Tage stehen. Wiege alle 2 Tage. Notiere das Gewicht deines Moospolsters und übertrage die Daten in eine Grafik. Erläutere den Verlauf der Kurve. Gieße das Moospolster nach 14 Tagen. Notiere deine Beobachtungen und interpretiere sie.

b Erkläre, wieso Moose die ersten Landbewohner der Urerde gewesen sein könnten.

2. Erläutere, weshalb ohne schützende Ozonschicht auf dem Land kein Leben möglich wäre.

Das Schnabeltier lebt in Flussläufen in Australien. Es besitzt einen Hornschnabel wie Vögel, es legt Eier wie Reptilien und es besitzt ein Fell wie Säugetiere. Wenn die Jungtiere aus dem Ei geschlüpft sind, werden sie wie die Säugetiere mit Milch ernährt. Zu welcher Wirbeltiergruppe gehört das Schnabeltier?

1 Schnabeltier

Stammesentwicklung der Wirbeltiere

Gemeinsame Merkmale

Zum Stamm der **Wirbeltiere** werden die Klassen der Fische, Amphibien, Reptilien und Säugetiere gezählt. Diese Zugehörigkeit lässt sich durch gemeinsame Merkmale begründen. Alle Wirbeltiere besitzen eine Wirbelsäule, ihr Körper gliedert sich in Kopf, Rumpf sowie vier Gliedmaßen. Die gemeinsamen Merkmale lassen sich durch gemeinsame Vorfahren erklären. Neben den Gemeinsamkeiten weisen sie jedoch auch viele Unterschiede auf.

Fische

Die Wirbeltiergruppe der Fische entstand vor mehr als 400 Millionen Jahren. Für sie typisch ist der Besitz von Kiemen und einer schuppigen Haut. Bei einigen Knochenfischen entwickelte sich eine einfache Lunge, die es ihnen erlaubte, Sauerstoff aus der Luft zu atmen. Einige entwickelten ein knöchernes Flossenskelett. Diese **Quastenflosser** sind die Vorfahren der Landwirbeltiere.

Amphibien

Vor etwa 350 Millionenen Jahren tritt mit **Ichthyostega** das erste amphibische Landwirbeltier auf. Die Kaulquappen der Amphibien leben im Wasser, die erwachsenen Tiere weitgehend an Land.

Reptilien

Vor 325 Millionen Jahren tauchten dann die ersten Reptilien auf. Sie besaßen eine trockene und Wasser abweisende Haut, sodass ihr Körper auf dem Land nicht austrocknete. Außerdem legten sie Eier, die durch besondere Schalen vor dem Austrocknen geschützt waren.

Vögel

Bestimmte Reptiliengruppen waren die Vorfahren der Vögel und der Säugetiere. Die Vögel sind aus den ausgestorbenen Dinosauriern hervorgegangen. Daher werden Vögel und Reptilien heute häufig zu einer gemeinsamen Wirbeltierklasse, den **Sauropsiden**,

Ichthyostega
Kloakentiere
Quastenflosser
Sauropsiden
Schnabeltier
Wirbeltiere

2 Stammbaum der Wirbeltiere

zusammengefasst. Zur gleichen Zeit, vor etwa 300 Millionen Jahren, bildete sich auch die Entwicklungslinie der Säugetiere aus.

Säugetiere

Das **Schnabeltier** zeigt einen Entwicklungszustand vom Beginn des Säugetierstammbaums. So ist erklärbar, dass es gleichzeitig Vogel-, Reptilien- und Säugetiermerkmale trägt. → 1 Diese Interpretation wird auch durch die Analyse des Erbmaterials bestätigt. Zusammen mit dem Ameisenigel wird das Schnabeltier zur Säugetiergruppe der **Kloakentiere** gezählt. Die Stammesentwicklung der Wirbeltiere lässt sich in einem Stammbaum darstellen. → 2

> → **Merk dir!** Wirbeltiere besitzen als gemeinsame Merkmale eine Wirbelsäule und eine Körpergliederung in Kopf, Rumpf und Gliedmaßen. Die Stammesgeschichte der Wirbeltiere lässt sich in einem Stammbaum darstellen.

Arbeitsaufträge

1. Beschreibe die in Abbildung 3 dargestellten Entwicklungsformen.
2. Ordne die Entwicklungsformen einer Wirbeltiergruppe zu. Begründe deine Entscheidung.
3. Erläutere Vorteile der jeweiligen Entwicklungsform für die Lebensweise der zugehörigen Wirbeltiergruppe.

3 Entwicklungsformen bei Wirbeltieren

Dinosaurier bevölkerten etwa 170 Millionen Jahre lang die Erde. Sie lebten im Wasser, auf dem Land und in der Luft, bis sie vor 65 Millionen Jahren plötzlich verschwanden. Waren alle Saurier „schrecklich"? Wieso verschwanden sie so plötzlich?

1 Die Welt der Saurier

Giganten der Urzeit

Warum verschwanden die Dinosaurier?

Es gibt verschiedene Erklärungsversuche, warum die **Dinosaurier** plötzlich verschwanden. Im Folgenden werden zwei Theorien dargestellt: Meteoriteneinschlag und Vulkanausbrüche.

Meteoriteneinschlag

Vor etwa 65 Millionen Jahren schlug ein Meteorit auf der Erde ein. Er löste eine gewaltige Flutwelle rund um die Erde aus und verdunkelte mit einer Staubwolke die Atmosphäre, sodass sich die Erde abkühlte. Der damit verbundene Klimawandel führte zum Aussterben der wechselwarmen Saurier.

Vulkanausbrüche

Die Zeit vor 65 Millionen Jahren ist durch Vulkanausbrüche geprägt, die ungeheure Mengen an Staub und Treibhausgasen freisetzten. Die Vulkanausbrüche trugen zu einer extremen Klimaänderung bei, die womöglich zum Aussterben der Dinosaurier führte.

2 Brachiosaurus, ein Pflanzenfresser

3 Der Fleischfresser Tyrannosaurus Rex

Brachiosaurus
Dinosaurier
Ichthyosaurus
Raptoren
Tyrannosaurus Rex

4 Raptoren jagten im Rudel ihre Beute.

5 Fischsaurier

Friedliche Pflanzenfresser

Brachiosaurus war bis zu 12 m hoch und wog mehr als 20 Tonnen. Seine Körperlänge von Kopf bis Schwanzspitze betrug bis zu 30 m. → 2 Er ernährte sich ausschließlich von Pflanzen, die er mit kleinen Zähnen rupfte und im Magen mithilfe geschluckter Steine zermahlte.

Gefährliche Räuber

Der **Tyrannosaurus Rex** war bis zu 13 m groß und etwa 5 bis 7 Tonnen schwer. → 3 Er bewegte sich zweibeinig und jagte einzeln. Seine Zähne hatten eine Länge von bis zu 18 cm. Sie konnten sich wie bei den Haien erneuern.

Die **Raptoren** waren relativ kleine Dinosaurier mit einer Länge von etwa 2 m und einer Höhe von etwa 1 m. Sie waren Fleischfresser mit langem Kopf und Schwanz. → 4 Ähnlich wie Löwen jagten sie erfolgreich in Rudeln.

Auch die Meere wurden von Sauriern bevölkert. Der Fischsaurier, **Ichthyosaurus**, ernährte sich zumeist räuberisch. → 5 Auch die Fischsaurier starben vor etwa 65 Millionen Jahren aus.

Liebevolle Eltern?

Fossilfunde haben bewiesen, dass es sowohl bei pflanzen- als auch bei fleischfressenden Dinosauriern betreute Eigelege gab. Einige Arten wie die „Gute-Mutter-Saurier" betreuten die Jungtiere so lange, bis sie sicher vor Fressfeinden waren. Auch Männchen waren an der Brutfürsorge und Jungenaufzucht beteiligt.

→ Merk dir! **Saurier bevölkerten etwa 170 Millionen Jahre lang alle Lebensbereiche der Erde. Verschiedene Theorien versuchen ihr Aussterben vor 65 Millionen Jahren zu erklären.**

Arbeitsaufträge

1. Pflanzenfressende Dinosaurier wanderten in großen Herden durch die Landschaft. Überlege, wieso Pflanzenfresser selten Einzelgänger waren. Welche körperlichen Strukturen besaßen sie zu ihrem Schutz?

2. Du hast bereits einige Theorien zum Aussterben von Sauriern kennengelernt. Findest du im Internet oder in Fachbüchern noch weitere Theorien? Erkläre, warum alle Begründungen nur Theorien sind.

Lebende Fossilien

Die Invasion der Urzeitkrebse

Pfeilschwanzkrebse besiedelten vor vielen Millionen Jahren alle Meere der Welt. Heute leben sie nur noch an der Atlantikküste von Nordamerika bis Mexiko und in den tropischen Meeren Südostasiens bis zu einer Wassertiefe von 50 m. Geschlechtsreife Tiere sammeln sich im Frühsommer an den flachen Küsten zur Eiablage. Der Name „Pfeilschwanzkrebs" ist irreführend, da es sich nicht um echte Krebse, sondern um Spinnentiere handelt. → 1

3 Heute lebender Quastenflosser (oben) und fossiler Fund (unten)

Krokodile

200 Millionen Jahre lang überlebten Krokodile die frühesten Dinosaurier, ihr Aussterben, die Ausbreitung der Vögel und die Verbreitung der Säugetiere. Aus fossilen Funden wissen wir, dass sich ihr Körperbau in dieser Zeit nicht wesentlich geändert hat. Von den ursprünglich 108 Arten sind heute 23 in einem breiten Band beiderseits des Äquators übrig geblieben. Das Leistenkrokodil, mit 9 m neben der Anakonda heute das längste Reptil der Erde, ist noch weit verbreitet. → 4 Von anderen Arten gibt es nur noch wenige Exemplare.

1 Heute lebender Pfeilschwanzkrebs

2 Abdruck eines Fossils

Der Fisch aus der Tiefsee

Marjorie Courtenay-Latimer, die Leiterin eines Meeresmuseums nahe der Komoren, entdeckte am 23. 12. 1938 in einem Fischfang aus etwa 200 m Tiefe einen fremdartigen Fisch: stahlblau, 1,50 m lang und 52 kg schwer. Der Fisch hatte überdimensional große Schuppen, fleischige Flossen, die wie Gliedmaßen abstanden, und kräftige Unterkiefer. → 3 Eine Skizze des Fisches wurde einem Fischkundler zugesandt, der schrieb: „Ich wäre kaum erstaunter gewesen, wenn ich auf der Straße einem Dinosaurier begegnet wäre." Bis zum Zeitpunkt dieses Fundes kannte man diesen Fisch, den Quastenflosser, nur als Fossil. → 3 Er lebte schon vor über 350 Millionen Jahren und galt als längst ausgestorben.

4 Leistenkrokodil

5 Nautilus

6 Fossiles Perlboot

Die Urzeit überlebt, in der Neuzeit bedroht

Nautilus oder Perlboot ist ein Vertreter der Kopffüßer, der, wie Funde beweisen, schon die Urmeere besiedelte. → 5, 6 Heute existierende Arten leben an Steilhängen der Korallenriffe im Indischen und Pazifischen Ozean in Tiefen von 50 bis 500 m. Perlboote besitzen – anders als die verwandten Kopffüßer, die Kraken – eine gewundene Kalkschale, die den weichen Körper schützt. Nautilus kann sich komplett in die Schale zurückziehen, die er mit einer festen Kalkklappe verschließt.

Die Schale schützt zwar vor Fressfeinden, nicht jedoch vor Souvenirjägern. Jeder Kauf einer Nautilusschale führt zu neuen Fängen und gefährdet das Überleben der Tiere.

Ein Baum aus der Urzeit

Der Ginkgo wurde zum Baum des Jahrtausends gewählt. Vorfahren des Ginkgos sollen die Erde großflächig besiedelt haben, lange bevor die Dinosaurier lebten. → 7 Heute wachsen Ginkgo-Arten natürlicherweise in Ostasien. Bei uns sind sie als Zierbäume in botanischen und privaten Gärten sehr beliebt.

7 Fossiler Ginkgo

8 Blatt des Ginkgobaums

Das Ginkgoblatt ist hell- bis graugrün und im Herbst leuchtend gelb. → 8 Baumrinde, Blätter und Früchte werden seit dem 11. Jahrhundert als Heilmittel genutzt.

Der Baumfarn

Baumfarne gab es schon in den Sümpfen der Urerde. Sie wurden bis zu 30 m hoch. Heute kommen sie noch in der Regenwaldzone der Tropen vor. → 9 Sie besitzen keinen typischen Baumstamm, sondern ein aufrecht stehendes Wurzelbündel, das Rhizom. Am oberen Ende des Rhizoms entrollen sich die Farnwedel teilweise zu mehreren Metern Länge. Baumfarne werden oft als Zierpflanzen gehalten. Beim Kauf eines Baumfarns sollte man unbedingt darauf achten, dass der Farn ein Zertifikat besitzt, da Baumfarne durch das Washingtoner Artenschutzabkommen geschützt sind.

9 Palmfarn

Beim Birkenspanner, einem Nachtfalter, überwiegt in manchen Gegenden eine helle, in anderen Gebieten eine dunkle Form. Gibt es dafür eine Erklärung?

1 Helle und dunkle Form des Birkenspanners

Motoren der Evolution – Selektion und Mutation

Unterschiedliche Überlebenschancen

Birkenspanner treten in einer hellen und in einer dunklen Form auf. → 1 Diese natürlichen Formenunterschiede bei Lebewesen werden als **Variation** bezeichnet. Die Falter ruhen tagsüber mit aufgespannten Flügeldecken unter den Blättern, an kleinen Zweigen oder auf den Stämmen von Birken. Helle Falter sind auf der hellen Birkenrinde von Fressfeinden kaum zu erkennen. Deshalb findet man bei Zählungen natürlicherweise mehr helle als dunkle Falter.

Die Umwelt entscheidet

Anfang des 19. Jahrhunderts war die Luft in Industriegebieten durch Rußpartikel belastet. Auch die Rinde von Birken färbte sich dunkel. Das hatte zur Folge, dass die Flügelflächen der hellen Birkenspanner auf den dunklen Stämmen für Vögel gut sichtbar waren. Die dunkle Variante wurde nun weniger abgepickt und konnte sich erfolgreicher fortpflanzen. Bei erneuten Zählungen trat nun, besonders in Industriegebieten, die dunkle Variante des Falters häufiger auf. → 2

Selektion

Ausgelöst durch die Veränderung der Umweltbedingungen hat also eine Auslese unter den Faltern stattgefunden. Dabei waren einmal die hellen Falter und einmal die dunklen Falter bevorteilt, weil sie den jeweiligen Umweltbedingungen unterschiedlich gut angepasst waren. Diese Auslese wird als **natürliche Selektion** bezeichnet. Die Vorausset-

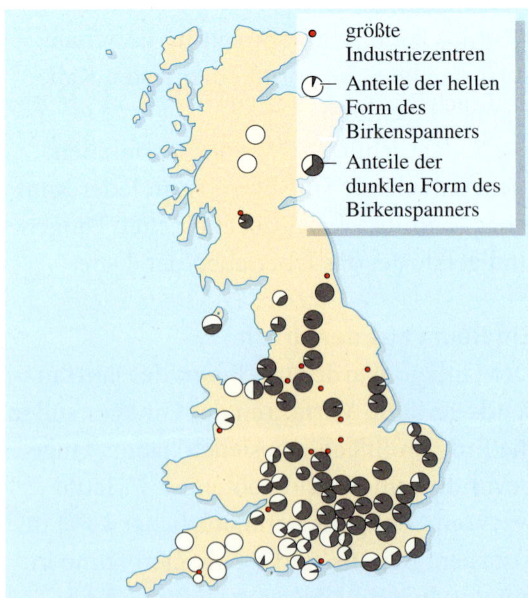

2 Formen des Birkenspanners in Großbritannien (1981)

natürliche Selektion

Variation

3 Unterschiedliche Hunderassen

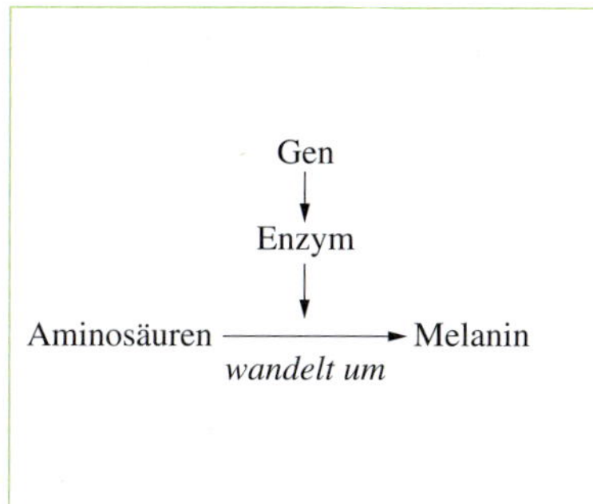

4 Melaninsynthese

zung für die Züchtung von Tieren und Pflanzen ist hingegen die künstliche Selektion. → 3

Wenn Gene verändert werden

Wie kommt die Variation beim Birkenspanner zustande? Die helle Farbe des Birkenspanners ist die ursprüngliche Form. Durch eine Mutation entstand eine Erbinformation, die dafür sorgte, dass ein brauner Farbstoff im Körper des Birkenspanners entstand. Der braune Farbstoff ist Melanin, das aus Vorstufen mit der Hilfe von Enzymen gebildet werden kann. → 4 Die dunkel gefärbten Falter waren in den Industriegebieten Englands gut getarnt. Viele von ihnen überlebten und konnten sich erfolgreich fortpflanzen.

Merk dir! **Selektion und Mutation sind wichtige Ursachen für die Veränderung der Lebewesen in der Evolution. Die Anpassung an den Lebensraum ist das Ergebnis von Selektion und Mutation. Die Selektion in der natürlichen Umwelt entscheidet, ob eine Mutation erfolgreich ist.**

Arbeitsaufträge

1. Beschreibe die natürliche Selektion.
2. Durch Züchtung sind aus der Ursprungsform des Hundes, dem Wolf, etwa 500 Hunderassen entstanden. Das Vorgehen der Züchter wird auch als künstliche Selektion bezeichnet. Erläutere diesen Begriff.
3. Erkläre anhand der Informationen und der Abbildungen 5 und 6, weshalb der Fellwechsel beim Schneehasen im Herbst und Frühjahr unter dem Aspekt der Selektion sinnvoll ist.

5 Feldhase

6 Schneehase: im Sommerfell, im Winterfell

Feldhasen des Tieflands besitzen das ganze Jahr über ein gleichmäßig grau-braunes Fell. → 5 Der Schneehase wechselt seine Fellfarbe im Herbst und Frühjahr von Graubraun zu Weiß. → 6 Die Gene für diesen Fellwechsel vererbt er an seine Nachkommen.

Eisbären und Braunbären sind nahe miteinander verwandt. Sie sind aus einem gemeinsamen Vorfahren entstanden. Wie konnten aus dem gemeinsamen Vorfahren zwei verschiedene Arten entstehen?

1 Eisbär

Wie neue Arten entstehen

Vergleich von Braun- und Eisbär

Vergleicht man Braunbären und **Eisbären** miteinander, lassen sich viele Unterschiede, aber auch Gemeinsamkeiten erkennen. Nicht nur die Fellfarbe unterscheidet sich, zum Beispiel sind die Schnauze und der Schädel des Eisbären viel länger als die des Braunbären. → 1 Eisbärenhaut ist dunkel gefärbt, die des Braunbären ist hell. Gemeinsam haben sie jedoch den großen Körper und den gleichen Körperbau. Nicht alle **Braunbären** sind braun. Ihre Fellfarbe variiert von Schwarz über Hellbraun bis Hellgrau. → 2, 3 Wenn zwei Braunbären sich miteinander paaren, haben ihre Nachkommen in der Regel etwas andere Fellfarben als die Eltern. Braunbären zeigen Variation.

Isolation und Fitness

Die Variation der Fellfarben zeigte sich auch vor mehr als 100 000 Jahren bei den Vorfahren der beiden Bärenarten. Eine Bärengrup-

2 Braunbär mit dunklem Fell

3 Braunbär mit hellem Fell

Braunbären
Eisbären
Fitness
Isolation

4 Teilung der Bärenpopulation

pe gelangte in eine von Eis bedeckte Umgebung und hatte nur noch wenig Kontakt mit den anderen Bären. Man spricht von **Isolation**. Die hellen Bären dieser Gruppe hatten einen Überlebensvorteil, da sie in der Eislandschaft besser getarnt waren als die Bären mit dunklem Fell. Diese erfolgreicher jagenden Bären konnten ihre Nachkommen besser mit Nahrung versorgen. Viele Bären mit dunkler Farbe dagegen verhungerten und konnten deshalb das Merkmal der dunklen Fellfarbe nicht an ihre Nachkommen weitergeben. Dieser Überlebensvorteil wird als **Fitness** bezeichnet: Die hellen Bären konnten erfolgreicher Jungtiere erzeugen als die dunklen Bären. Die dunklen und die hellen Bären lebten nun getrennt voneinander und entwickelten die Merkmale, die sie voneinander unterscheiden. Durch Isolation entstanden aus einem Vorfahren die beiden Bärenarten, die wir heute kennen: Braunbär und Eisbär. → 4 Die Isolation von Gruppen von Lebewesen, die ursprünglich eine Art darstellten, ist der wichtigste Mechanismus, durch den neue Arten entstehen.

→ **Merk dir!** **Durch Isolation von Lebewesen voneinander können neue Arten entstehen.**

Arbeitsaufträge

1. Beschreibe die Entstehung von Eisbären und Braunbären in der Stammesgeschichte.
2. Braunbären sind Allesfresser, Eisbären sind reine Fleischfresser. Stelle eine Vermutung über das Aussehen der Zähne der beiden Arten an.
3. Bestimme die Masse und die Länge von sechs Hühnereiern. Erläutere an diesem Beispiel den Begriff Variation. → 5

5 Hühnereier

Wie wirkt Evolution?

Nach der Evolutionstheorie haben diejenigen Lebewesen einen Selektionsvorteil, die am besten an die Umweltbedingungen ihres Lebensraums angepasst sind. Sie haben bessere Überlebens- und Fortpflanzungschancen, vermehren sich und verdrängen Artgenossen, die im gleichen Lebensraum nicht so optimal an die Umweltbedingungen angepasst sind. Die natürliche Selektion bestimmt die Richtung der Evolution.

1 Natürliche Selektion durch Angepasstheit

1. Wie wirkt die natürliche Selektion?

Mit einem einfachen Spiel lässt sich die natürliche Selektion in der Klasse nachspielen.

Ihr braucht: schwarz-weiß gesprenkelten Karton, 250 ausgestanzte schwarze und weiße Plättchen in der Größe einer 5-Cent-Münze, Stoppuhr.

Durchführung des Spiels

Es sollten je fünf Schüler in einer Gruppe zusammenspielen: zwei Beutegreifer, zwei Beuteverteiler (Beobachter), ein Protokollführer.

Jede Gruppe breitet ihren Karton auf dem Tisch aus.

Die Beuteverteiler verteilen je 50 schwarze und weiße Plättchen auf dem Tisch. Dabei sollen die Beutegreifer die Verteilung nicht beobachten.

Ziel des Spiels

Die Beutegreifer sammeln in einer Minute möglichst viele Plättchen ab.

Das Ergebnis wird protokolliert.

Die verbliebenen „Tiere“ (Plättchen) vermehren sich: Zu jedem verbliebenen Plättchen kommt ein neues hinzu.

Wieder sammeln die Beutegreifer möglichst viele Plättchen ab. Das Ergebnis wird ebenfalls protokolliert und die verbliebenen Plättchen werden wieder vermehrt.

Der Spielablauf sollte mindestens 4-mal wiederholt werden.

	Anzahl Plättchen	
	dunkel	hell
Beginn	50	50
nach dem 1. Durchlauf		
nach dem 2. Durchlauf		
nach dem 3. Durchlauf		

2 Beispielprotokoll für den Spielverlauf

a Wertet die Spielprotokolle aus. Stellt in einem Liniendiagramm dar, wie sich die Anzahl der weißen und schwarzen Plättchen in den Durchläufen verändert.

b Beschreibt das Ergebnis nach der 3. Spielrunde. Wie verhält sich die Anzahl der „Beutetiere", die überlebt haben und sich „fortpflanzen" können, zu den abgesammelten „Beutetieren"?

c Diskutiert, ob das Spielergebnis als Erklärung für das gehäufte Auftreten von dunklen Birkenspannern in britischen Großstädten herangezogen werden kann.

3 Schüler spielen die natürliche Selektion.

2. Spielvariation

Ihr braucht (pro Gruppe): buntgemustertes Geschenkpapier, 50 Plättchen verschiedener Form, 50 Plättchen verschiedener Färbung (auch die weißen und schwarzen).

Ziel des ersten Spielverlaufs über mehrere Runden ist es, die natürliche Selektion modellhaft darzustellen. Das Modell der ersten Spielvariante unterscheidet jedoch nur zwischen optimal angepasster „Beute" und nicht angepassten „Beutetieren", die leicht entdeckt und entfernt werden können.

In den Spielverlauf wird nun die „Mutation" eingebaut. Dafür wird zusätzlich mutierte „Beute" in Gestalt von Plättchen mit anderen Formen und Farben eingesetzt.

Durchführung des Spiels

Der Untergrund wird geändert, indem das gemusterte Geschenkpapier auf dem Tisch ausgebreitet wird. Ebenso erfährt die „Beute" eine optische Änderung. Auf dem gemusterten Geschenkpapier werden die schwarzen, weißen und bunten Plättchen verteilt.

Der weitere Ablauf des Spiels entspricht der ersten Variante.

a Erklärt anhand der natürlichen „Spielselektion" den Begriff der Mutation. Erläutert die Bedeutung der Form und der Farbe der verschiedenen Plättchen?

b Beurteilt, inwieweit sich das Spiel mit realen Vorgängen in der Natur vergleichen lässt.

c Übertragt das Spiel auf die Realität. Wofür stehen die verschiedenen Farben und Formen bei den Plättchen?
Was bedeutet es, Gewinner oder Verlierer zu sein? Übertragt dieses Ergebnis auf natürliche Bedingungen.

3. Wie wirkt Selektion?

Betrachte Abbildung 1 und erkläre die dargestellten Zusammenhänge mithilfe deiner Spielerfahrung.

Wie verlief die Evolution?

Linné: Ordnung nach Verwandschaft

1 Carl von Linné (1707–1778)

Der schwedische Wissenschaftler Carl von Linné veröffentlichte 1735 nach langen Forschungen sein Buch „Systema naturae“. → 1 Es ordnete die Vielfalt der Lebewesen auf der Erde nach ihrem Verwandtschaftsgrad. Linnés Leitspruch war: „Gott schuf, Linné ordnet.“ Er ordnete zunächst nur die Pflanzen, später auch Tiere in ein theoretisches System ein, das auf anatomischen Ähnlichkeiten basierte. Danach bekam jede von ihm bestimmte Art einen zweiteiligen Namen, der weltweit Gültigkeit hatte und auch heute noch genutzt wird. Der erste Name benennt die Gattung, der Namenszusatz die Art.

2 Jean-Baptiste de Lamarck (1744–1829)

Lamarck: „Wieso haben die Giraffen so lange Hälse?“

Der Franzose Jean-Baptiste de Lamarck kam zu seinen naturwissenschaftlichen Erkenntnissen über die „Scala naturae“, die Stufenleiter alles Lebendigen. → 2 Linné war der Auffassung, dass sich Lebewesen aktiv ihrer sich verändernden Umwelt anpassen und dann diese so erworbenen neuen Merkmale oder Eigenschaften an ihre Nachkommen vererben.

Nach Lamarck hatten die Vorfahren unserer Giraffen „normale“, kurze Hälse, mit denen sie nur grasen oder buschhohe Blätter fressen konnten. Da sie aber lieber die saftigen, frischen Blätter in den Baumkronen erreichen wollten, streckten sie sich zu den Wipfeln. Durch das ständige Strecken des Halses verlängerte sich dieser. Diese Halsverlängerung vererbten die Giraffen an ihre Nachkommen und nach vielen Generationen hatten die Giraffen ihre heutige Halslänge erreicht. → 3 Inzwischen weiß man, dass diese Vorstellung nicht richtig ist. Erworbene Eigenschaften werden nicht vererbt.

3 Erklärungsversuch von Lamarck zur Entwicklung des Giraffenhalses

4 Charles Robert Darwin (1809–1882)

Arten sind nicht unveränderlich

Der britische Naturforscher Charles Robert Darwin gewann seine Erkenntnisse während einer 5-jährigen Forschungsreise mit dem Forschungsschiff Beagle. → **4** Während der Weltumsegelung fielen ihm immer wieder Ähnlichkeiten und Unterschiede zwischen Fossilfunden und lebenden Arten auf. Außerdem bemerkte er Angepasstheiten der Lebewesen an ihren jeweiligen Lebensraum. Auf den Galapagosinseln entdeckte er 14 verschiedene Finkenarten. Alle glichen einer auf dem südamerikanischen Festland beheimateten Finkenart. Die Galapagosfinken besitzen nach Darwin einen gemeinsamen Vorfahren, erfuhren jedoch im Laufe der Zeit unterschiedliche Anpassungen an ihren jeweiligen Lebensraum. → **5**

5 Galapagosfinken: Der Schnabel jeder Art zeigt die Angepasstheit an die Ernährungsweise.

Darwin entwickelte die Theorie der natürlichen Selektion (natürliche Auslese). Lebewesen, die an ihr Lebensumfeld am besten angepasst sind, haben die Chance, zu überleben und Nachkommen zu bekommen. Er prägte den Begriff „survival of the fittest“, was so viel bedeutet wie „das Überleben des Bestangepassten“.

Demnach leben in einer Giraffenherde Tiere mit längeren und Tiere mit kürzeren Hälsen nebeneinander. Wenn das Laub der unteren Baumschicht abgeweidet ist, können nur noch die langhalsigen Tiere weiden, da die kurzhalsigen nicht mehr an das Laub der Baumkronen heranreichen. Sie sind in der Nahrungssuche unterlegen, sterben früher und können keine Nachkommen mehr zeugen. Von Generation zu Generation vermehren sich nur noch die langhalsigen Giraffen, bis schließlich nur noch Giraffen mit langen Hälsen vorhanden sind. → **6**

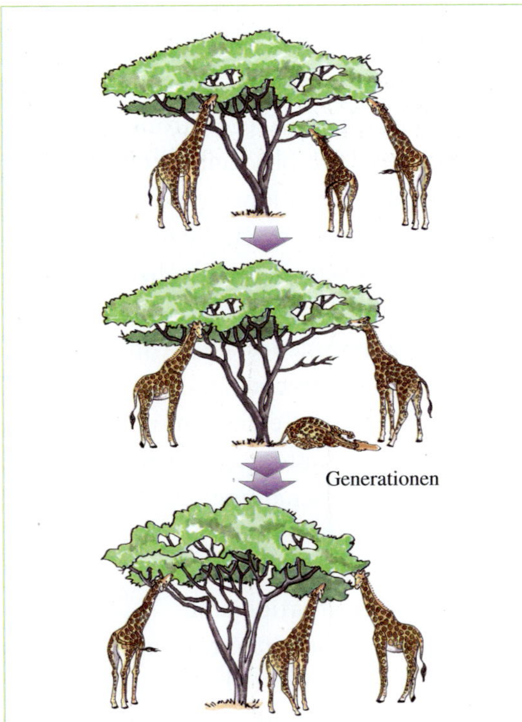

6 Darwins Vorstellung zur Entwicklung des Giraffenhalses

Die Karikatur stammt aus dem Jahr 1880. Damit wollte man zur damaligen Zeit die Evolutionstheorie lächerlich machen. Inzwischen haben sich Darwins Vorstellungen durchgesetzt. Warum stößt auch heute noch die Evolutionstheorie bei den Anhängern des Schöpfungsglaubens auf Kritik?

1 Darwin-Karikatur

Stammesgeschichte und Schöpfungsglaube

Gegenwind für Darwin

Als Reaktion auf Darwins Selektionstheorie entwickelte sich eine Gegenströmung, die die Aussagen der biblischen Schöpfungserzählung der Evolutionstheorie gegenüberstellte. Die Vorstellungen, die heute von den Vertretern des Schöpfungsglaubens verbreitet werden, werden unter dem Begriff **Kreationismus** zusammengefasst. Anhänger des Kreationismus betrachten nicht die Evolution als Ursache für die Entstehung und Vielfalt des Lebens. Stattdessen gehen Kreationisten von der Erschaffung der Lebewesen durch einen Schöpfer aus.

Ansichten des Kreationismus

Unter dem Oberbegriff Kreationismus lassen sich verschiedene Vorstellungen zusammenfassen. Einige Kreationisten stimmen zu, dass sich Arten in gewissem Maße verändern. Diese Änderung sei jedoch nur innerhalb gewisser Grundtypen möglich. Die verschiedenen Grundtypen seien jedoch getrennt voneinander erschaffen worden. Ein Übergang zwischen ihnen sei unmöglich, deshalb könnten beispielsweise die beiden Grundtypen Mensch und Affe keine gemeinsamen Vorfahren haben. Die wissenschaftliche Erfassung der Evolution hat jedoch ergeben, dass Menschen und Affen gemeinsame Vorfahren haben. Alle Lebewesen sind im Laufe der Stammesgeschichte auseinander hervorgegangen. → 2
Fossile Mosaikformen wie Ichthyostega oder Archaeopteryx, die belegen, dass es solche Übergänge gegeben hat, bezeichnen Kreationisten als Fälschung. Das Alter der Erde wird von ihnen mit etwa 10 000 Jahren aus der Bibel abgeleitet. Ergebnisse aus Datierungsuntersuchungen, die für ein viel höheres Alter der Erde sprechen, lehnen sie ab.

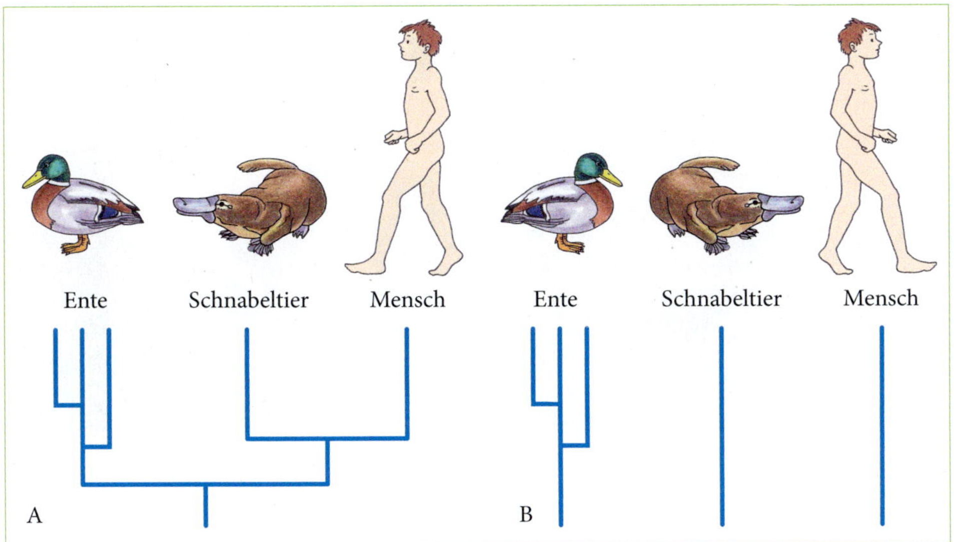

2 Evolutionsvorstellungen: A wissenschaftlich; B Kreationismus

Kreationismus ist unwissenschaftlich

Auch andere Ergebnisse der Evolutionsforschung werden als falsch zurückgewiesen, obwohl die Vielzahl an Belegen den Schluss zulässt, dass Evolution eine Tatsache darstellt. Kreationistische Auffassungen sind deshalb einer wissenschaftlichen Überprüfung nicht zugänglich. Sie müssen als unwissenschaftlich abgelehnt werden.

Kreationismus international

Menschen, die den Evolutionsgedanken ablehnen, gibt es überall auf der Welt. Besonders groß ist dieser Anteil der Bevölkerung mit 50 % in der Türkei und mit 40 % in den USA. Besonders gering ist der Anteil mit etwa 10 % in Skandinavien. In Deutschland halten etwa 20 % der Bevölkerung den Evolutionsgedanken für falsch.

→ Merk dir! **Auffassungen, die die Evolutionstheorie gegen den Schöpfungsglauben austauschen wollen, werden als Kreationismus bezeichnet. Sie sind unwissenschaftlich.**

Arbeitsaufträge

1. Analysiere die Grundpositionen der Kreationisten in Abbildung 3. Erläutere die wissenschaftlichen Gegenargumente zu diesen Grundpositionen.

2. In den USA wollten die Kreationisten erreichen, dass ihre Vorstellungen gleichberechtigt neben der Evolutionstheorie im Biologieunterricht vermittelt werden. Dies ist von allen Gerichten der USA abgelehnt worden. Nimm Stellung zu diesen Entscheidungen.

- Heutige Lebewesen existierten schon immer.
- Es fehlt ein Nachweis für die Entstehung neuer Arten.
- Geologische Schichten lagen ursprünglich nebeneinander. Deshalb kann man aus ihnen keine Altersangabe ableiten.
- Alle Lebewesen sind Grundtypen. Es gibt keine Übergänge zwischen ihnen.

3 Grundpositionen der Kreationisten

Nachdem Darwin seine Evolutionstheorie veröffentlicht hatte, empörten sich die Menschen immer wieder über den Ausspruch: „Der Mensch stammt vom Affen ab.“ Wie viel Wahrheit steckt in dieser Aussage?

1 Sind wir verwandt?

Stammesgeschichte des Menschen

Unsere nächsten Verwandten

Wenn sich Menschenaffen und Menschen im Zoo begegnen, stellt sich häufig die Frage: Wer beobachtet wen und wer imitiert wen? Das Quartier der Menschenaffen erscheint dem Zoobesucher wahrscheinlich deshalb so attraktiv, weil er bei keinem anderen Wirbeltier so viele Ähnlichkeiten im Aussehen und Verhalten feststellen kann. Der Mensch gehört wie die Orang-Utans, Gorillas und Schimpansen zur Säugetierordnung der **Primaten**.

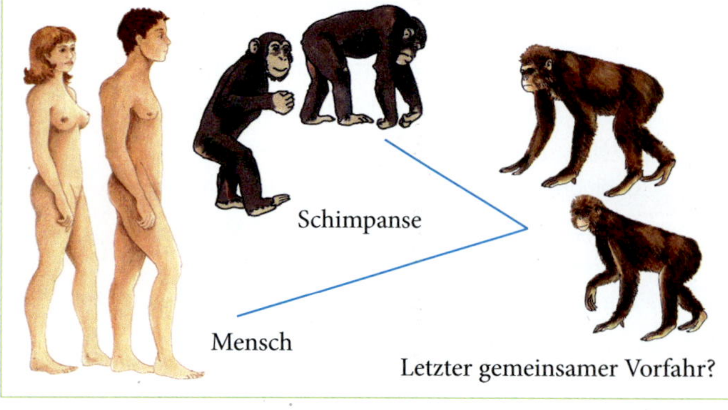

2 Mensch und Menschenaffe haben einen gemeinsamen Vorfahren.

Eine 1929 in Afrika entdeckte Zwergschimpansenart zeigt eine genetische Übereinstimmung mit dem Menschen von mehr als 98 %! Diese Übereinstimmung weist eindeutig auf einen gemeinsamen Vorfahren hin. → 2 Das bedeutet aber nicht, dass der Mensch vom Affen abstammt.

Unterschiede

Der Mensch kann mit seiner typischen **Greifhand** den Daumen allen anderen Fingern gegenüberstellen und somit Werkzeuge präzise nutzen. Der Affe hat eine **Klammerhand**. Der Daumen kann nicht abgespreizt werden. Beim Fuß ist es umgekehrt. Während der große Zeh des Affen abgespreizt werden kann, besitzt der Mensch einen **Standfuß** mit parallel nebeneinanderliegenden Zehen und einem Fußgewölbe, das beim Gehen Stöße abfängt. Der Schädel des Menschen zeigt einen ausgeprägten Hirnschädel, der Platz für das große Gehirn bietet, und ein flaches Gesicht mit wenig ausgeprägtem Gebiss. Affen dagegen haben einen

aufrechter Gang
Greifhand
Klammerhand
Primaten
Standfuß
Vormenschen

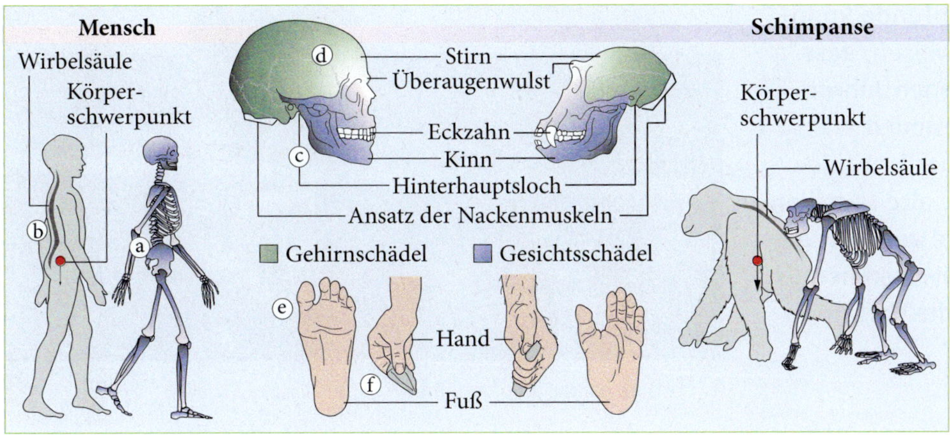

3 Unterschiede zwischen Schimpanse und Mensch

fliehenden Gesichtsschädel mit vorstehender Schnauze und starken Wülsten über den Augenhöhlen. Das Gebiss hat lange Eckzähne, der Hirnschädel ist relativ klein.
Die Wirbelsäule des Menschen ist doppelt-S-förmig gebogen. Der Schwerpunkt liegt in der Körpermitte. Dadurch ist der Mensch optimal an den **aufrechten Gang** angepasst. Affen bewegen sich meist vierfüßig. Ihre Wirbelsäule ist C-förmig und ihr Schwerpunkt liegt vor dem Körper. → 3

Affenähnliche Menschen

Die sogenannten **Vormenschen** lebten, wie Knochenfunde beweisen, vor 3,9 bis 3,0 Millionen Jahren. Ihr Hirnvolumen war wenig größer als das der heute lebenden Schimpansen. Sie bewegten sich schon aufrecht, nutzten aber noch keine Werkzeuge und kein Feuer. Ihre Sprache beschränkte sich wahrscheinlich auf Lautäußerungen.
Mithilfe der dreidimensionalen Computertechnik und der anatomischen Kenntnisse lebender Affen und Menschen ist es gelungen, Vormenschen zu rekonstruieren. → 4

4 Rekonstruktion eines Vormenschen

Merk dir! Menschen und Menschenaffen sind miteinander verwandt. Sie haben gemeinsame Vorfahren. Mithilfe von Knochenfunden und moderner Computertechnik können Wissenschaftler Vormenschen rekonstruieren.

Arbeitsaufträge

1. Vergleiche die anatomischen Unterschiede von Affe und Mensch in einer Tabelle.
2. In einer sandgefüllten Petrischale liegen Getreidekörner. Sammle einmal mit Daumen und Zeigefinger innerhalb einer Minute möglichst viele Körner in eine leere Petrischale, das nächste Mal nur mit Zeige- und Mittelfinger. Werte die Versuche aus (Anzahl der Körner, Gewicht des mitgeführten Sandes). Die Verarbeitung aller bekannten Daten lässt sogar Rückschlüsse auf Bewegungsabläufe zu.
3. Erkläre, welchen Vorteil sehr lange Arme für den Affen haben könnten.
4. Erkläre, warum Schimpansen, die sich zweibeinig fortbewegen können, bei Gefahr aber den Vierfüßergang nutzen.

Anhand fossilier Knochenfunde konnten Paläontologen nachweisen, dass Afrika vor etwa 10 Millionen Jahren von vielen Affenarten besiedelt war, die in den Baumkronen der Urwälder lebten. 4 Millionen Jahre alte Fossilien stellten sich als Überreste aufrecht gehender affenartiger Lebewesen heraus. Handelt es sich hier um die Vorfahren des heutigen Menschen?

1 Unsere hangelnden Vorfahren?

Mensch – woher kommst du?

So fing alles an

Der **Proconsul** galt lange Zeit als gemeinsamer Vorfahre von Menschenaffen und Menschen. Er lebte vor 26 bis 14 Millionen Jahren. Fossilfunde wurden ausschließlich in Afrika gemacht. Ein fast vollständig erhaltenes Skelett weist auf einen vierfüßigen Waldbewohner hin, der sich wahrscheinlich hauptsächlich kletternd in den Bäumen aufhielt. Aus seinem Zahnstatus lässt sich schließen, dass er sich von Laub und grober faserreicher Kost ernährte. → 2

Die ersten Zweibeiner

Der südliche Affe, **Australopithecus**, ist in seinem Aussehen dem Affen noch sehr ähnlich. Er lebte in der Savanne und ging aufrecht. Dadurch konnte Australopithecus das Grasland überblicken und sich besser fortbewegen. Der aufrechte Gang brachte also große Vorteile hinsichtlich der Sicherheit und des Jagderfolges. In der Afar-Wüste in Afrika fanden Wissenschaftler 1974 ein fast vollständiges, 3,2 Millionen Jahre altes Skelett, das unter dem Namen „Lucy“ in die Geschichte einging. → 3

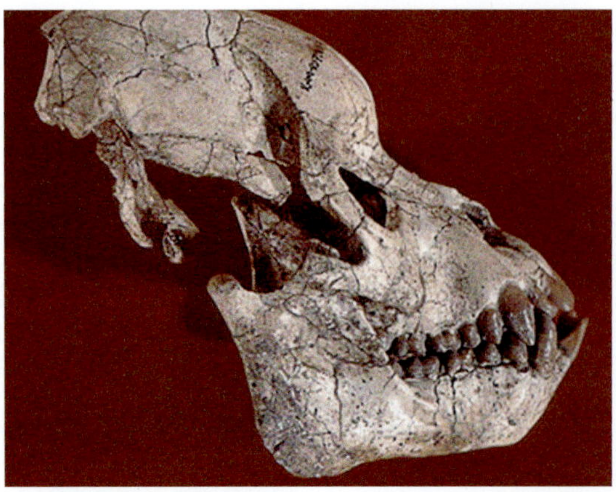

2 Schädel des Proconsuls

Der geschickte Mensch

Homo habilis stellte erste Werkzeuge her, die er fachgerecht nutzte, um an seine Nahrung zu gelangen und sich vor wilden Tieren zu schützen. Sein Hirnvolumen war etwa 30 % größer als das der Vormenschen. Seine Gestalt dagegen ähnelte noch sehr der des Vormenschen.

Der aufrechte Mensch

Homo erectus lebte vor etwa 2 Millionen Jahren. Er hatte ein deutlich größeres Gehirn als seine Vorfahren und nutzte als erster Mensch das Feuer. Allerdings konnte er es noch nicht selbst entzünden. Homo erectus suchte und bewahrte das Feuer, beispielsweise nach Gewittern. Fossilfunde es in Afrika, Asien und in Europa.

Australopithecus
Homo erectus
Homo habilis
Homo neanderthalensis
Homo sapiens
Out-of-Africa-Theorie
Proconsul

3 So sah Lucy vermutlich aus.

4 Rekonstruktion des Neandertalers

Die Entwicklung geht weiter

Der Neandertaler, **Homo neanderthalensis**, lebte vor 220 000 Jahren in Europa. → 4 Dieser Nachfahre von Homo erectus stellte gute Werkzeuge her, zum Beispiel Faustkeilmesser und hölzerne Speere, und bestattete seine Toten mit Opfergaben. Sein Gehirn war etwa 1600 cm^3 groß.

Der wissende Mensch

Homo sapiens entwickelte sich vor 200 000 Jahren in einer Nebenlinie zum Neandertaler. Er entdeckte neue Werkstoffe wie Knochen und Elfenbein für die Herstellung von Waffen und Skulpturen und stellte sein Leben in Höhlenmalereien dar. Er sieht dem heutigen Menschen sehr ähnlich. Die dicken Augenwülste sind verschwunden, der Gesichtsschädel ist höher. Homo sapiens ist größer, sein Knochenbau feiner als der seiner Ahnen.

Wir sind alle Afrikaner

In Afrika spaltete sich die Entwicklungslinie vom Proconsul zu den heutigen Primaten. Die **Out-of-Africa-Theorie** besagt, dass Homo sapiens in Afrika entstand, dort lange Zeit parallel zum europäischen und vorderasiatischen Neandertaler lebte und dann über die damals bestehenden Landbrücken in Richtung Asien wanderte. Weitere Auswanderungswellen führten ihn nach Europa und in die übrigen Teile der Welt.

→ **Merk dir!** Fossilfunde zeigen, dass es im Laufe der Erdgeschichte verschiedene aufrecht gehende Vormenschen gab. Ihre Hirnmasse nahm während der Entwicklung ebenso zu wie ihre Geschicklichkeit. Alle Vorfahren lebten in Afrika und eroberten von dort die Welt.

Arbeitsaufträge

1. Erstelle eine Tabelle, in der die Primatenentwicklung vom Proconsul bis zum Homo sapiens deutlich wird. Unterscheide jeweils hinsichtlich Schädel, Gangart, Gebiss, Hirnvolumen und Körpergröße.

2. Erstelle Steckbriefe von Lucy und vom geschickten Menschen. Vergleiche die Steckbriefe im Hinblick auf:

a die Anpassung an den Lebensraum
b die Entwicklung des Menschen

3. Erkläre folgende Aussage:
Der aufrechte Gang war ein wichtiger Schritt in der Evolution des Menschen.

Kulturelle Evolution

Menschen haben sich über einen langen Zeitraum und über viele Etappen von affenähnlichen Vorfahren bis zum heutigen Homo sapiens entwickelt. Während der einzelnen Entwicklungsschritte veränderten sich das Aussehen und die Hirngröße, die handwerkliche Geschicklichkeit nahm immer mehr zu und es bildete sich eine kulturelle Struktur heraus. Homo sapiens hat in seinem Kulturkreis ein Regelwerk für richtiges oder falsches Handeln geprägt.
Die Vorfahren von Homo sapiens mussten mit anderen Herausforderungen fertig werden. Ihr Leben war teilweise schwerer, gefährlicher, entbehrungsreicher …, aber nicht schlechter als das des heutigen Menschen. Im Folgenden sollt ihr euch selbst ein Bild vom Leben unserer Vorfahren machen.

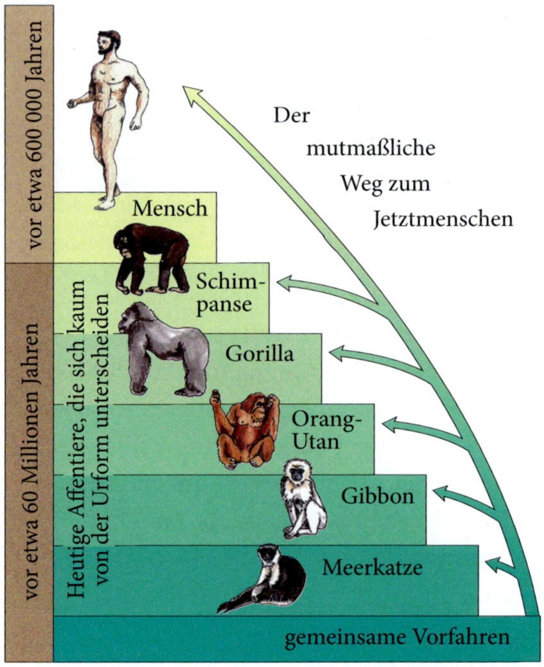

1 Der lange und verzweigte Weg zum Jetztmenschen

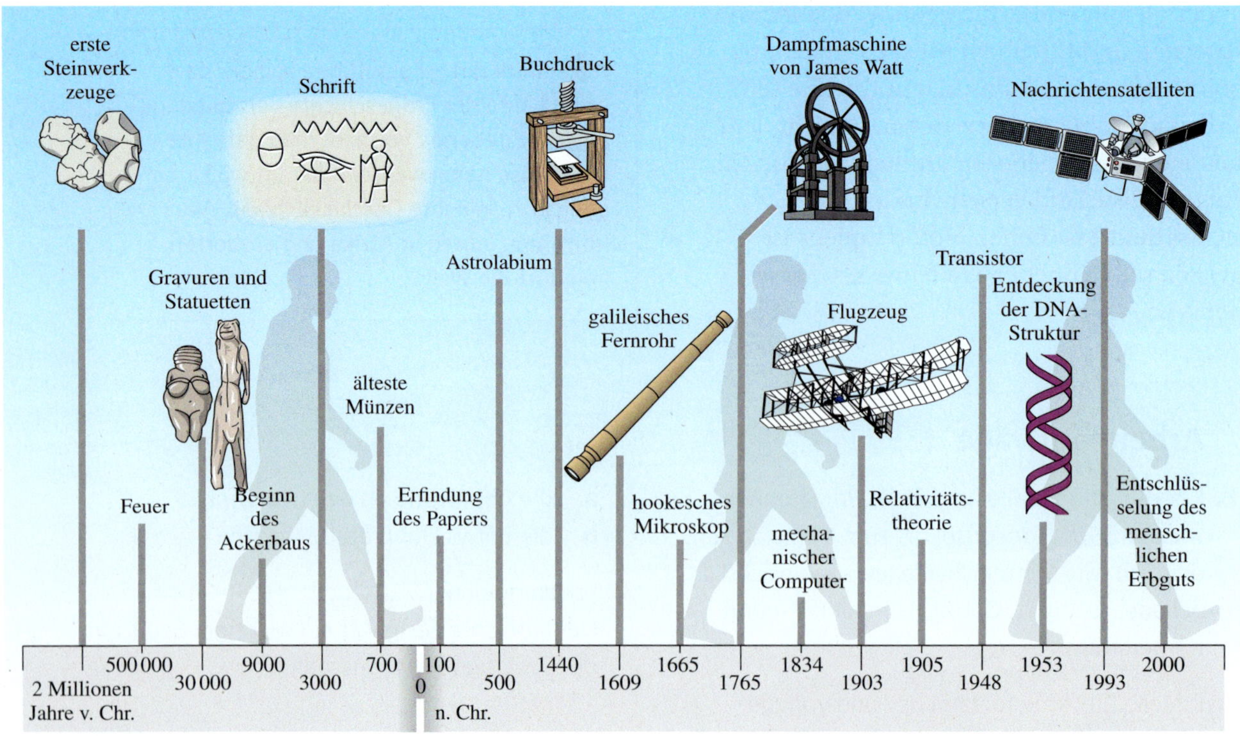

2 Meilensteine in der kulturellen Evolution des Menschen

Schritte und Tipps für die Erarbeitung der „kulturellen Evolution“

Vorbereitung

Die Mindmap zeigt, welche Bereiche das Thema „Kulturelle Evolution“ umfasst. Fällt euch noch mehr ein? → **3**

Planung

Überlegt, welche Informationsquellen ihr für die Erarbeitung des Themas nutzen könnt:

- Bücher über die Entwicklung des Menschen
- Informationen aus dem Internet
- Informationen aus dem Geschichts-, Religions- und Erdkundeunterricht
- Besuch im Naturkundemuseum: Hier könnt ihr erleben, wie die Urmenschen gelebt und gearbeitet haben und wie sie gekleidet waren. → **4**, **5**
- Interview mit einem Museumsmitarbeiter

Durchführung

Bildet Arbeitsgruppen und verteilt die Aufgaben:

- Wie viele Schüler sind in einer Gruppe?
- Welche Gruppe übernimmt welche Aufgabe?
- Erledigt die verteilten Aufgaben in der Gruppe.

Abschluss und Präsentation

Überprüft eure Ergebnisse und überlegt, wie ihr sie für andere Klassen oder für die Eltern interessant gestalten könnt. Ihr könnt beispielsweise folgendermaßen vorgehen:

- Jede Gruppe bereitet einen kleinen Vortrag vor.
- Es werden Plakate erstellt.
- Verschiedene Produkte und die unterschiedlichen Plakate werden in einer kleinen Ausstellung präsentiert.

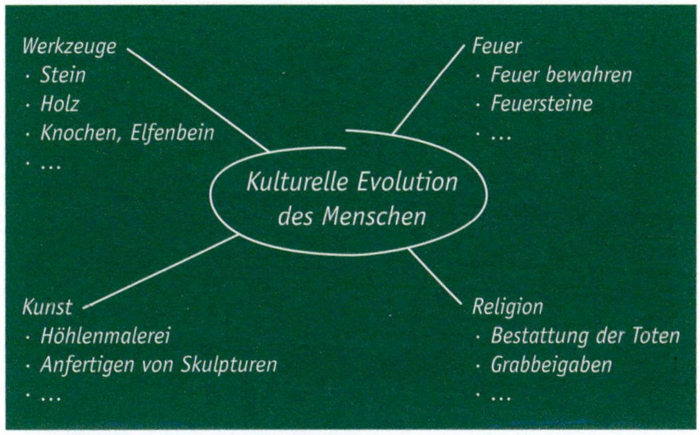

3 Mindmap zur kulturellen Evolution

4 Anfertigen einfacher Werkzeuge

5 Aussehen wie unsere Vorfahren

Evolutionäre Entwicklung

Unter bestimmten Bedingungen können Reste von Lebewesen als Fossilien die Zeiten überdauern. Fossilien sind Zeugen früheren Lebens auf der Erde. (Siehe Seite 166.)

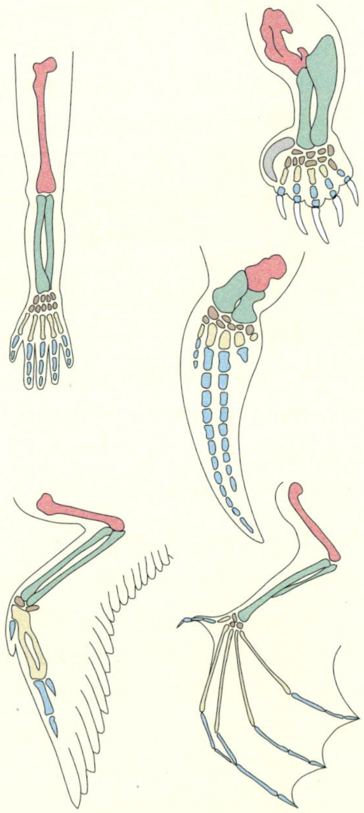

Verwandte Lebewesen besitzen einen gleichen Grundbauplan mit homologen Organen. Ähnliche Lebensräume und damit ähnlicher Selektionsdruck bringen analoge Organe hervor, die im Bauplan verschieden sind. (Siehe Seite 172.)

Nachdem sich die Uratmosphäre abgekühlt hatte und Gewässer entstanden waren, konnten sich erste einfache Lebensformen entwickeln. (Siehe Seite 176.)

→ Nach der Entstehung der Fotosynthese reicherte sich die Uratmosphäre mit Sauerstoff an. Nach der Bildung einer schützenden Ozonschicht konnte sich das Leben auf der ganzen Erdoberfläche ausbreiten. (Siehe Seite 178.)

→ Wirbeltiere sind miteinander verwandt. Ihre Abstammung kann in einem Stammbaum dargestellt werden. (Siehe Seite 180.)

→ Selektion und Mutation sind die Motoren der Evolution. Angepasstheiten an den Lebensraum sind das Ergebnis von Selektion und Mutation. (Siehe Seite 186.)

→ Manche Menschen halten die Evolution für falsch. Sie glauben, dass ein Schöpfer das Leben auf der Erde erschaffen hat. Diese Vorstellungen bezeichnet man als Kreationismus. (Siehe Seite 194.)

→ Menschenaffen und Menschen haben die gleichen Vorfahren, sie trennten sich in ihrer weiteren Entwicklung. (Siehe Seite 196.)

1. Erläutere, welche Bedingungen dafür verantwortlich sind, dass das Mammutbaby oder Ötzi auch nach langer Zeit noch gut erhalten sind. Begründe deine Antwort.

2. Erläutere die Bedeutung von Fossilien für die Erforschung der Stammesgeschichte.

3. Ordne die Abbildungen 1–4 zur Entstehung der Erde den folgenden Begriffen richtig zu. Begründe deine Zuordnung.

a Welt mit Uratmosphäre
b Urknall
c erstes Leben im Meer
d Urmeer

1

2

3

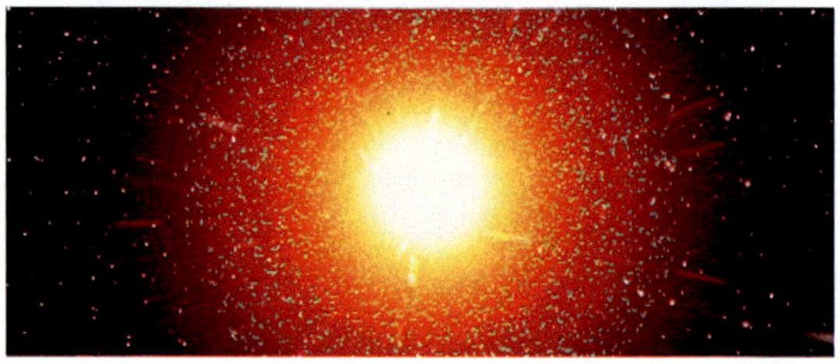

4

4. Pflanzen und Tiere besiedelten nach und nach das Land. Nenne Aspekte, die für den Landgang wichtig waren.

5 Ichthyostega

5. Erkläre die Stammesgeschichte der Wirbeltiere.

6. Evolution ist eine Anpassung an veränderte Lebensbedingungen. Erkläre diese Aussage mit eigenen Worten.

7. Erkläre am Beispiel des Eisbären und des Braunbären, wie neue Arten entstehen. Benutze dabei die Begriffe Mutation, Selektion und Isolation.

8. „Menschen und Affen haben keine gemeinsamen Vorfahren, sondern wurden von einem Schöpfer erschaffen." Widerlege diese Aussage.

9. Ordne folgende Vorfahren des Menschen den Nummern im Zeitstrahl in Abbildung 6 zu: Homo sapiens, Homo erectus, Australopithecus, Neandertaler, Homo habilis.

10. Erläutere, welche Bedeutung der Sprachgebrauch und die geschriebene Sprache für den Menschen haben.

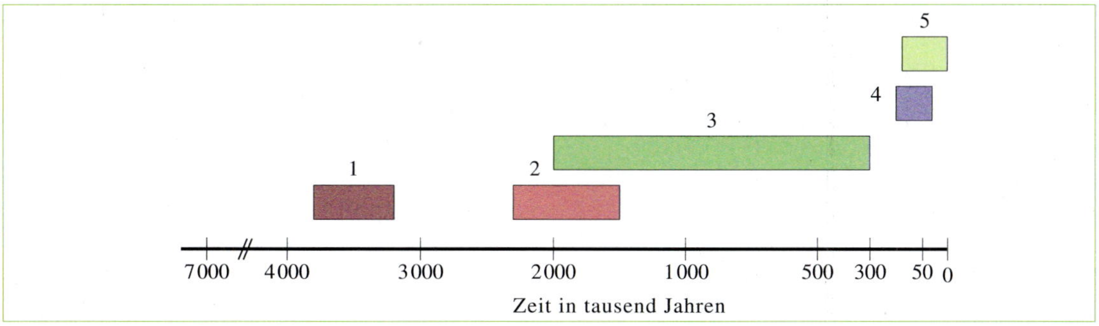

6 Zeitstrahl

Ordne deiner Lösung im Heft ein Smiley zu:
☺ Ich habe die Aufgabe richtig lösen können.
😐 Ich habe die Aufgabe nicht komplett lösen können.
☹ Ich habe die Aufgabe nicht lösen können.

Aufgabe	Fähigkeit	Hilfe findest du auf Seite …
1	Ich weiß, welche Faktoren nötig sind, um tote Organismen zu erhalten.	166
2	Ich kenne die Bedeutung von Fossilien für die Stammesgeschichte.	166
3	Ich kann die Entstehung des Lebens auf der Erde wissenschaftlich erklären.	176
4	Ich kann Fakten benennen, die wichtig für die Besiedlung und Eroberung der Erde waren.	178
5	Ich kenne die Stammesgeschichte der Wirbeltiere.	180
6	Ich kann die Evolution verstehen und erklären, dass sich die Lebewesen immer wieder an andere Lebensbedingungen anpassen müssen.	186
7	Ich weiß, wie neue Arten entstehen, und kenne die Begriffe Mutation, Selektion und Isolation.	186, 188
8	Ich kenne den Begriff Kreationismus und weiß, dass seine Vorstellungen unwissenschaftlich sind.	194
9	Ich kenne die Entwicklungsgeschichte des Menschen.	196
10	Ich weiß, dass neben der körperlichen Evolution beim Menschen auch eine kulturelle Evolution stattfand, die noch nicht beendet ist.	200

Test Lösungen

Stationen eines Lebens

1 **a** 1= Hüllzellen; 2 = Blasenkeimhöhle; 3 = Zellen des Embryos

b Aus den Hüllzellen bildet sich der Mutterkuchen. Er versorgt den Embryo während der Schwangerschaft.

2 **a** Vor jeder Zellteilung muss sich die Erbanlage verdoppeln. Erst dann können bei der Mitose die Zwei-Chromatid-Chromosomen getrennt werden und so auf die beiden neuen Zellen verteilt werden.

b Pflanzen besitzen Zellen, die sich zum Wachstum der Pflanze teilen müssen. Dabei müssen die Erbanlagen in allen neu gebildeten Zellen vorkommen. Aus diesem Grund gibt es auch bei Pflanzen den Vorgang der Mitose.

3 **a**

	Embryonale Stammzellen	Adulte Stammzellen
Ort der Entstehung	Embryo	Knochenmark
Vielseitigkeit	Alleskönner	vielseitig
Gewinnung	aus überzähligen Embryonen der IVF	Entnahme aus dem Knochenmark eines Spenders
Therapiemöglichkeiten	noch keine	Knochenmarktransplantation
Ethische Probleme	Embryonenschutz	keine

b Bei einer Knochenmarktransplantation werden die kranken Blut-Stammzellen des Empfängers abgetötet. Dem Spender werden gesunde Blut-Stammzellen aus dem Knochenmark der Hüfte entnommen und vermehrt. Diese adulten Stammzellen werden auf den Empfänger übertragen.

4 **a** Das Embryonenschutzgesetz regelt in Deutschland die Unversehrtheit des Embryos.

b Nach deutschem Recht beginnt menschliches Leben mit der Verschmelzung der Kerne von Ei- und Spermienzelle.

c Rechtliche Probleme: Das Embryonenschutzgesetz erlaubt Forschung nur an Embryonen, die vor Mai 2007 erzeugt wurden. Es dürfen keine überzähligen Embryonen aus der IVF für Forschungszwecke verwendet werden. Zur Stammzellforschung gibt es eine große ethische Debatte in der Bevölkerung.

5 Die Hauptursachen für die seit 1750 stark gestiegene Lebenserwartung sind:
- ausreichende und hochwertige Nahrung,
- gute medizinische Versorgung,
- gute Hygiene.

6 Die wichtigsten körperlichen Veränderungen sind der Verschleiß der Gelenke, Herzkreislaufbeschwerden sowie das Nachlassen der Sehkraft.

Sinne und Wahrnehmung

1 Auge: Linse, Iris, Netzhaut, Pupille, Glaskörper, Sehnerv
Ohr: Ohrmuschel, Gehörgang, Gehörknöchelchen, Gehörnerv, Schnecke, Trommelfell, Hörsinneszellen

2 Augenmuskel, 2: Ringmuskel, 3: Hornhaut, 4: Iris, 5: Pupille, 6: Linse, 7: Linsenbänder, 8: Lederhaut, 9: Aderhaut, 10: Netzhaut, 11: Glaskörper, 12: Blinder Fleck, 13 Sehnerv

3 **a** Das Licht, das auf das Bild fällt, wird zurückgeworfen und gelangt durch die Pupille in das Auge der Frau. Die hinter der Pupille liegende Linse bündelt das Licht und es erscheint ein kleines, scharfes Bild auf der Netzhaut. Dieses Bild steht durch die Bündelung auf dem Kopf.

b Nachdem das Licht auf die Netzhaut gefallen ist, werden die Stäbchen und Zapfen gereizt und beginnen zu arbeiten. Diese Sinneszellen wandeln die Lichtreize in Signale um. Diese Signale werden über den Sehnerv an das Gehirn weitergeleitet.

c Das Gehirn verarbeitet die über den Sehnerv weitergeleiteten Signale und setzt die unterschiedlichen Bilder beider Augen zu einem einzigen, räumlichen Bild zusammen. Außerdem dreht das Gehirn das auf der Netzhaut auf dem Kopf stehende Bild richtig herum.

4 h, e, c, f, g, a, b, d

5 Wenn beim Experimentieren im Chemieunterricht ätzende Stoffe oder Staubteile ins Auge gelangen: Schutz durch Schutzbrille;
wenn man in gechlortem oder stark salzhaltigem Wasser schwimmt: Schutz mit einer Taucherbrille;
wenn die Sonne stark scheint: Schutz durch Sonnenbrille;
wenn man über eine Stunde lang am Computer spielt oder arbeitet: regelmäßig Pausen machen und sich mit anderen Dingen beschäftigen.

Gesundheit und Krankheit

1 a Die Symptome einer Grippe sind Schüttelfrost, hohes Fieber, Kopf- und Gliederschmerzen, schweres Krankheitsgefühl.

b Körpertemperatur bei der Ansteckung und in der Inkubationszeit: 37 °C; in der Erkrankungsphase: bis zu 40 °C; in der Gesundungsphase: 37 °C

2 a Infektionskrankheiten werden durch Erreger verursacht. Die Krankheiten verlaufen in typischen Phasen mit bestimmten Symptomen.

b Erreger von Infektionskrankheiten sind Bakterien (Tuberkelbazillen, Tetanuserreger, Salmonellen), Viren (Grippevirus, Masern, HI-Virus), Pilze und Parasiten.

c Siehe 2b.

d Die Infektion kann durch Speicheltröpfchen (Übertragung in großen Menschenansammlungen), über Lebensmittel und über Tiere erfolgen.

3 Bakterien schädigen unseren Körper vor allem durch ihre Gifte.

4 a Das Abwehrsystem des Menschen schützt vor Fremdkörpern und Krankheitserregern. Haut, Schleimhäute und Körperflüssigkeiten bilden einen äußeren Schutz. Im Innern des Körpers arbeiten verschiedene weiße Blutkörperchen zusammen.

b Fresszellen umschließen die Erreger und lösen sie auf. Helferzellen aktivieren Plasmazellen, die Antikörper bilden. Killerzellen zerstören befallene Körperzellen. Es können Gedächtniszellen gebildet werden, die bei einem erneuten Kontakt mit dem Erreger sofort eine sehr schnelle Abwehr auslösen.

c Wenn Erwachsene eine Kinderkrankheit überstanden haben, bleiben Gedächtniszellen jahrelang erhalten. Dadurch kommt es bei einer neuen Infektion erst gar nicht zum Krankheitsausbruch.

5 a Besonders gegen gefährliche und häufig auftretende Krankheitserreger sollte man sich vorbeugend impfen lassen.

b Bei der passiven Immunisierung wird dem Patienten ein Serum gespritzt, das spezielle Antikörper gegen den eingedrungenen Krankheitserreger enthält. Diese Antikörper schützen sofort, diese Wirkung hält aber nur wenige Wochen an.

c Bei einer aktiven Immunisierung spritzt man abgetötete oder abgeschwächte Erreger. Dadurch wird der Körper zur Bildung von Antikörpern angeregt. Bei einer Infektion können diese Antikörper schnell aktiviert werden, sodass die Krankheit nicht ausbricht.

d Eine passive Immunisierung führt man durch, wenn schon Krankheitserreger eingedrungen sind. Dadurch kommt eine Vorbeugung zu spät. Der Körper ist schon geschwächt und könnte Antikörper nicht schnell genug bilden.

6 Eine gesunde Lebensführung unterstützt das Immunsystem und beugt Krankheiten vor.

7 a HI-Viren befallen die Helferzellen, sodass deren Zahl allmählich zu gering wird.

b Dadurch bricht die körpereigene Abwehr zusammen. Nun können sich zahlreiche andere Erreger im Körper ungehindert vermehren.

Information und Regulation

1 1 Synapse; 2 elektrischer Impuls; 3 mit Transmitter gefüllte Bläschen; 4 Endknöpfchen; 5 Zellmembran; 6 synaptischer Spalt; 7 benachbarte Zelle; 8 Rezeptor; 9 elektrische Impulse

2 ① Großhirn
② Zwischenhirn
③ Hypothalamus
④ Hirnanhangsdrüse (Hypophyse)
⑤ Balken
⑥ Thalamus
⑦ Kleinhirn
⑧ verlängertes Rückenmark
⑨ Mittelhirn
⑩ Brücke
} ⑪ Hirnstamm

3 Durch das Vergessen wird verhindert, dass das Gehirn überlastet wird. Es sortiert beim Vergessen alles aus, was es für unwichtig hält.

4 Eine Mindmap ist eine Lernhilfe. Sie enthält alle wichtigen Begriffe zu einem Thema und stellt eine Verbindung zwischen diesen Begriffen her. Um eine Mindmap zu erstellen, schreibt man das Thema, zu dem man eine Mindmap erstellen will, in die Mitte eines Blattes. Das ist der Schlüsselbegriff der Mindmap. Ausgehend von dem Schlüsselbegriff werden Hauptäste gezeichnet und beschriftet. Die Beschriftung der Hauptäste entspricht den Unterthemen des Schlüsselbegriffs. Ausgehend von den Hauptästen können Nebenäste gezeichnet und beschriftet werden. Am Ende entsteht ein einprägsames Bild.

5 Wenn ein Schüler für eine Mathematikarbeit gut gelernt hat, so kann er in der Arbeit eine gute Leistung erbringen. Die gute Leistung wird gut benotet, sodass ein Erfolgserlebnis entsteht. Um das Erfolgserlebnis zu wiederholen, wird der Schüler auch für die nächste Arbeit gut lernen.

6 Die Fotos zeigen ein Baby sowie ein Kind von etwa drei Jahren. Die Nervenzellen sind in Abbildung 3 weitgehend unverbunden, in Abbildung 4 sind viele Verknüpfungen zu sehen. Die Veränderungen entstehen durch Erfahrungen, die das Kind im Laufe seines Lebens gemacht hat. Die neuen Erfahrungen werden durch die Verbindungen zwischen den Nervenzellen gespeichert.

7 Legale Drogen: Alkohol, Nikotin, Koffein, Medikamente
Illegale Drogen: Cannabis, Heroin, Opium, LSD, Kokain, Ecstasy

8 Tiere können optisch, akustisch sowie mithilfe von Gerüchen miteinander kommunizieren.
Kommunikation mithilfe von optischen Signalen: Bestimmte Färbungen der Körperoberfläche dienen als Erkennungssignale beispielsweise bei der Partnerwahl oder als Warntracht zur Feindabwehr.
Kommunikation mithilfe von akustischen Signalen: Der Gesang von Vögeln, Wolfsgeheul oder das Röhren von Hirschen dienen der Revierabgrenzung, der Partnerwahl oder der Stärkung der Gruppenzusammengehörigkeit.
Kommunikation mithilfe von Geruchssignalen: Durch Gerüche wird oft das Revier markiert. Gerüche dienen auch der Partnerfindung bei der Fortpflanzung und der Zusammenarbeit bei der Jagd.

9 Die Entwicklung der Borkenkäfer vom abgelegten Ei bis zum ausgewachsenen Käfer dauert 30 Tage. In Jahren mit warmem Sommerwetter können sich Tausende Käfer entwickeln. In Fichtenmonokulturen leben wenige natürliche Feinde des Borkenkäfers, sodass die Entwicklung der Käfer ungestört verlaufen kann. Die Käfermassen befallen gesunde Bäume und vernichten sie.

Gene und Vererbung

1 Vererbung im biologischen Sinn bedeutet, dass Anlagen für bestimmte Merkmale von den Eltern an die Nachkommen vererbt werden. Die

Anlagen, die Gene, bedingen ganz bestimmte Merkmale, wie Augenfarbe oder die Haarfarbe.

2 **a** Bei einem unbefruchteten Froschei wird der Zellkern zerstört. Es entsteht ein Froschei ohne Zellkern, das abstirbt. In einem weiteren Versuch wird ebenfalls der Zellkern eines unbefruchteten Froscheis zerstört, sodass ein kernloses Ei entsteht. Anschließend entnimmt man aus den Darmwandzellen einer Kaulquappe einen Zellkern und transplantiert ihn mithilfe einer Mikropipette in das kernlose Froschei. Aus dem transplantierten Ei entwickelt sich eine Kaulquappe und aus dieser ein Frosch.

b Die Versuche zeigen, dass der Zellkern in der Eizelle entscheidend dafür ist, ob sich aus einem Froschei ein Frosch entwickeln kann. Die genetischen Informationen für die Entwicklung eines Frosches stecken also im Zellkern einer Zelle. Der Versuch zeigt auch, dass sich die genetische Information im Zellkern jeder Körperzelle (hier ist es eine Darmzelle) befindet.

3 **a** a: Ein-Chromatid-Chromosom; b: Zwei-Chromatid-Chromosom; c: homologe Zwei-Chromatid-Chromosomen

b Ein Chromatid-Chromosomen findet man in allen diploiden Körperzellen zusammen mit einem weiteren homologen Ein-Chromatid-Chromosom. Einzeln kommen Ein-Chromatid-Chromosomen in den haploiden Geschlechtszellen vor.
Zwei-Chromatid-Chromosomen findet man in Zellen, die kurz vor einer Teilung stehen. Das Erbmaterial der Chromosomen wurde verdoppelt und beide Chromatiden sind an einer Stelle verbunden. Einzeln kommen Zwei-Chromatid-Chromosomen in der Meiose nach der ersten bis zur Mitte der zweiten Teilung vor.
Homologe Zwei-Chromatid-Chromosomen findet man in Zellen, die kurz vor einer Teilung stehen. Im Verlauf der Meiose werden die homologen Zwei-Chromatid-Chromosomen voneinander getrennt.

4 **a**

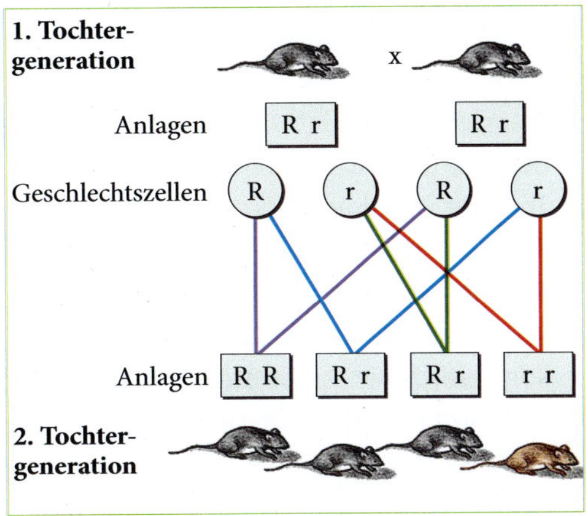

b Die erste mendelsche Regel lautet: Kreuzt man zwei reinerbige Lebewesen, die sich in einem Merkmal unterscheiden, so sind die Nachkommen der ersten Tochtergeneration untereinander alle gleich. Dies ist bei der Kreuzung der Mäuse ebenfalls zu beobachten (Uniformitätsregel).
Die zweite mendelsche Regel lautet: Kreuzt man die Lebewesen der ersten Tochtergeneration untereinander, so spalten sich die Nachkommen der zweiten Tochtergeneration im Zahlenverhältnis 3:1 auf. Auch dieses Ergebnis ist bei der Kreuzung der Mäuse zu beobachten (Spaltungsregel).

5 Anton könnte Samen der Pflanzen aus dem Gebirge mit nach Hause nehmen und sie zusammen mit Samen aus dem Tiefland zur Keimung bringen. Wenn die Pflanzen aus dem Gebirge auch im Tiefland kleiner bleiben, dann müssen die veränderten Merkmale genetisch bedingt sein.
Bei der Keimung muss Anton darauf achten, dass die beiden Samensorten exakt gleichen Bedingungen ausgesetzt sind: Erde, Temperatur, Lichtverhältnisse, Bewässerung. Das geht am besten, wenn beide Samensorten gemeinsam in einer Pflanzschale ausgesät werden.

6 **a** Die Grafik zeigt die Wahrscheinlichkeit für die Geburt eines Kindes ohne Trisomie 21 in Abhängigkeit von dem Alter der Mutter bei der Geburt. Die Wahrscheinlichkeit ist bei jungen Müttern unter 20 Lebensjahren sehr gering und steigt anschließend langsam an. Bei Mütter ab über 35 Jahren steigt die Wahrscheinlichkeit stark an (1%) und liegt bei Müttern mit 48 Jahren bei etwa 10%.

b Trisomie 21 kommt durch eine fehlerhafte Trennung der Chromosomen während der Meiose zustande.

c Wenn das Alter der Frauen, die Kinder bekommen, zunimmt, so steigt auch die Wahrscheinlichkeit, dass Kinder mit Trisomie 21 geboren werden.

Evolutionäre Entwicklung

1 Das Mammutbaby und auch Ötzi sind nach ihrem Tod luftdicht im Eis der Tundra bzw. eines Gletschers eingefroren und damit konserviert worden.

2 Fossilien stellen Reste gestorbener Lebewesen dar. Ihre Untersuchung gibt Aufschluss über die Entwicklung des Lebens auf der Erde.

3 Abbildung 1: Im Meer entstanden einfache einzellige Lebensformen.
Abbildung 2: Die Meere füllten sich mit verschiedenen Lebensformen. Vielzellige Lebewesen entstanden. Das Land und die Kontinente wurden besiedelt.
Abbildung 3: Vor etwa 4,5 Milliarden Jahren entstand die Erde als glühender Gesteinsball. Erst vor etwa 3,7 Milliarden Jahren sank die Temperatur auf der Erde unter 100 °C.
Abbildung 4: Vor etwa 14 Milliarden Jahren entstand das Weltall durch den Urknall.

4 Aspekte für den Landgang: Nachdem die Fotosynthese erfunden war, reicherte sich die Atmosphäre im Laufe der Zeit mit Sauerstoff an. Es bildete sich eine schützende Ozonschicht. Ein Leben an Land wurde dadurch möglich. Weitere Voraussetzungen für ein Leben außerhalb des Wassers war die Entwicklung eines Verdunstungsschutzes. Dadurch konnten sich Lebewesen vor Austrocknung schützen. Über einen langen Zeitraum entwickelten Tiere statt der Kiemenatmung eine Lungenatmung und statt Flossen Beinpaare.

5 Wirbeltiere besitzen eine Wirbelsäule. Ihr Körper gliedert sich in Kopf, Rumpf und vier Gliedmaßen. Der Ursprung der Stammesentwicklung der Wirbeltiere liegt im Wasser. Ursprüngliche Fische bildeten ein knöchernes Flossenskelett aus. Aus der Gruppe dieser Quastenflosser entstanden alle Landwirbeltiere. Amphibien leben als ausgewachsene Tiere in feuchten Gebieten an Land, ihre Entwicklung verläuft jedoch über Kaulquappen, Larven, die sich im Wasser entwickeln. Vögel, Reptilien und Säugetiere leben vollständig an Land. Sie besitzen Körperstrukturen, die die Verdunstung von Wasser einschränken. Außerdem erfolgt ihre Entwicklung in Eiern, die an Land nicht austrocknen, wie bei den Vögeln und Reptilien, oder im Inneren des Mutterleibes wie bei den Säugetieren.

6 Von der Entstehung der Erde bis in die heutige Zeit haben sich die Lebensbedingungen auf der Erde ständig geändert. Diejenigen Lebensformen, die an veränderte Umweltbedingungen am besten angepasst sind, haben die besseren Überlebenschancen und mit den besseren Überlebenschancen auch den größeren Fortpflanzungserfolg. Bei der Fortpflanzung wird die genetische Information der besseren Anpassung weitergegeben. Somit haben die Lebewesen im Laufe der Milliarden von Jahren jeweils andere Angepasstheiten an wechselnde Umweltbedingungen erfahren. Es ist eine große Artenvielfalt entstanden.

7 Ursprünglich war das Fell der Bären braun. Durch eine Mutation sind auch hellere Fellfarben entstanden. In einer Population von Braunbären gab es nun Bären mit helleren und dunkleren Fellfarben. Bären mit dunklerem Fell sind in Wald- und Steppengebieten besser angepasst und können deshalb mehr Nachkommen erzeugen. Bären mit hellerem Fell sind in verschneiten Gebieten besser angepasst. Die Selektion sorgt dafür, dass sich je nach Umweltbedingungen die Bären mit dem hellen Fell oder die Bären mit dem dunklen Fell besser fortpflanzen können. Mit der Zeit entwickeln die beiden Bärenpopulationen weitere Unterschiede, sodass sie sich nicht mehr fruchtbar untereinander fortpflanzen können. Dies bezeichnet man als Isolation.

8 Heute lebende Menschen und heute lebende Affen besitzen gemeinsame Vorfahren, wie sich aus gefundenen Fossilien belegen lässt. Diese Fossilien zeigen eine Mischung von Affenmerkmalen und Menschenmerkmalen, was auf eine allmähliche Entwicklung schließen lässt.

9 1 Australopithecus: Vormensch in der Savanne; der erste Zweibeiner
2 Homo habilis: der Frühmensch; ein geschickter Mensch, der einfache Werkzeuge herstellte, um sie dann fachgerecht zu nutzen; Zunahme des Hirnvolumens zum Vormenschen um 30 %
3 Homo erectus: der aufrechte Mensch; suchte und bewahrte das Feuer, das er sowohl für seine Nahrung nutzte als auch, um beispielsweise Speerspitzen zu härten. Sein Hirnvolumen war um ein Vielfaches größer als das der Frühmenschen.
4 Neandertaler: Er stellte gute Werkzeuge her und bestattete seine Toten mit Grabbeigaben, seine Hirnmasse betrug etwa 1600 cm^3.
5 Homo sapiens: der wissende Mensch. Ein großer Mensch mit feinem Knochenbau. Er nutzte neben Holz stabilere Werkstoffe wie Knochen und Elfenbein für Waffen und Schmuckstücke und fertigte Höhlenmalereien an.

10 Der Sprachgebrauch, ebenso wie die geschriebene Sprache, sind wichtige Kulturgüter. Sie ermöglichen es den Menschen, sich zu verständigen. Erworbenes Wissen und komplizierte Sachverhalte können an die nächste Generation weitergegeben werden. Allgemeingültige Regeln und Pflichten einer Gesellschaft können festgeschrieben werden, damit ein soziales Miteinander möglich ist.
Bereits die Neandertaler hielten ihre Jagdstrategien in Höhlenmalereien fest, um in der Gruppe die Jagd auf große Beutetiere zu „besprechen“.

Abwehrsystem schützt den Körper vor dem Angriff von Krankheitserregern.

Aids (acquired immune deficiency syndrome) erworbene Immunschwächekrankheit, die von Viren übertragen wird. Im Endstadium bricht das Immunsystem des Patienten zusammen und er stirbt an eigentlich harmlosen Infektionen.

Allele mögliche Ausprägungsformen einer Anlage, so kann es z. B. für die Blütenfarbe ein Allel für Gelb und ein Allel für Rot geben.

Allergie krankhaft übersteigerte Reaktion des Immunsystems auf eher natürliche Substanzen, wie Staub, Pollen, Tierhaare oder Nahrungsbestandteile (Allergene); Beispiele sind allergischer Hautausschlag, Heuschnupfen, allergisches Asthma.

Aminosäuren Grundbausteine der Proteine mit einem einheitlichen Grundbauplan.

Analogie Bezeichnung für Organe, die aufgrund vergleichbarer Aufgaben zwar ähnlich aussehen, aufgrund ihres Bauplans aber nicht auf einen gemeinsamen Vorfahren zurückgeführt werden können. Beispiel: Vogelflügel und Insektenflügel.

Anlagen werden in der Biologie auch Gene genannt. Im Rahmen der Vererbung werden Anlagen für bestimmte Merkmale (Augenfarbe, Haarfarbe, Körpergröße), nicht aber die Merkmale selbst vererbt.

Antibiotika natürlich vorkommende oder künstlich hergestellte Arzneimittel, die Bakterien abtöten oder deren Wachstum hemmen.

Antigene Stoffe (z. B. auf der Oberfläche von Bakterien), die der Körper als körperfremd einstuft und die eine Immunreaktion auslösen, u. a. die vermehrte Bildung von Antikörpern.

Antikörper Stoffe, die nach einer Infektion von den Plasmazellen gebildet werden und an die Erreger binden.

Asthma (Atemnot) Erkrankung der Atemwege. Durch Verengung der Atemwege kommt es bei den Betroffenen zu Atemnot. 5 % der Erwachsenen und 7–10 % der Kinder leiden am sogenannten Asthma bronchiale.

Atemhöhlen große Hohlräume im Schwammgewebe des Laubblatts, die der Durchlüftung des Gewebes dienen.

Atmosphäre Gashülle, die die Erde umgibt und aus vielen verschiedenen Gasen besteht. Die Atmosphäre schützt die Erde vor schädlicher Strahlung und vor einer Abkühlung der Erdoberfläche. Sogenannte Treibhausgase in dieser Gashülle lassen die Wärmestrahlung der Sonne durch, halten aber die von der Erde reflektierte Wärmestrahlung zurück.

aufrechter Gang wichtiges Merkmal für die Beurteilung vermeintlich menschlicher Fossilienfunde, nur der Mensch hat diese Gehweise perfektioniert. Die ersten aufrecht gehenden Menschenvorfahren waren die Australopithecinen.

Auslese älteste Züchtungsmethode, bei der Tiere oder Pflanzen nach bestimmten Eigenschaften für eine weitere Fortpflanzung ausgesucht werden.

Ausrottung Verschwinden von Arten, verursacht durch den direkten oder indirekten Einfluss des Menschen, z. B. durch Überfischung oder Zerstörung von natürlichen Lebensräumen wie bei der Abholzung tropischer Regenwälder.

Australopithecus ältester aufrecht gehender Zweibeiner, lebte vor etwa 4 Millionen Jahren; Ausgrabungsstellen vor allem in Süd- und Ostafrika.

Bakterien einzellige Lebewesen, die unter dem Lichtmikroskop gerade noch zu erkennen sind. Bakterien haben keinen Zellkern. Man unterscheidet verschiedene Formen.

Base Man unterscheidet die vier Basen Adenin, Thymin, Cytosin und Guanin. Adenin bildet nur mit Thymin, Cytosin nur mit Guanin Paare. Bilden die Sprossen der DNA. Immer drei Basen bilden ein Codewort und stehen für eine bestimmte Aminosäure.

Baumschicht oberstes „Stockwerk" in der Pflanzenschichtung eines Lebensraums; beginnt ab etwa fünf Metern Höhe; besteht hauptsächlich aus verschiedenen Baumarten, auch Sträucher kommen vor.

Baustoffe Stoffe, die der Körper für Wachstum und den Bau von Zellen usw. benötigt. Der Körper nimmt Material durch Nährstoffe, vor allem Eiweiß, auf und wandelt es in körpereigene Stoffe um.

Befruchtung Eindringen einer Spermienzelle in eine reife Eizelle und Verschmelzung der beiden Zellkerne miteinander.

Blasenkeim frühes Embryonalstadium bei vielzelligen Tieren; das Stadium des Embryos, welches sich in der Gebärmutter einnistet.

Chromatid die beiden identischen Hälften eines Chromosoms vor dessen Teilung in der Mitose. Die beiden Chromatiden enthalten jeweils die gleiche DNA.

Chromatin dünne Fäden im Zellkern jeder Zelle, die die Anlagen eines Lebewesens enthalten und die sich bei der Zellteilung zu kompakten Chromosomen verkürzen.

Chromosomen Träger der Erbinformation DNA.

Dendriten kurze, stark verzweigte Fortsätze der Nervenzellen, die Signale von anderen Nervenzellen empfangen.

Dialyse Blutwäsche; Verfahren, das das Blut reinigt, wenn die Nieren versagen.

Dinosaurier große Wirbeltiergruppe im Erdmittelalter mit Vertretern im Wasser, in der Luft und an Land; ausgestorben nach etwa 170 Millionen Jahren Existenz vor etwa 65 Millionen Jahren. Theorien vermuten u. a. Meteoriteneinschlag oder Vulkanausbrüche als Ursache.

DNA (Desoxyribonukleinsäure) aus dem Englischen: deoxyribonucleic acid. Die gesamte Erbinformation eines Lebewesens ist hier gespeichert.

dominant Erbgang, bei dem ein Allel die Wirkung des anderen überdeckt. Beispiel: Eine Erbsenpflanze hat je ein Allel für die rote und für die weiße Blütenfarbe, sie trägt dennoch rote Blüten, da das Merkmal „Weiß" durch das dominante Allel für die rote Blütenfarbe überdeckt wird.

Doppelstrang Jede DNA besteht aus zwei Strängen, die strickleiterartig zu einem Doppelstrang umeinander gewunden sind.

Einschluss Art der Fossilisation; Pflanzenteile oder Kleintiere aus der Urzeit, die in organischem Material, beispielsweise dem Harz von Nadelhölzern, gefangen wurden und dort konserviert sind. Beispiel: Bernstein.

Eisprung Freisetzung einer reifen Eizelle aus einem Follikel im Eierstock in den Eileiter.

Eizelle weibliche Geschlechtszelle zweigeschlechtlicher Lebewesen.

elektrische Impulse dienen der Erregungsleitung in Nervenbahnen.

Embryo menschliches Ungeborenes bis zum Ende des zweiten Schwangerschaftsmonats.

Embryonenschutzgesetz (ESchG) (Bundes-) Gesetz zum Schutz von Embryonen vom 13.12.1990, Inkrafttreten: 01.01.1991, Geltungsbereich: Bundesrepublik Deutschland. Das Gesetz regelt die Möglichkeiten und Beschränkungen der künstlichen Befruchtung und der Embryonenforschung.

Empfänger Adressat für von einem Sender mithilfe von Signalen übermittelte Informationen.

Energie entsteht durch die Zellatmung aus Traubenzucker und Sauerstoff und ist die Grundlage aller Lebensvorgänge bei Menschen, Tieren und Pflanzen, z. B. Bewegung, Wachstum, Vermehrung, Denkprozesse.

Energiefluss Der Prozess der Energieübertragung und -umwandlung von einer Stufe der Nahrungspyramide zur nächsten.

Enzyme Proteine, die die verschiedensten Reaktionen und die Ausbildung von Merkmalen im Organismus erst ermöglichen. Die Herstellung von Enzymen erfolgt durch die Proteinbiosynthese.

Erbanlagen Gene; Anlagen für bestimmte Merkmale (z. B. Haar- oder Augenfarbe), die von einer Generation zur nächsten weitergegeben werden und die die Ähnlichkeit zwischen Eltern und Nachkommen bewirken.

Familienstammbaum Darstellung, die die Abstammungsabfolge innerhalb von Familien zeigt und zum Beispiel Aufschluss über das Auftreten eines Merkmals über mehrere Generationen hinweg geben kann.

Fetus menschliches Ungeborenes ab einem Alter von acht Wochen. Beim Fetus sind alle Organe bereits vollständig angelegt.

Fitness Überlebensvorteil bei Individuen, die eine bessere Angepasstheit an die aktuelle Umwelt zeigen als andere Artgenossen und dadurch einen höheren Fortpflanzungserfolg haben.

Fossilien Lebensspuren aus früheren erdgeschichtlichen Zeiten; dazu zählen Reste von Lebewesen, Tierfährten oder auch Ausscheidungen von Lebewesen.

Fossilisation alle Vorgänge vom Tod eines Lebewesens bis zu seiner Freilegung als Fossil.

Gedächtnis Fähigkeit, Wissen und Können zu speichern und wieder abzurufen. Es werden Kurzzeitgedächtnis, Langzeitgedächtnis und langfristiger Speicher unterschieden.

Gehirn Teil des Nervensystems, der im Kopfbereich liegt. Beim Menschen und vielen anderen Wirbeltieren liegt das Gehirn in einer Schädelhöhle. Man unterscheidet mehrere Bereiche: Großhirn, Kleinhirn, Zwischenhirn und Hirnstamm.

Genanalyse Verfahren, mit dem u. a. abgeklärt werden kann, ob ein Mensch mit einem anderen verwandt ist oder ob er krank machende Gene in sich trägt; basiert auf der Isolierung, Auftrennung und Sichtbarmachung der DNA.

genetisch bedingte Krankheit kann hervorgerufen werden, wenn ein Gen durch eine Mutation so verändert wird, dass seine Funktion beeinträchtigt ist.

genetische Familienberatung gibt bei Kinderwunsch Auskunft darüber, wie groß die Wahrscheinlichkeit ist, ein Kind mit geschädigten Erbanlagen zu zeugen. Grundlage ist das Aufstellen eines detaillierten Familienstammbaums über mindestens drei Generationen. Ziel ist es, Lösungswege für die Familienplanung, mögliche Vorsorgemaßnahmen und Behandlungsalternativen aufzuzeigen.

genetischer Code festgelegte Abfolge der Basen Adenin, Thymin, Cytosin und Guanin. Jeweils drei Basen bilden eine Aminosäure. Dabei bildet Adenin nur mit Thymin, Cytosin nur mit Guanin Paare.

Genotyp Summe der genetischen Informationen eines Organismus.

Geschlechtshormone beim Menschen: in den Eierstöcken (Östrogen, Progesteron) bzw. in den Hoden (Testosteron) gebildete biochemische Botenstoffe, die Reifeprozesse im Körper anregen (Ausprägung der Geschlechtsmerkmale) und die Sexualfunktion steuern.

Geschlechtskrankheiten ansteckende Krankheiten, die auch oder hauptsächlich durch sexuellen Kontakt übertragbaren werden können; verursacht durch Bakterien, Viren, Pilze oder Einzeller. Beispiele: Syphilis, Gonorrhöe (Tripper), Hepatitis, Chlamydien, Aids.

Geschlechtszellen Zellen, die der Fortpflanzung dienen und im Gegensatz zu den Körperzellen nur den einfachen Chromosomensatz besitzen. Geschlechtszellen entstehen durch Meiose.

Gonorrhöe ansteckende und weltweit häufigste Geschlechtskrankheit; verursacht durch Bakterien.

Großhirn größter Teil des Gehirns mit der Form einer Walnuss. Zentrum unserer Wahrnehmung und verantwortlich für Bewegungen. Das Großhirn ist der Sitz unserer Sprache und Intelligenz.

Hausstauballergie allergische Reaktion gegenüber dem Kot von Hausstaubmilben, die sich durch häufiges Niesen, Jucken und allergisches Asthma zeigen kann

Hirnstamm Teil des Gehirns. Der Hirnstamm steuert Körperfunktionen wie Atmung, Herzschlag, Blutdruck, Augenbewegungen, Husten und Schlucken.

HI-Virus (**HIV**, **h**uman **i**mmunodeficiency **v**irus) Virus, das die Immunschwächekrankheit Aids auslöst.

HIV-positiv bezeichnet Menschen, bei denen das HI-Virus nachgewiesen wurde.

Homo erectus der „aufrechte" Mensch. Er breitete sich vor etwa 2 Millionen Jahren von Afrika über Europa und Asien aus. Er benutzte Feuer, Werkzeuge, Waffen.

Homo habilis der „geschickte" Mensch. Er lebte vor 2,1–1,6 Millionen Jahren und benutzte Werkzeuge.

Homo neanderthalensis Neandertaler; stammte vermutlich vom Homo erectus ab; früheste Funde vor etwa 130 000 Jahren, plötzliches Verschwinden vor etwa 30 000 Jahren; wurde vermutlich durch den modernen Menschen verdrängt.

Homo sapiens der „vernünftige" Mensch. Er lebte vor etwa 200 000 Jahren in Afrika. Er hinterließ künstlerisch anspruchsvolle Höhlenmalereien.

homologe Chromosomen In jeder Körperzelle liegt jedes Chromosom in doppelter Ausführung vor. Homologe Chromosomen gleichen sich in Form, Struktur und in der Anordnung der Genorte.

Homologie Merkmale, die verschiedene Arten aufgrund übereinstimmender Erbinformation (durch den letzten gemeinsamen Vorfahren) gemeinsam haben.

Immunisierung, aktive Form der Impfung. Abgetötete oder abgeschwächte Krankheitserreger werden geimpft. Das Immunsystem bildet daraufhin Antikörper und legt Gedächtniszellen an. Diese Art der Impfung wird vorbeugend durchgeführt.

Immunisierung, passive Form der Impfung. Dem Erkrankten werden Antikörper gespritzt, die aus dem Blut von Tieren gewonnen werden. Der Impfschutz hält nur kurze Zeit. Das Immunsystem des Erkrankten ist an der Abwehr nicht beteiligt.

Immunsystem alle an der körpereigenen Abwehr beteiligten Organe und Zellen des Körpers.

Impfpass bei der Geburt ausgestelltes Dokument zum Nachweis erhaltener Impfungen und zur Übersicht über noch fällige Impfungen.

Infektion Ansteckung; Eindringen von Krankheitserregern in den Körper und deren anschließende Vermehrung.

Infektionskrankheit meist ansteckende Krankheit, die durch Krankheitserreger ausgelöst wird.

Influenza Grippe. Ursache für diese Art Krankheit sind Grippeviren.

Information Botschaft/Nachricht, die bei Lebewesen mithilfe von Signalen übermittelt wird und deren Bedeutung der Empfänger entschlüsseln muss.

Inkubationszeit Zeitraum zwischen Ansteckung und Ausbruch einer Krankheit.

intermediärer Erbgang unvollständig dominanter Erbgang; Erbgang, bei dem zwei unterschiedliche Allele vorliegen und sich ein dazwischenliegendes Merkmal ausbildet. Beispiel: Werden bei der Wunderblume reinerbige Pflanzen mit roten und weißen Blüten gekreuzt, haben alle Pflanzen der 1. Tochtergeneration rosafarbene Blüten, da beide Anlagen (Rot, Weiß) weder dominant noch rezessiv sind.

Isolation der wichtigste Mechanismus, durch den neue Arten entstehen. Beispiele sind die räumliche oder zeitliche Trennung von Tieren einer Art.

Karyogramm geordnete Darstellung aller Chromosomen einer Zelle.

Kernteilung siehe Mitose.

Kleinhirn zweitgrößter Teil des Gehirns und neben dem Großhirn ein zweites Zentrum für Bewegungen; verantwortlich für das Gleichgewicht.

Klone genetisch identische Zellen oder Organismen.

Knochenmarktransplantation Übertragung adulter Blut-Stammzellen aus dem Knochenmark eines gesunden Spenders auf einen kranken Empfänger, um dort kranke durch gesunde blutbildende Stammzellen zu ersetzen; wird bei bestimmten Blutkrebsarten angewandt.

Kommunikation Übertragung von Informationen von einem Sender zu einem Empfänger bzw. wechselseitiger Austausch von Informationen; bei Lebewesen über optische, akustische oder chemische Signale.

Konkurrenz entsteht z. B. zwischen zwei Tierarten, die dieselbe Nahrung bevorzugen, und führt zu Strategien der Konkurrenzvermeidung: Eine Art wird verdrängt oder weicht auf eine andere Nahrungsquelle aus. Zur Konkurrenz kommt es auch innerhalb einer Art, wenn es um Partner, Lebensraum oder Nahrungsangebot geht.

Konvergenz nicht verwandte Arten entwickeln aufgrund ähnlicher oder gleicher Lebensräume ähnliche Strukturen und Körperformen. Beispiel: Stromlinienform bei Delfinen, Haien, Pinguinen, Tintenfischen.

Kreationismus unwissenschaftliche Gegenströmung zur Evolutionstheorie; vertritt die Auffassung, dass die biblische Schöpfungsgeschichte die tatsächliche Entstehung der Welt und des Lebens beschreibt (Erschaffung durch einen Schöpfer).

Kreuzen Züchtungsmethode, bei der bei den Nachkommen der zweiten Generation völlig neue Merkmalskombinationen entstehen (3. mendelsche Regel).

Lernen Informationen können im Gedächtnis gespeichert und wieder abgerufen werden.

Malaria eine gefährliche, durch Parasiten verursachte Tropenkrankheit. Überträger sind weibliche Anopheles-Mücken. Beim Stich der Mücke gelangen die Parasiten, die Plasmodien, über den Blutweg in die Leber. Die Erreger zerstören rote Blutkörperchen; freigesetzte Stoffwechselgifte lösen schwere Fieberschübe aus.

Meiose Reifeteilung; Vorgang, bei dem die Anzahl der Chromosomen in den Geschlechtszellen halbiert wird. Sie besteht aus einer ersten und einer zweiten Teilung.

Merkmale Charakteristika von Individuen, z. B. Haarfarbe, Augenfarbe, Hautfarbe, Blütenfarbe, Nasenform, Blattform usw.; sind angeboren (genetisch bedingt) oder erworben (umweltbedingt).

Mineralstoffe energiearme, aber lebensnotwendige anorganische Nährstoffe, die der Organismus nicht selbst herstellen kann; wichtig für die Lebensprozesse bei allen Lebewesen.

mischerbig heterozygot; ein Lebewesen besitzt für ein Merkmal zwei verschiedene Anlagen (Allele).

Mitose Kernteilung; Vorgang, bei dem sich die Zellkerne der Körperzellen teilen und die Zelle sich verdoppelt. Vor der Kernteilung verdoppelt sich die DNA.

Modifikation Veränderung von Merkmalen, die nicht genetisch bedingt sind, sondern durch Umweltveränderungen wie Temperatur, Licht oder Nahrung hervorgerufen werden.

Mumifikation Trockenheit, Kälte und Gifte können dazu führen, dass tote Lebewesen kaum zersetzt werden. Diese Mumien können viele Tausend Jahre fast vollständig erhalten bleiben.

Mutation zufällige Veränderung der genetischen Information, die durch Fehler beim Kopieren der DNA auftritt oder aber auch durch Röntgenstrahlen, chemische Substanzen oder UV-Strahlung ausgelöst wird. Mutationen können bei Lebewesen zu veränderten Eigenschaften oder Verhaltensmustern führen.

Mutterkuchen entsteht durch Einwachsen der äußeren Hülle des Blasenkeims in die Gebärmutterschleimhaut; dient der Versorgung des Embryos mit Nährstoffen und Sauerstoff und der Entsorgung seiner Ausscheidungsprodukte.

Nervenbahnen Verbindung aus vielen hintereinandergeschalteten Nervenzellen; dienen der Übertragung von Informationen in Form von elektrischen Signalen.

Nervenfaser Teil der Nervenzelle; langer Fortsatz, über den die elektrischen Signale weitergeleitet werden und von hier in die Synapse gelangen.

Nervensystem Gesamtheit der Nervenzellen und deren Verbindungen in einem Lebewesen.

Nervenzellen gehören zu den längsten Zellen des Körpers und sind in vier Abschnitte gegliedert: Dendrit, Zellkörper mit Zellkern, Nervenfaser, Synapse.

Neukombination Die Anlagen in den Zellkernen werden bei der geschlechtlichen Fortpflanzung neu kombiniert. Wichtigste Ursache für die Unterschiedlichkeit von Lebewesen.

Neukombinationsregel 3. mendelsche Regel: Kreuzt man zwei reinerbige Lebewesen, die sich in mehr als einem Merkmal unterscheiden, so können ab der 2. Tochtergeneration die Merkmale in neuen Kombinationen auftreten.

Out-of-Africa-Theorie Theorie, die besagt, dass alle Vorfahren des Menschen in Afrika gelebt haben. Von Afrika aus eroberte der Mensch Europa und alle übrigen Teile der Welt.

Parasit auch: Schmarotzer. Organismus (Tier oder Pflanze), der seine Nahrung auf Kosten eines anderen Lebewesens (Wirt), bezieht und dieses dabei schädigt. Der geschädigte Wirt wird entweder gar nicht oder erst später getötet.

Penicillin aus dem Schimmelpilz Penicillium gewonnenes Antibiotikum. Der Entdecker war Alexander Fleming.

Phänotyp äußere Erscheinungsform eines Organismus, die vom Genotyp und von Umwelteinflüssen geprägt wird.

Präimplantationsdiagnostik (PID) Verfahren zur Untersuchung von Embryonen, die durch künstliche Befruchtung erzeugt wurden. Ziel ist es, vor einer Einpflanzung in die Gebärmutter Schäden in den Erbanlagen festzustellen oder aber auch das Geschlecht des Embryos zu bestimmen.

Primaten Säugetierordnung der Herrentiere, zu denen Orang Utans, Gorillas, Schimpansen und der Mensch gehören.

Proconsul gehört zu den frühesten bekannten Menschenartigen und galt lange als gemeinsamer Vorfahre von Mensch und Menschenaffen. Er lebte vor 26–14 Millionen Jahren.

Proteine Eiweißstoffe; große Moleküle, die aus Aminosäuren aufgebaut und an fast allen Prozessen und Strukturen des Lebens beteiligt sind.

Proteinbiosynthese bezeichnet den Prozess innerhalb der Zelle, bei dem die genetische Information auf der DNA in Proteine umgewandelt wird. Die Proteinbiosynthese besteht aus der Transkription und der Translation.

reinerbig homozygot; ein Lebewesen besitzt für ein Merkmal zwei gleiche Anlagen (Allele).

rezessiv Erbgang, bei dem ein Allel durch die Wirkung eines anderen überdeckt wird. Beispiel: Eine Erbsenpflanze hat je ein Allel für die rote und für die weiße Blütenfarbe, sie trägt dennoch rote Blüten, da das Allel für die weiße Blütenfarbe gegenüber dem (dominanten) Allel für die rote Blütenfarbe rezessiv ist.

Selektion, natürliche Auslese; unterschiedliche Überlebenswahrscheinlichkeit einzelner Individuen. Die natürliche Selektion gibt der Evolution eine Richtung. Nur die Individuen, die besser an ihre Umweltbedingungen angepasst sind, können sich auch erfolgreich fortpflanzen. Damit nimmt die Anzahl der Lebewesen mit vorteilhaften Eigenschaften mit der Zeit zu.

Sender sendet mithilfe von Signalen Informationen an einen (oder mehrere) Empfänger.

Signal Träger von Informationen, die ein Sender an einen Empfänger übermittelt; Lebewesen kommunizieren über optische, akustische und chemische Signale.

Spaltungsregel 2. mendelsche Regel: Kreuzt man die Lebewesen der 1. Tochtergeneration untereinander, so treten beim dominantrezessiven Erbgang die Nachkommen in der 2. Tochtergeneration im Zahlenverhältnis 3 : 1 auf.

Stammbaum Darstellung, die die Abstammung von Arten und Verwandtschaftsgruppen voneinander zeigt sowie die zeitliche Abfolge ihres Auftretens.

Stammzellen, adulte Körperzellen, die im Organismus nach der Geburt vorhanden sind und die sich jeweils nur in ganz bestimmte Gewebe- oder Zelltypen weiterentwickeln können (z. B. Blut-Stammzellen).

Stammzellen, embryonale Zellen im frühen Embryonalstadium, die sich jeweils in alle Gewebe- und Zelltypen weiterentwickeln können.

Synapse Teil einer Nervenzelle; Verdickungen am Ende der Nervenfaser (Endknöpfchen). Signale werden hier auf die nachfolgende Nervenfaser übertragen.

synaptischer Spalt Spalt zwischen dem Endknöpfchen der ankommenden Nervenzelle und der Zellmembran der nächsten Nervenzelle.

Tarntracht besondere Färbung von Haut, Fell bzw. Federn bei Tieren, die der Tarnung dient (z. B. Eisbär, Zebra, Scholle, Jungvögel).

Transkription Abschreiben der genetischen Information von der DNA auf die mRNA.

Translation Übersetzung der genetischen Information auf der mRNA in die Aminosäuresequenz eines Proteins mithilfe der tRNA.

umweltbedingt durch Umwelteinflüsse hervorgerufen; beispielsweise nicht angeborene, erworbene Merkmale bei Individuen (z. B. Narben infolge Verletzungen, vergrößerte Muskulatur durch Sport).

Uniformitätsregel 1. mendelsche Regel: Kreuzt man zwei reinerbige Lebewesen, die sich in einem Merkmal unterscheiden, so sind die Nachkommen der 1. Tochtergeneration untereinander alle gleich (uniform).

Uratmosphäre Atmosphäre, die sich nach Abkühlen der Erde bildete; bestand aus Kohlenstoffdioxid, Methan, Wasserstoff und Wasserdampf. Sauerstoff fehlte in der Uratmosphäre.

Urknall „Big Bang"; Theorie zur Entstehung unseres Planetensystems vor etwa 14 Milliarden Jahren.

Ursuppe Bildung von verschiedenen organischen Molekülen in den Urgewässern der Erde aufgrund des Zusammenwirkens von Wärme, Feuchtigkeit und Gewittern.

Variation Unterschiedlichkeit der Individuen einer Art innerhalb einer Population, die zum Teil durch unterschiedliche Gene begründet ist.

Verdunstungsschutz Grundvoraussetzung für alle Lebewesen, die aus dem Wasser an Land gingen. Verdunstungsschutz schützt Lebewesen an Land vor gefährlicher Austrocknung.

Vererbung Weitergabe von Erbanlagen von einer Generation zur nächsten.

Versteinerung Form der Fossilisation, bei der die organischen Stoffe des Lebewesens durch mineralische Stoffe ersetzt werden.

Viren kleinste Krankheitserreger, Parasiten; bestehen aus einer die Erbsubstanz umgebenden Eiweißhülle; sind ohne eigenen Stoffwechsel, Vermehrung daher nur durch Befall geeigneter Wirtszellen möglich.

Vormensch Menschenartige, die vor 3,9 bis 3,0 Millionen Jahren lebten; aufrechte Fortbewegungsweise, größeres Hirnvolumen als bei heute lebenden Schimpansen.

Warntracht auffällig gefärbtes Äußeres bei giftigen oder ungenießbaren Arten (z. B. Wespe, Korallenschlange) zur Warnung für Fressfeinde; wird häufig von wehrlosen Arten nachgeahmt (z. B. Wespenschwebfliege).

weiße Blutkörperchen feste Bestandteile des Blutes. Sie sind auf die Bekämpfung von Krankheitserregern und Fremdkörpern spezialisiert.

Wirbeltiere Stamm im Tierreich; Gesamtheit aller Tiere, die eine Wirbelsäule besitzen und deren Körper sich Kopf, Rumpf und vier Gliedmaßen gliedert: die Klassen der Fische, Lurche, Kriechtiere, Vögel und Säugetiere.

Wirtswechsel Bei einigen Infektionskrankheiten kommt es im Entwicklungszyklus des Erregers zu einem Wirtswechsel. Bei Malaria zum Beispiel vermehren sich die Parasiten nach erfolgter Infektion über einen Mückenstich ungeschlechtlich im Menschen. Werden sie bei einem erneuten Stich von einer Mücke aufgenommen, kommt es im Darm der Mücke dann zur geschlechtlichen Vermehrung.

Wirtszelle gesunde, lebende Zellen, die Viren benötigen, um ihr Erbgut zu vermehren. Aus der dann platzenden Wirtszelle werden die neu gebildeten Viren freigesetzt und befallen weitere lebende Zellen.

X-Chromosom-gebundener Erbgang Erbgang, bei dem die Erbanlagen auf dem X-Chromosom liegen; ist beispielsweise bei der Erbanlage für die Rot-Grün-Blindheit oder die Bluterkrankheit der Fall.

Zelle Grundbaustein aller Lebewesen. Tier und Pflanzenzellen besitzen einen Zellkern, eine Zellmembran und Zellplasma. Pflanzenzellen haben zusätzlich eine Zellwand, Zellsafträume (Vakuolen) und Chloroplasten.

Zellkern Bereich im Zellinneren jeder Zelle, der die Erbinformation in Form von Chromosomen enthält; Ort der Steuerung aller Zellvorgänge.

Zellteilung Zellen vermehren sich durch Zellteilung. Nach der Verdopplung der Erbsubstanz gehen aus jeder Mutterzelle zwei identische Tochterzellen hervor.

Züchtung künstliche Selektion; die vom Menschen kontrolliert vorgenommene Fortpflanzung von Nutztieren und Kulturpflanzen mit dem Ziel, genetisch bedingte Merkmale zu erhalten oder zu verbessern und die Erträge zu steigern.

Zwischenhirn Teil des Gehirns. Das Zwischenhirn ist verantwortlich für Gefühle, Hunger, Durst und Körpertemperatur.

Zygote befruchtete Eizelle; entsteht durch die Verschmelzung einer weiblichen und einer männlichen Geschlechtszelle.

Register

T

U

V

W

X

Y

Z

Bildquellenverzeichnis

Agentur Focus/eye of science: 55.2 re., /SPL: 64.1, 64.2, 167.4, 204.3, 165.2 li., /SPL/Ford: 55.2 li., /SPL/Stannard: 50.1 re. | akg-images: 68.2, 68.3, 192.1, 192.2, 193.4, 194.1 li., 203.4 li. | Arco Images/NPL: 198.1 | Aventis Pharma Deutschland GmbH: 93.5 | Avenue Images: 51.3, /life: 28 | Behnke, C.: 7.1, 166.2 | Bellmann, H., Lonsee: 52.1 u.re. | bildagentur-online: 100.1 | Bilderberg/Ernsting/Wild Life Art: 199.3, /Ernsting/Rekonstruktion Schnaubelt & Kieser, Wild Life Art: 197.4 | Bio-Info/Kratz: 117.3, 119.4 | BIUM, Paris: 155.2 | bpk: 65.5 | Brandeis University: 185.8 | Breslawsky, H.: 136.1 | Bridgemanart.com: 194.1 re., 203.4 re. | BzgA, Bundeszentrale für gesundheitliche Aufklärung: 49.6, 82.1, 87.4, hint. Vors. 1 | Corbis: 93.4 | Corbis/Benser: 124.1, /Bettmann: 68.1, /Emely: 124.2, /Horowit: 52.1 u.li., /Mika: 150.1, 151.4, 161.2, /Photolibrary/Monsoon/Halaska: 152.1, 161.3, / zefa: 48.1 | Cornelsen Schulverlage GmbH: 9.1 mi., 35.4, 39.3, 85.4, 123.4, 138.1, 147.5, 160.2, 173.3 (Vogel), 190.1 (Schneehase) | DGK: 66.1 re. | Digitalstock: 38.1, 42.2, 76.2 | Döring, V., Hohen Neuendorf: 28 li.u., 29.1, 30.1, 40.1 li., 41.4, 41.5, 45 li.o., 52.1 o.li., 52.1 o.re., 83.2, 85.5, 106.2 (Tabletten), 106.3 (Hanf), 106.3 (Joint), 112.2, 112.3, 119.1, 119.2, 123.8, 139.4, 154.1, 184.3 o. | epd/Osthues: 75.4 | Fotolia.com: 66.1 li., Fotolyse: 144.1, /Alexandr Loskutov: 173.3 (Libelle), /Anetta: 19.3 li., /Anne Katrin Figge: 93.3, /Astrid Meissner: 187.5, /cynoclub: 187.3, /Dmitry Remesov: 106.2 (Bier), /Dron: 66.1, 125.3, /Edyta Pawlowska: 80.1, /Elena Elisseeva: 29.3, /emeraldphoto: 89.1 li., /ExQuisine: 57.4, /Franz Pfluegl: 72.1, 131.4, /fuxart: 40.1 re., /GordonGrand: 105.3., 121.3, /happyone: 21.4, 25.2, /Heiner Witthake: 23.4, /Herbert Kratky: 190.1 (Feldhase), /Kzenon: 76.1, /Leito: 43.4, /Lianem: 89.1 re., /LianeM: 116.1 li., /Lisa F. Young: 113.5, /lunamarina: 73.3, /m.arc: 32.2, /Marc Schobel: 44 li.o., /Matt Browne: 173.4 (Pinguin), /Miwa Koike: 140.1 li., 140.1 re., /Peter Schinck: 173.4 (Delfin), /Peter Wey: 187.6 li., /picamaniac: 106.2 (Zigaretten), /Rebel: 123.9, 158.1, /Saksoni: 19.3 re., /Stefan Schejok: 52.3, /Stocksnapper: 106.2 (Kaffee), /style-photographs: 32.1, /tina7si: 9.6, /Uwe Bumann: 153.4, / Zoltán Futó: 43.6 | Fresenius medical care, Bad Homburg: 49.5, 81.4, 89.3 | Fujitsu Siemens Computers: 165.5 (Laptop) | Getty Images/B2M Productions: 22.1, 25.3, /DEA Picture Library: 179.4, /Downes: 183.4 | Institut für Paläontologie, Uni Bonn: 167.6, 185.6 | iStockphoto.com/4x6: 8.1 (junger Mann), /Adam Borkowski: 74.2 li., /Agata Malchrowicz: 23.3, 27.5, /Alberto Pomares: 74.2 re.u., /Andrew Howe: 5.1, 114.1, 119.3, /ariwasabi: 3.1 (Jugendliche), /ariwasabi: 8.1 (Jugendliche), /Branislav Ostojic: 57.3, /Chris Hepburn: 12.1, /digitalskillet: 10.3, /Dmitriy Shironosov: 73.4, /Don Bayley: 8.1 (alte Frau), 8.1 (alter Mann), /Jaap Hart: 123.5, 160.3, /Jacob Wackerhausen: 6.1, 84.1, 122.1, /Julia Pivovarova: 4.1, 75.5, /Linda Bucklin: Titelbild, /mandygodbehear: 70.1, 89.2, hint. Vors. 4, /Marek Tarabura: 49.1, /Ned White: 74.2 re.o., /pamela burley: 145.5, /Peter Engelsted Jonasen: 42.1, /phottoman: 189.5, /RickBL: 77.4, /RTimages: 3.1 (Schwangere), 8.1 (Schwangere), /Sean Locke: 3.1 (Schulkind), 8.1 (Ehepaar), 8.1 (Schulkind), /Sean O'Riordan: 9.1, /SergiyN: 105.4, 121.4, /Villiers: 112.1, /YouraPechkin: 19.3 mi., /Sebastian Kaulitzki: 58.1 | Keystone/Schulz: 77.3 | Kleesattel W., Schwäbisch Gmünd: 56.1, 166.1, 185.7, 185.9 | Kleinert, R.: 74.1, 118.2 | KMDD, www.kmdde.de: 107.5 | Landesgendarmeriekommando für Tirol: 167.5 | Lieder, J.: 137.6 | Limbrunner, A. Dachau: 43.5, 172.1, hint. Vors. 5 | Malzkorn, Stefan, Hamburg: 98.1 | mauritius images: 29.2, /imagebroker/Weber: 94.1, /ACE: 176.1, 204.4, /age: 188.2, /Alamy: 174.1, 184.4, /Bloom: 176.2, 202.3, /Böhlhoff: 50.1 li., 88.1, 126.2, / Gilsdorf: 14.1, /Haag+Kropp: 9.3, 14.2, /mindbodysoul: 123.1, /Photo Researchers: 53.4 b, /Photononstop: 41.6, /Phototake: 9.5, 9.2, 10.1 li., hint. Vors. 7, /Pixtal: 105.6, /Ripp: 49.3, /Schultze: 49.4, /Science Faction: 18.1, 25.1, /Weimann: 188.3, /Workbookstock: 54.1 re, /Workbookstock: 88.3 | Max-Planck-Institut für evolutionäre Anthropologie: 165.4 | Molymod™ Molecular Models; UK: 134.1 | Museum für Naturkunde Berlin: 202.1 | Museum für Naturkunde, Paläonthologie, Berlin: 166.3 | NASA: 165.2 re. | National Science Foundation/Rager Fuller: 144.2 | Naturmuseum Senckenberg, Frankfurt/M.: 170.2 | Neandertal-Museum, Mettmann: 199.4 | Novartis: 53.4 a | Okapia/Birke: 177.4, /CNRI: 70.2, /Danegger: 187.6 re., /G. Gaugler: 137.3, /Kage: 49.2, 178.2, /Klaus Rose: 149.5, /Lowell/Georgia: 53.4 c, /NAS/Biophoto Associates: 123.2, 130.2 a, /NAS/Faulkner: 185.5, /NAS/Simons: 126.1, /NAS/Tweedie: 165.3, 203.3, /Naturbild AB/Andersson: 93.6, 115.3, /OSF/Bromhall: 10.1 re., hint. Vors. 8, /P. Arnold/ Scharf: 54.1 li., 90.2 | Pennsylvania State University, www.rps.psu.edu: 198.2 | picture-alliance/Aflo: 92.1, 118.1, /APA/picturedesk.com: 9.4, 16.1, / chromorange: 106.1 li., /Denkou Images: 96.1, /dpa: 15.4, 26.3, 41.7, 44 re.u., 51.4, 62.1, 69.5, 88.2, 104.1, 116.1 re., 123.6, 146.1, 146.3, 150.2, 156.1, 158.3, 161.1, 165.1, 170.1, /KPA: 69.4, /Lehtikuva: 106.1 re., /Norbert Schmidt: 125.4, /Okapia/Neufried: 146.2, /Okapia/Root: 180.1, /Rolf Kosecki: 34.1, /united-archives/mcphoto: 86.1, /Wildlife: 142.1 mi., /ZB: 26.2, 69.6, 130.1, 139.5, 158.2, 161.4, 196.1 | Podhraski, M.: 165.5 (Schrifttafeln) | Project Photos: 3.1 (Baby), 8.1 (Baby), 41.8, 72.2 | Reinold, U.: 168.1, 168.2, 169.3, 201.4, 201.5 | Robert-Koch-Institur/Wecke: 52.2 a, 52.2 b | Schauer, J.: 184.3 u. | shutterstock/koko-tewan: 165.5 (Feuer), /Luis Santos: 148.1 | Studio-TV-Film: 165.5 (Feuerstein), 44 li.mi | ullstein bild: 139.3 | Universität Bonn/G. Oleschinski: 184.1, 184.2 | Weiß, Neckarsteinach: 41.3, 45 li.mi. | Wikimedia Commons/Wildfeuer: 142.1 li., /Wildfeuer: 142.1 re. | Wikipedia/Olaf Leillinger: 186.1, /Rocky: 42.3, 45 li.u. | Wildlife/Mallwitz: 117.4, /N.Wu: 115.4, /S.Muller: 188.1, /Varesvuo: 190.1 (Adler) | www.earthhistory.org.uk: 178.3 | Zentrum für Humangenetik der Universität Bremen: 127.4, 127.5,160.1

Biologie verstehen mit Basiskonzepten

In der Biologie gibt es einige grundlegende Vorstellungen, die in vielen verschiedenen Zusammenhängen eine Rolle spielen. Diese Basiskonzepte können dabei helfen, Biologie besser zu verstehen, leichter zu lernen und Zusammenhänge herzustellen.

System

Biologische Systeme bestehen aus unterschiedlichen Elementen, die miteinander in Wechselwirkung stehen. Ihr richtiges Zusammenspiel ist wichtig für die Stabilität des Systems.

Bei der Immunabwehr sind verschiedene Organe und Zellen des Immunsystems, wie Haut, Schleimhäute, Körperflüssigkeiten und weiße Blutkörperchen, beteiligt. Versagen einzelne Elemente, z. B. infolge einer Ansteckung mit dem HI-Virus, kann es zu Infektionen und Allergien kommen.

Unser Gehirn, die Schaltzentrale unseres Körpers, besteht aus mehreren Bereichen, die eine organische Einheit bilden. Großhirn, Zwischenhirn, Kleinhirn und Hirnstamm teilen sich vielfältige Aufgaben und steuern das Zusammenspiel aller Körperfunktionen, -empfindungen und -bewegungen.

Systeme sind unterschiedlich komplex. Sie können auf Einflüsse dynamisch reagieren, um so das System stabil zu halten. Bei Schädigung von Hirnbereichen infolge von Krankheit oder Verletzung ist es möglich, dass andere, noch intakte Zellen die Aufgaben der zerstörten Zellen mitübernehmen.

→ S. 62, 70, 86, 98, 104

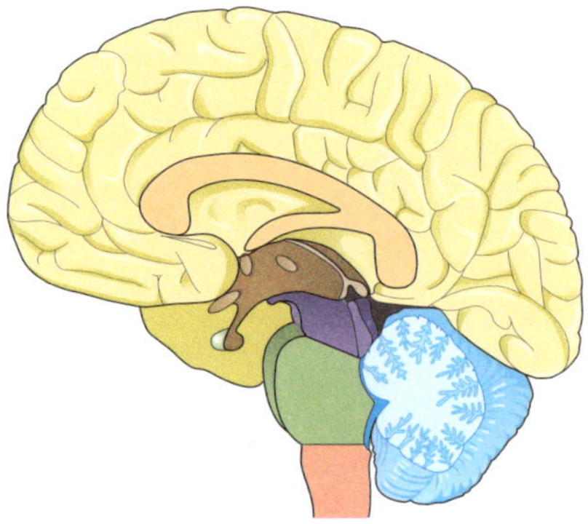